A CRISE do CONFORTO

A CRISE do CONFORTO

*Abrace o Desconforto para Recuperar o
Seu Eu Feliz, Saudável e Livre*

**MICHAEL
EASTER**

Consultor da Fortune 500

ALTA BOOKS
GRUPO EDITORIAL

Rio de Janeiro, 2023

A Crise do Conforto

Copyright © 2023 da Starlin Alta Editora e Consultoria Eireli.
ISBN: 978-65-5520-943-3

Translated from original The Comfort Crisis. Copyright © 2021 by Michael Easter. ISBN 978-0-593-13876-2. This translation is published and sold by permission of Penguin Random House LLC, Inc, the owner of all rights to publish and sell the same. PORTUGUESE language edition published by Starlin Alta Editora e Consultoria Eireli, Copyright © 2023 by Starlin Alta Editora e Consultoria Eireli.

Impresso no Brasil — 1ª Edição, 2023 — Edição revisada conforme o Acordo Ortográfico da Língua Portuguesa de 2009.

Dados Internacionais de Catalogação na Publicação (CIP) de acordo com ISBD

E13c   Easter, Michael
A crise do conforto: abrace o desconforto para recuperar o seu eu feliz, saudável e livre / Michael Easter ; traduzido por Debora Ramires. – Rio de Janeiro : Alta Books, 2023.
304 p. ; 16cm x 23cm.

Tradução de: The Comfort Crisis
Inclui índice.
ISBN: 978-65-5520-943-3

1. Saúde. 2. Qualidade de vida. I. Ramires, Debora. II. Título.

CDD 613
CDU 613

2022-1266

Elaborado por Odílio Hilario Moreira Junior - CRB-8/9949

Índice para catálogo sistemático:
1. Saúde 613
2. Saúde 613

Todos os direitos estão reservados e protegidos por Lei. Nenhuma parte deste livro, sem autorização prévia por escrito da editora, poderá ser reproduzida ou transmitida. A violação dos Direitos Autorais é crime estabelecido na Lei nº 9.610/98 e com punição de acordo com o artigo 184 do Código Penal.

A editora não se responsabiliza pelo conteúdo da obra, formulada exclusivamente pelo(s) autor(es).

Marcas Registradas: Todos os termos mencionados e reconhecidos como Marca Registrada e/ou Comercial são de responsabilidade de seus proprietários. A editora informa não estar associada a nenhum produto e/ou fornecedor apresentado no livro.

Erratas e arquivos de apoio: No site da editora relatamos, com a devida correção, qualquer erro encontrado em nossos livros, bem como disponibilizamos arquivos de apoio se aplicáveis à obra em questão.

Acesse o site www.altabooks.com.br e procure pelo título do livro desejado para ter acesso às erratas, aos arquivos de apoio e/ou a outros conteúdos aplicáveis à obra.

Suporte Técnico: A obra é comercializada na forma em que está, sem direito a suporte técnico ou orientação pessoal/exclusiva ao leitor.

A editora não se responsabiliza pela manutenção, atualização e idioma dos sites referidos pelos autores nesta obra.

Produção Editorial
Editora Alta Books

Diretor Editorial
Anderson Vieira
anderson.vieira@altabooks.com.br

Editor
José Ruggeri
j.ruggeri@altabooks.com.br

Gerência Comercial
Claudio Lima
claudio@altabooks.com.br

Gerência Marketing
Andréa Guatiello
andrea@altabooks.com.br

Coordenação Comercial
Thiago Biaggi

Coordenação de Eventos
Viviane Paiva
comercial@altabooks.com.br

Coordenação ADM/Finc.
Solange Souza

Coordenação Logística
Waldir Rodrigues
logistica@altabooks.com.br

Direitos Autorais
Raquel Porto
rights@altabooks.com.br

Assistente Editorial
Caroline David

Produtores Editoriais
Illysabelle Trajano
Maria de Lourdes Borges
Paulo Gomes
Thales Silva
Thiê Alves

Equipe Comercial
Adenir Gomes
Ana Carolina Marinho
Ana Claudia Lima
Daiana Costa
Everson Sete
Kaique Luiz
Luana Santos
Maira Conceição
Natasha Sales

Equipe Editorial
Andreza Moraes
Beatriz de Assis
Betânia Santos
Brenda Rodriguesd
Gabriela Paiva
Henrique Waldez
Kelry Oliveira
Marcelli Ferreira
Mariana Portugal
Matheus Mello
Milena Soares

Marketing Editorial
Amanda Mucci
Guilherme Nunes
Livia Carvalho
Pedro Guimarães
Thiago Brito

Atuaram na edição desta obra:

Tradução
Debora Ramires

Copidesque
Matheus Araujo

Revisão Gramatical
Hellen Suzuki
Leonardo Breda

Diagramação e Capa
Joyce Matos

Editora afiliada à:

ASSOCIADO

ALTA BOOKS
GRUPO EDITORIAL

Rua Viúva Cláudio, 291 – Bairro Industrial do Jacaré
CEP: 20.970-031 – Rio de Janeiro (RJ)
Tels.: (21) 3278-8069 / 3278-8419
www.altabooks.com.br – altabooks@altabooks.com.br
Ouvidoria: ouvidoria@altabooks.com.br

Para Leah, que sempre me faz rir e nunca mede palavras comigo.

AGRADECIMENTOS

Em primeiro lugar, agradeço a Leah por todo o apoio, a ajuda e a positividade. Ela foi a única pessoa que, ao ler os capítulos e as seções deste livro, me disse: "Isso é chato." Ela me tirou da zona de conforto. Por isso, o trabalho foi aprimorado.

Agradeço à minha mãe, uma mãe solo e mulher incrível, que exerceu o papel de mãe e pai, me encorajando a ser escritor.

Agradeço ao Matthew Benjamin, que editou este livro e demonstrou um olhar afiado para identificar o que importa. Ele encontrou as melhores frases e ideias enterradas no fluxo incoerente de consciência que lhe enviei, conseguindo transformá-lo em algo publicável.

Agradeço aos meus agentes literários, Jan Baumer e Steve Troha, que, logo no início do processo de desenvolvimento da ideia que se tornaria este livro, perguntaram "O que aconteceu com você?" e me forçaram a contar uma história mais verdadeira.

Agradeço a Donnie, por permitir gentilmente que eu me unisse a ele em uma aventura tão épica. Foi algo transformador para minha vida. Aguardo ansioso pela próxima.

Agradeço às publicações que me deixaram usar e adaptar os materiais passados para este livro. Agradeço também aos meus editores e mentores nessas publicações, que moldaram essas histórias e, portanto, este livro — especialmente Ben Court, Adam Campbell e Bill Stump.

Agradeço a todas as fontes deste livro — particularmente Trevor Kashey (x10), Marcus Elliott, Rachel Hopman, Karma Ura, Jason McCarthy, Kari

VIII • AGRADECIMENTOS

Stefansson, Doug Kechijian e Daniel Lieberman —, que aguentaram as minhas perguntas sem fim e minha ingenuidade, sendo tão gentis em conceder seu tempo, sabedoria e paciência.

Finalmente, agradeço ao Bill, por me manter sincero, disposto e receptivo.

SOBRE O AUTOR

Michael Easter é editor contribuinte na revista *Men's Health*, colunista na revista *Outside* e professor na Universidade de Nevada, em Las Vegas (UNLV). Seu trabalho foi publicado em mais de sessenta países e também pode ser encontrado na *Men's Journal, New York, Vice, Scientific American, Esquire* e outros. Ele mora em Las Vegas, na beira do deserto, com a esposa e dois cachorros.

Confira o site de Michael em "eastermichael.com" [conteúdo em inglês].

SUMÁRIO

PARTE UM
Regra 1: Dificulte muito. Regra 2: Não morra.

1: 33 Dias	3
2: 35, 55 ou 75	9
3: 0,004 por Cento	13
4: 800 Rostos	21
5: 18 Metros	25
6: 50/50	33
7: 50, 70 ou 90	53
8: 150 Pessoas	65
9: 162 Quilômetros	73
10: < 112 Quilômetros por Hora	83

PARTE DOIS
Redescubra o tédio. Ao ar livre, de preferência.
Por minutos, horas e dias.

11: 11 Horas, 6 Minutos	91
12: 20 Minutos, 5 Horas, 3 Dias	111
13: 12 Lugares	127

PARTE TRÊS
Sinta fome.

14: - 4 Mil Calorias   137

15: 12 a 16 Horas   165

PARTE QUATRO
Pense na sua morte todos os dias.

16: 3 Pernas Boas   177

17: 31/12, 23:59:33   185

18: 20 Minutos, 11 Segundos   205

PARTE CINCO
Carregue a carga.

19: Mais de 45kg   217

20: ≤ 22 Quilos   231

21: 80 por Cento   255

Epílogo: 81,2 Anos   265

Nota do Autor   286

Índice   287

PARTE UM

REGRA 1: DIFICULTE MUITO.
REGRA 2: NÃO MORRA.

33 DIAS

ESTOU EM PÉ sobre um macadame açoitado pelo vento em Kotzebue, no Alasca. Uma vila com a população de 3 mil pessoas, 32km ao norte do Círculo Ártico no Mar de Chukchi. À minha frente estão duas aeronaves. Uma delas logo me deixará nas profundezas do Ártico do Alasca, um lugar conhecido por ser uma das regiões mais solitárias, remotas e hostis da Terra. Estou com os nervos à flor da pele.

Essa viagem iminente em direção ao Ártico era um dos motivos. Mas também não sou fã de voar — especialmente quando o voo é em aeronaves como esta: monomotor com dois e quatro assentos. Imagine latas vazias com asas.

Donnie Vincent percebe meu nervosismo. Ele é um caçador de arco e flecha do interior e o documentarista nessa expedição. Ele se aproxima do meu ombro, inclina a cabeça e abaixa a voz. "A maioria dos pilotos daqui são caubóis da montanha bebedores de uísque. O tipo de cara que não pensa duas vezes antes de se meter em uma briga de bar", diz ele sobre os ventos congelantes. "Mas só para que saiba, eu reservei o melhor piloto que consegui. Brian é de elite." Eu aceno com a cabeça em agradecimento.

"Não estou dizendo que *não* vamos bater e morrer", Donnie continua. "Esse é um risco real, beleza? Mas esse cara é bom. Então as chances de estarmos em um acidente de avião são..." Meu nervosismo se expande para o pavor existencial enquanto o interrompo. "OK", digo. "Entendi."

O voo comercial é incrivelmente seguro. As estatísticas dizem que você tem muito mais chances de morrer em um acidente automobilístico a caminho do aeroporto do que em um acidente de avião. Mas essa regra não se aplica a voos de monomotores no Alasca.

Cerca de cem desses voos por ano acabam em chamas e enxofre. E a AFA [Administração Federal de Aviação dos Estados Unidos] recentemente publicou um "aviso sem precedentes" para pilotos de monomotores no Alasca após um disparo no número de acidentes. Esse ano foi particularmente ruim. O tempo impiedoso, a névoa densa e a fumaça de incêndios na mata têm prejudicado a visibilidade. Donnie me diz que Brian tem um colega chamado Mike que sofreu um acidente recente após interpretar errado as condições meteorológicas. Mike teve sorte o suficiente de sobreviver, mas a aeronave precisou ser reconstruída.

Assim que Brian nos deixar no interior do Ártico, enfrentaremos mais perigos: ursos-pardos furiosos, alces de 680kg, alcateias de lobos famintos por carne, carcajus com olhos selvagens, texugos viciados em sangue, rios glaciais turbulentos, nevascas violentas, temperaturas abaixo de zero, ventos com a força de furacões, penhascos íngremes, doenças mortais com nomes como tularemia e hantavírus, enxames de mosquitos, enxames de camundongos, enxames de ratos, as corridas, os vômitos, os sangramentos... Pode existir 1 milhão de maneiras de morrer no Oeste, mas há 2 milhões de maneiras no interior do Alasca.

Nossa única saída? Marcharemos por centenas de quilômetros ao longo desse terreno difícil até que Brian nos resgate daqui a 33 dias. Ao longo do caminho estaremos à procura de um rebanho mítico de caribus. Um exército migrante de fantasmas de 180kg que vaga silenciosamente pela tundra ártica, com suas galhadas retorcidas de mais de um metro emergindo da névoa cristalina apenas para desaparecer quando os ventos mudam de direção.

As próximas cinco semanas serão um comprometimento por inteiro. Porque, digamos, fazer uma caminhada pelo Pacific Crest ou pelo Caminho dos Apalaches é diferente de fazê-la nas profundezas do interior do Alasca, onde você não pode decidir que está com frio e fome demais nem perambular alguns quilômetros até chegar à estrada, onde conseguirá chamar um Uber ou ir à lanchonete mais próxima para uma xícara de café quente e uma porção de panquecas. Há poucos caminhos, quando há algum. E a estrada, a cidade, o ponto de sinal de celular ou o hospital mais perto pode estar a centenas de quilômetros de distância. Diabos, até mesmo a morte pode não ser uma saída.

O contrato do meu seguro infelizmente não oferece "recuperação de cadáver em localização remota" na cobertura do plano.

Nada disso se parece com a minha vida segura e confortável em casa. E essa é a questão. A maioria das pessoas hoje em dia raramente sai da zona de conforto. Vivemos vidas que são cada vez mais protegidas, estéreis, em ambientes com temperatura controlada, com alimentação de sobra, sem desafios e com redes de segurança. E isso está limitando o quanto podemos experimentar a nossa "única vida selvagem e preciosa", como diz a poeta Mary Oliver.

Mas um novo conjunto radical de evidências mostra que as pessoas ficam em sua melhor forma — fisicamente mais resistentes, mentalmente mais resilientes e espiritualmente mais seguras — após experimentar os mesmos desconfortos aos quais nossos primeiros ancestrais eram expostos diariamente. Cientistas estão descobrindo que determinados tipos de desconforto nos protegem de problemas físicos e psicológicos como obesidade, doenças cardíacas, câncer, diabetes, depressão e ansiedade. E até mesmo de problemas mais fundamentais, como sentir uma falta de sentido e de propósito.

Há muitos jeitos menos custosos, digamos assim, de obter os benefícios do desconforto — coisas que uma pessoa poderia facilmente encaixar na rotina para aprimorar a mente, o corpo e o espírito. Porém essa viagem está no extremo de uma prescrição que pesquisadores de diversas áreas dizem que deveria fazer parte de nossas vidas: uma parte é voltar ao selvagem e a outra é refazer conexões. E os benefícios são abrangentes.

Brian, Donnie, William Altman, que é o operador de câmera de Donnie há muito tempo, e eu estamos do lado de fora do contêiner Conex, que funciona como a base de operações da Ram Aviation no aeroporto local de Kotzebue. Estamos organizando o equipamento, tentando proteger o rosto do vento balístico, que está carregando mais névoa salgada do mar sobre a terra em direção às montanhas cinzentas. "Vamos carregar tudo e ir logo antes que a névoa piore", diz Brian.

Donnie costumava passar períodos de seis meses no interior do Alasca como biólogo para o Fish and Wildlife Service, departamento norte-americano que cuida da vida selvagem. Ele morava em uma barraca amarela da North Face, que descreve como um "enorme chiclete amarelo". Desde então, ele tem pesquisado, caçado e filmado em alguns dos locais mais extremos e remotos da Terra. Em um verão, esse cara viveu, sem brincadeira, no meio de uma alcateia de lobos enquanto estudava salmões no rio Tuluksak, no delta do rio Yukon.

William tem acompanhado Donnie em quase toda caçada. E é um espécime raro de alguém com vinte e poucos anos que se diverte como se estivéssemos em 1899. Ele passou boa parte da última década em uma cabana de 2,5m × 2,5m, sem água corrente e internet, no interior da mata do Maine. O rapaz vive principalmente daquilo que ele mesmo caça, planta e cultiva.

A companhia desses caras alivia a minha apreensão. Mas só um pouco. Porque a questão sobre a natureza é que ela é imprevisível e implacável. Ela não se importa com a sua experiência nem com o que aconteceu da última vez que você fez uma visita. A natureza sempre pode jogar situações mais duras em sua direção. Animais mais maldosos, penhascos mais altos, temperaturas mais baixas, rios mais largos, e mais neve, chuva, vento e granizo.

Donnie e William são constantemente lembrados dessa realidade angustiante. Uma vez eles se viram sem comida e quase morreram de fome. Além de congelarem quando tempestades de neve fizeram com que sua aeronave de resgate chegasse quatro dias atrasada. Em outra ocasião, tiveram que atirar em um urso-pardo do tamanho de uma locomotiva que avançava em direção a eles e teria revirado seus órgãos internos. Por sorte, a bala ricocheteou no crânio do urso, derrubando-o.

Eu pego minha mochila de 36kg, que abriga quase tudo de que preciso para sobreviver ao longo do próximo mês. Camadas de roupas, comida, kit médico de emergência etc. Brian me para enquanto estou levando a bagagem para a aeronave.

"Você e William vão naquele", diz, apontando para um monomotor Cessna de quatro lugares com uma pintura nova verde e dourada. Enfiamos a bagagem no casco do avião, e eu subo passando pela porta de passageiro, me retorcendo para sentar no banco traseiro. Aqui atrás, meus joelhos alcançam a minha garganta.

Donnie e Brian sobem no outro avião. Ele circula na pista e decola em direção à névoa, enquanto eu e William esperamos sentados no Cessna. E lá vem o nosso piloto. Ele é jovem, com um boné sobre os cabelos curtos e raspados em estilo militar. Óculos de aviador. Ele anda empertigado ao deslizar para o assento do piloto, estendendo a mão enluvada para um cumprimento.

"Oi", diz. "Sou o seu piloto, Mike."

William me olha com um sorriso malicioso. *Espera,* eu penso, *esse é o mesmo Mike que bateu com o avião?* O propulsor é ligado, alimentando os decibéis que sufocam meu grito interior.

35, 55 OU 75

VENHO DE UMA longa linhagem de homens que parece funcionar à base de bebida alcoólica, babaquice e caos egoísta. Meu pai, que desapareceu enquanto eu estava no útero, já ficou bêbado em um Dia de São Patrício. Ele pintou seu cavalo de verde e o cavalgou para dentro de um bar acompanhado por uma mulher que não era minha mãe. Uma vez, um tio passou a noite em uma cela velha, gritando por motivos desconhecidos para ele e todo mundo naquela instituição correcional em uma noite de terça-feira: "A. Sua. Mãe. Fode. Com. Volkswagens!" Um primo já recobrou a consciência em uma prisão municipal e descobriu que havia desmaiado em uma reunião inesperada de família — a polícia o colocara em uma cela com um dos meus tios. Outro tio é um visitante frequente da prisão estadual do Idaho. E meu avô era conhecido como o mentiroso, traidor e bêbado mais charmoso e atraente do Condado de Ada.

Há quase uma década, eu me vi seguindo o mesmo caminho da minha família. Houve alguns momentos de "Cara, cadê meu carro?". Alguns ossos quebrados e relacionamentos distorcidos. E uma vez fui preso durante uma tentativa embriagada de ultrapassar o limite de velocidade em uma lambreta dobrável.

Eu também era um tipo de hipócrita profissional. Tinha uma carreira invejável em uma revista glamourosa como jornalista de saúde, oferecendo conselhos sobre como viver uma vida melhor. Eu era bom no trabalho, mas não estava exatamente vivendo a sabedoria sobre a qual escrevia. A maior parte da minha energia mental era gasta entre ficar bêbado e obcecado com a próxima bebida.

Quase tudo em minha vida era deferido pelo álcool. Se não estivesse bebendo, estava contando as horas até o fim de semana, quando beberia de novo. Essa prática transformou a minha vida em uma névoa acelerada. Perdi anos em um ciclo de encher a cara nos fins de semana. Eu marchava de segunda a sexta em uma ressaca, jurando parar de beber até me recuperar e me convencer de que dessa vez seria diferente, para então encher a cara de novo.

O álcool era meu cobertor de conforto. Acabava com o estresse no trabalho, rapidamente extinguia o tédio e fazia com que eu ficasse dormente em relação à tristeza, à ansiedade e ao medo. Ele me protegia do que era desconfortável: as inseguranças, as situações, os pensamentos e as emoções que fazem parte de ser humano.

Então, aos 28 anos de idade, acordei numa manhã encharcado de angústia e vômito que fedia a uísque. Era a segunda manhã seguida daquele tipo, e eu já havia passado por muitas antes. Mas dessa vez experimentei um daqueles momentos — que não entendi na hora, mas sabia que algo importante estava acontecendo.

Eu senti clareza, um estado que, na época, era tão conhecido para mim quanto física de partículas. Eu podia enxergar minha vida como ela era, e não como acreditava que era. Eu era um idiota bêbado de enrolar a língua com uma fraude na carreira. E tudo ao meu redor era uma bagunça que só piorava cada vez mais a cada fim de semana.

Eu podia ver que logo seria descoberto e perderia meu emprego. Em seguida seriam minhas relações, porque estar ao meu lado enquanto eu bebia era divertido até não ser mais. O que costumava acontecer em algum momento após o quinto copo de bebida. Minhas posses iriam embora em seguida: carro, casa etc. Com o tempo eu perderia a vida. Se eu morreria aos 35, 55 ou 75? Eu não sabia. O que eu sabia era que meu hábito de beber acabaria comigo cedo. Pessoas que dizem coisas como "Vamos terminar essas cervejas e então dirigir aqueles quadriciclos" não são exatamente modelos de longevidade. O conforto derivado do álcool não estava apenas me entorpecendo para a vida que eu gostaria de levar. Também estava me matando.

Eu enxerguei uma opção. A primeira, não fazer nada. Agarrar-se à complacência e ao estilo de vida dormente que ao final acabaria mal, mas me permitiria continuar bebendo. Todas as evidências até então sugeriam que nada conserta um problema como o primeiro copo.

Ou, opção dois, ficar desconfortável. Abandonar meu cobertor líquido de conforto. Eu não fazia ideia de para onde esse segundo caminho me levaria ou se eu seria capaz de segui-lo. E eu estava amedrontado. Mas o engraçado em acordar coberto pelo conteúdo do próprio estômago é que isso facilita que você tome a decisão oposta da que o deixou nessa situação. Ninguém fica sóbrio em um fim de tarde de sexta-feira. Essa é uma decisão para a manhã de domingo.

Então, ergui a bandeira branca. E esse foi o momento em que o desconforto começou.

O agudo inferno físico de abstinência durou dias. Houve dores de cabeça, náusea, exaustão, tremedeiras, sudorese e outros infernos internos. Meus pulmões começaram a cuspir o que eu só poderia imaginar ser algum tipo de coquetel cancerígeno, porque eu tinha o hábito de combinar as bebidas com Marlboros.

As reações físicas por fim se dissolveram abaixo da linha de percepção. Então o desafio ainda maior da sobriedade começou — lidar com meus pensamentos frenéticos enquanto meu cérebro alterado pela bebida começava a se reconectar. Minha mente era como uma dura bola de borracha disparada de um canhão em uma sala de concreto. Ela existia em um estado agitadíssimo de mania. Oscilava da alegria de estar vivo à depressão por ter chegado onde estava, seguidas de perguntas aterrorizantes sobre meu novo modo de vida. Como não vou beber? O que farei nos fins de semana? O que devo dizer se estiver em um evento social e alguém me perguntar se quero uma bebida? Como vou me reconectar com velhos amigos nas reuniões da faculdade e nos casamentos?

Acontece que as respostas para essas perguntas são: "Não beba", "Qualquer coisa menos beber", "Não, obrigado" e "Por que você não deixa para pensar nisso quando for a hora, cara?" Eu entendo a simplicidade agora. Mas na época essas questões eram profundas e desconcertantes, como pedir a um bebê para ele encontrar o x da equação. Não é uma surpresa para mim que metade das pessoas admitidas em instituições de saúde mental sofra de transtornos relacionados ao uso excessivo de substâncias. Eu precisava de um novo aprendizado sobre a vida. E como vivê-la.

Havia gerações de cromossomos familiares condenados ao inferno, desviados pelo uísque batalhando nesse novo caminho. Esse tipo de genética é codificada para fazê-lo acreditar que "a solução" é um bar enfumaçado com uma jukebox que toca George Jones. E que as coisas darão certo dessa vez, apesar das centenas de evidências que provam o contrário.

Porém, um dia após o outro, eu abracei o desconforto árduo da mudança difícil. E logo o mundo se abriu. Fiquei consciente da beleza de estar vivo para entender melhor o meu papel. Antes da sobriedade, por exemplo, todos os sinais pareciam apontar que eu era o centro absoluto do Universo. Mas depois de me abster da bebida, percebi que não sou assim tão importante no grande esquema das coisas. Esse é um reconhecimento profundamente perturbador. Assim que comecei a agir com base nele — admitindo que não sei das coisas e poderia receber alguma ajuda —, ganhei um pouco de paz e perspectiva.

Comecei me conectando com as pessoas que amo de jeitos novos e mais profundos. Comecei a encontrar o silêncio, experimentar a calma e me sentir bem comigo mesmo. Para sair da minha própria cabeça, adotei um cachorro e toda manhã o levava para um rio próximo de casa, onde sentia uma paz e uma confiança há muito esquecidas no silêncio e na bruma das cinco horas da manhã. Eu me tornei menos afobado com problemas rotineiros, como dramas no trabalho, engarrafamento, prazos e contas a pagar.

Eu não era uma pessoa completamente diferente. E nunca seria confundido com o Sr. Rogers.* Mas eu estava mais consciente, o que me permitiu ver que ainda estava rodeado por conforto. Estava marinando nele. Só que esses tipos de conforto eram menos destrutivos, mas potencialmente mais insidiosos. Eu só precisava analisar meu dia a dia. Eu estava confortável, quase literalmente, a todo momento.

Eu acordava em uma cama macia em uma casa com temperatura controlada. Eu me deslocava até o trabalho em uma picape com todas as conveniências de um sedã de luxo. Eu matava qualquer fagulha de tédio com meu celular. Eu me sentava em uma cadeira ergonômica olhando para uma tela o dia inteiro, trabalhando com minha mente e não com meu corpo. Quando chegava em casa do trabalho, eu enchia a cara com alimentos fáceis de alta caloria que vinham sabe-se lá de onde. Então eu me jogava no sofá para maratonar programas televisivos transmitidos do espaço sideral. Eu raramente, se é que acontecia, sentia o desconforto. A coisa mais fisicamente desconfortável que eu fazia, o exercício, era executada dentro de um prédio com ar-condicionado enquanto assistia a canais de notícias cada vez mais propensos a confirmar minha visão de mundo, ao invés de desafiá-la. Eu não corria na rua, a não ser que as condições fossem bem... confortáveis. Nem quente demais, nem frio demais, nem úmido demais.

O que mudaria em mim se eu me livrasse de todos esses outros confortos?

---

* N. da T.: Fred Rogers, ministro presbiteriano, pedagogo e apresentador da série infantil norte-americana *Mister Rogers' Neighborhood*.

0,004 POR CENTO

OS HUMANOS EVOLUÍRAM para buscar o conforto. Nós instintivamente nos aproximamos de segurança, abrigo, calor, excesso de alimento e esforço mínimo. E esse instinto foi benéfico ao longo de toda a história humana porque nos fez sobreviver.

O desconforto é físico e emocional. É a fome, o frio, a dor, a exaustão, o estresse e qualquer outra sensação ou emoção difícil. Nosso impulso por conforto nos levou a encontrar comida, a construir e a nos abrigar. Levou-nos a fugir de predadores, a evitar decisões arriscadas demais e a fazer qualquer coisa que nos ajudaria a continuar vivendo e espalhando nosso DNA. Então não é surpresa nenhuma que hoje em dia nós ainda nos aproximemos do que é mais confortável.

Só que nossos confortos originais foram, em seu melhor, insignificantes e breves. Em um mundo desconfortável, estar sempre em busca de uma lasca de conforto nos ajudou a sobreviver. Nosso problema em comum hoje é que o ambiente mudou, mas nossas conexões cerebrais não. E essas conexões estão profundamente enraizadas.

Há cerca de 2,5 milhões de anos, nosso ancestral *Homo habilis* evoluiu a partir de um dos primatas mais inteligentes da época. Esses homens e mulheres andavam sobre os dois pés e usavam ferramentas de pedra, o que lhes dava uma vantagem no campo. Mas eles não se pareciam muito conosco (imagine uma mistura de chimpanzé com um humano moderno). Seu cérebro tinha metade do tamanho do nosso.

Então, veio o *Homo erectus* há 1,8 milhão de anos. Essa espécie se parecia e se comportava mais conosco. Eles tinham uma altura de aproximadamente 1,60m e viviam em sociedades de caçadores-coletores. Provavelmente descobriram como usar o fogo. E pensavam de modo abstrato, o que podemos supor porque eles criaram arte ao talhar desenhos em objetos que encontravam na natureza. Claro, essa arte era mais um traço de criança do que a Capela Sistina, mas progresso é progresso.

Em seguida, veio o *Homo heidelbergensis* há cerca de 700 mil anos. E então o *Homo neanderthalis*. Seus cérebros eram um pouco maiores do que o nosso, pois eles adquiriram todas as habilidades dos antecessores, como a utilização de ferramentas, a criação do fogo e mais. Eles também aprenderam a construir casas, a fazer roupas e, consequentemente, a dominar a caça. Eles eram predadores de elite. Usavam lanças com ponta de pedra, derrubavam animais como veados-vermelhos, rinocerontes e até mamutes. O gigantesco mamute com tromba, agora extinto, podia pesar tanto quanto um caminhão Kenworth.

Apesar do que propagandas de seguro querem nos fazer acreditar, *Homo heidelbergensis* e *neanderthalis* não eram idiotas. Suas caçadas épicas exigiam trabalho em equipe coordenado. Um único homem ou mulher contra um mamute é um massacre para este ou esta. Mas com *homens e mulheres* — uma equipe deles traçando estratégias e trabalhando juntos — causavam um estrago. Esse foi o momento em que nossos ancestrais começaram a entender que unir as cabeças para resolver problemas comuns poderia nos ajudar não apenas a sobreviver, mas também a viver um pouco melhor.

O que nos traz ao presente. Nossa espécie, chamada *Homo sapiens*, tem andado por essa terra por 200 mil a 300 mil anos, dependendo de qual antropólogo responda. E somos altamente evoluídos, apesar do que se pode ver em programas de reality na TV, como *Cops* ou qualquer uma das franquias *Housewives*. Os primeiros *Homo sapiens* desenvolveram ferramentas complexas, linguagens, cidades, moedas, agricultura, sistemas de transporte e muito mais. E isso aconteceu antes de toda a história humana que temos registrada por escrito, que gira em torno de um período de 5 mil anos.

Os confortos e conveniências modernos que mais influenciam nossa experiência diária atual — carros, computadores, televisão, controle climático, celulares, alimentos ultraprocessados e mais — têm sido usados por nossa espécie há cerca de cem anos ou menos. Isso é 0,03% do tempo em que andamos sobre a Terra. Inclua todos os Homos — *habilis, erectus, heidelbergensis, neanderthalis* e nós — e abra a escala de tempo para 2,5 milhões de anos. O número cai para 0,004%. O conforto constante é uma coisa radicalmente nova para nós.

Ao longo desses 2,5 milhões de anos, as vidas de nossos ancestrais estavam intimamente entrelaçadas ao desconforto. Essas pessoas estavam constantemente expostas aos elementos. Lá fora estava sempre quente demais, ou frio demais, ou úmido demais, ou seco demais, ou com vento demais ou nevando demais. A única escapatória do clima era um abrigo rudimentar, como uma caverna fria e molhada, cheia de morcegos e ratos. Ou um buraco cavado no solo e coberto por gravetos ou pele de animais. Ou alguma outra estrutura imperfeita capaz de fornecer abrigo o suficiente para manter uma pessoa viva, mas não mais que isso. Hoje em dia, a maioria de nós vive em um clima de 23°C, sentindo-o apenas durante os dois minutos que levamos para atravessar o estacionamento a pé ou da estação de metrô até nossos escritórios. Os norte-americanos passam 93% do tempo da porta para dentro em ambientes com temperatura controlada. Além de que cidades inteiras não existiriam se não tivéssemos desenvolvido o ar-condicionado, como Phoenix e Las Vegas.

Os primeiros humanos estavam sempre com fome. Os hadza, um grupo étnico de caçadores-coletores da Tanzânia que vive de modo similar aos nossos primeiros ancestrais, estão sempre reclamando com antropólogos que eles estão famintos. E não é o tipo de fome desatenta que vem de assistir a programas de culinária. Eles sentem uma fome profunda e persistente.

Os primeiros humanos certamente não tinham acesso constante e sem esforço a alimentos ricos em caloria. Eles tinham que andar quilômetros para encontrar o lugar certo para escavar o alimento do solo ou pegá-lo do alto de uma árvore. Ou tinham que enfrentar animais, fossem eles minúsculos ou gigantescos. Os hadza, até hoje, são constantemente picados por abelhas quando colhem mel, uma iguaria para o grupo. Quase 80% dos ossos de neandertais mostram sinais de que seu dono havia sido mutilado ou morto por animais. Agora podemos pedir a entrega de comida por aplicativos. Ou passar em um Walmart e comprar de tudo — desde mel em embalagens fofas de plástico no formato de ursos até carne embalada em plástico — para estarmos confiantes de que nossa ida ao mercado não acabará em lesão corporal grave.

Quando nossos ancestrais não estavam procurando por comida ou sendo agredidos por mastodontes, eles tinham longos períodos de descanso, relaxando durante horas. Eles precisavam fazer algo com o tédio.

Essas pessoas deixaram a mente viajar. Assim tiveram que usar a criatividade e depender uns dos outros para se entreter. Como disse a minha linda e honesta namorada na época, hoje minha esposa, quando fomos acampar no início do relacionamento: "Acabamos com os assuntos em três horas de conversa e tínhamos um dia inteiro sobrando." Apenas nos anos 1920, quando o rádio foi transmitido para as massas, foi que surgiu um escape fácil em tempo integral do tédio. Então veio a televisão nos anos 1950. Finalmente, no dia 29 de junho de 2007, o tédio foi dado como morto graças ao iPhone. E nossas imaginações e conexões sociais profundas partiram junto.

Quando não estavam sentados sem fazer nada, nossos ancestrais trabalhavam duro. Os hadza se exercitam quatorze vezes mais do que o norte-americano comum. Eles se movem de modo árduo e veloz cerca de duas horas e vinte minutos por dia. (Embora, para ser claro, o que eles estão fazendo é simplesmente chamado de "viver" em vez de "se exercitar".) Os primeiros humanos andavam ou corriam por quilômetros em busca de água e comida. Na verdade, o motivo pelo qual o corpo humano é construído desse jeito — com pés arqueados, longos tendões nas pernas, glândulas sudoríparas e mais — é porque evoluímos para caçar presas. Nós perseguíamos e rastreávamos durante quilômetros até a presa desmaiar de calor. Então nós a matávamos, cortávamos a carne e a carregávamos o caminho inteiro de volta até o acampamento. Quando a presa era pesada demais para carregar, nossos ancestrais arrumavam o acampamento e o moviam até o alimento abatido.

Eles enfrentavam o estresse. Em grande intensidade. Se não encontrassem comida, morreriam. Se um leão decidisse que queria a comida deles, morreriam (ou correriam ou seriam mutilados). Se eles se afastassem demais da água, morreriam. Se fossem atingidos por eventos climáticos violentos, morreriam. Se pegassem uma infecção, morreriam. Se caíssem e fraturassem a perna, morreriam. E assim por diante.

Claro, humanos modernos são estressados. Mais estressados do que nunca, de acordo com a Associação Norte-americana de Psicologia. Mas não sofremos do tipo agudo de estresse que acometeu os humanos durante milhões de anos. A maioria de nós não sente estresses físicos como a fome intensa, a exaustão de correr em busca de comida, carregar pesos ou se expor para germes perigosos e mudanças bruscas de temperatura. Nem sofremos estresses mentais como se perguntar de onde virá a nossa próxima refeição, temer predadores com presas, ou recear que um pequeno corte poderia nos infectar e nos matar em uma semana. Na verdade, a pandemia de Covid-19 foi provavelmente a primeira vez em que muitos de nós sentiram nossos estresses esquecidos e perceberam que os humanos ainda podem ser impotentes contra o mundo natural.

Para a maioria dos norte-americanos modernos, "estresse" costuma ser "esse trânsito vai me atrasar para a aula de ioga". Ou "será que meu vizinho ganha mais dinheiro do que eu?". Ou "essa planilha não vai acabar nunca". Ou "se meu filho não entrar em uma universidade de elite, todos nós viveremos uma vida completamente inútil". É estresse de Primeiro Mundo.

É por isso que muitos estudiosos têm escrito sobre como o mundo, em geral, está melhorando. Eles apontam que as pessoas estão vivendo mais e melhor, ganham mais dinheiro e têm menos chances de serem assassinadas ou passar fome do que em qualquer período anterior. Até mesmo os norte-americanos mais pobres estão melhores em relação ao grande apanhado de gerações anteriores. E sim, muitos números, dados e gráficos sugerem que o mundo está, de fato, melhor. É claro que o mundo está melhor!

Mas há um porém: uma vez que nossos ancestrais lidaram com tanto desconforto, houve muitas coisas com as quais eles *não* tiveram que lidar. Por exemplo, os problemas mais urgentes que as culturas modernas estão enfrentando atualmente. Problemas que estão deixando muitas de nossas vidas menos saudáveis, mais infelizes e inferiores ao que poderiam ser.

Graças à medicina moderna, a pessoa comum está, sim, vivendo mais do que nunca. Porém os dados mostram que a maioria de nós vive boa parte dos nossos anos com a saúde ruim, apoiados por medicamentos e máquinas. A expectativa de vida pode ter aumentado, mas a expectativa de saúde está diminuindo.

Trinta e dois por cento dos norte-americanos estão acima do peso e trinta e oito por cento são obesos. Oito por cento destes são classificados como "extremamente obesos". Isso forma um total de 70% de norte-americanos pesados demais. Quase um terço dos norte-americanos tem diabetes ou pré-diabetes. Mais de 40 milhões de norte-americanos têm problemas de mobilidade que os impedem de se locomover do ponto A ao B. E doenças cardíacas matam um quarto de nós. Tudo isso são problemas médicos que eram essencialmente inexistentes até o século XX.

As pessoas hoje em dia também estão sofrendo mais de doenças provenientes do desespero: depressão, ansiedade, vício e suicídio. Mortes por overdose nas últimas duas décadas mais que triplicaram. E o norte-americano comum tem mais chances de se matar do que em períodos anteriores. As evidências sugerem que o suicídio não aconteceu ao longo de quase toda a história humana. Minha turma de ensino médio do colégio, com quatrocentas pessoas, por exemplo, tem perdido de uma a três pessoas todo ano para overdose ou suicídio desde que nos graduamos.

Essas doenças do desespero causaram uma queda na expectativa de vida norte-americana em 2016, 2017 e 2018. Não acontecia uma queda de expectativa de vida desse tipo desde o período entre 1915 e 1918, quando a Primeira Guerra Mundial e a Gripe Espanhola se uniram em uma sinfonia mortal.

Então, sim, não precisamos lidar com desconfortos como trabalhar para adquirir alimentos, se locomover demais e arduamente todo dia, sentir uma fome profunda e ficar exposto aos elementos naturais. Mas precisamos lidar com os efeitos colaterais do nosso conforto: problemas de saúde físicos e mentais em longo prazo.

Não temos dificuldades físicas, como precisar trabalhar duro pelo nosso sustento. Temos jeitos demais para ficarmos entorpecidos, como comida de conforto, cigarros, álcool, remédios, celulares e televisão. Estamos desconectados das coisas que nos fazem sentir felizes e vivos, como relações, estar no mundo natural, esforço e perseverança.

Parece que sabemos que *algo* está fora do lugar. Uma pesquisa de opinião descobriu que apenas 6% dos norte-americanos acreditam que o mundo está melhorando. Alguns antropólogos, na verdade, argumentam que os humanos eram mais felizes até cerca de 13 mil anos atrás. As pessoas de então tinham necessidades mais simples que eram mais fáceis de atender e conseguiam viver mais no presente.

Confortos e conveniências são ótimos, mas nem sempre moveram o ponteiro na direção da nossa métrica mais importante: anos felizes e saudáveis. Talvez existir *apenas* em um ambiente com excesso de conforto e estrutura e *sempre* obedecer aos nossos impulsos por conforto teve consequências não intencionais e nos fez perder experiências humanas profundas. Há condições para as quais os humanos evoluíram e experiências que deveríamos ter que não são mais relevantes para nossas vidas. Isso sem dúvida nos transformou, e muitas vezes não foi para melhor.

800 ROSTOS

DAVID LEVARI ESTÁ no início dos seus trinta e poucos anos. É psicólogo na Universidade de Harvard. E ele é a imagem de um promissor doutor em psicologia de uma universidade de elite: uma pessoa admirada, com a barba perfeita e um interesse em investigar as questões mais importantes acerca dos motivos do comportamento humano.

Levari estava estudando sob a orientação do famoso pesquisador Dan Gilbert quando os dois viajaram para uma conferência. Enquanto esperavam na fila da segurança do aeroporto, perceberam algo engraçado. Os agentes da TSA lidam com muitas pessoas claramente inofensivas como se fossem riscos existenciais.

Todos nós experimentamos esse fenômeno na vida real. Algum agente da TSA com boas intenções destrói uma bagagem de mão pensando que a banana de alguém é uma Beretta de 9mm. Ou uma senhora de noventa anos numa cadeira de rodas, que não pode andar ou enxergar, recebe a revista de corpo inteiro depois de esquecer que tinha uma lata de spray para cabelo meio cheia na bolsa.

Obviamente a frase *melhor prevenir do que remediar* se aplica a esse caso. "Mas nos perguntamos: se, de repente, as pessoas parassem de trazer coisas não permitidas ao aeroporto e os leitores de bagagem nunca mais apitassem? Será que a TSA simplesmente relaxaria e não faria nada?", questionou Levari. Eles acham que não. "Nossa intuição era a de que a TSA faria o que a maioria de nós faria", disse Levari. "Quando eles não tivessem mais objetos para procurar, começariam a buscar por uma variedade maior de coisas, mesmo se isso não fosse consciente ou intencional, porque o trabalho deles é procurar por ameaças."

Com isso em mente, Levari recentemente fez uma série de estudos para descobrir se o cérebro humano busca por problemas mesmo quando os problemas se tornam esparsos ou inexistentes. Um de seus estudos consistia na tarefa de observar uma sequência de oitocentos rostos humanos diferentes que variavam de expressões muito intimidadoras a completamente inofensivas.

As pessoas tinham que julgar quais rostos eram "ameaçadores". Mas assim que viram o 200º retrato, Levari começou a mostrar (sem o conhecimento dos participantes) cada vez menos rostos ameaçadores.

Outro estudo de Levari foi organizado de forma similar, mas, dessa vez, as pessoas foram indagadas se 240 propostas de pesquisas científicas eram "éticas" ou "antiéticas". No meio da sequência, Levari começou a mostrar às pessoas cada vez menos propostas "antiéticas".

Esses dois cenários deveriam ser bem dicotômicos, certo? Uma pessoa é ameaçadora ou não é. Uma proposta ultrapassa um limite moral ou não. Se não conseguirmos enxergar essas situações como preto no branco, então passa a ser questionável se podemos realmente confiar no nosso juízo em questões muito mais importantes. Como, por exemplo, o quanto nos tornamos confortáveis. E como isso está nos afetando.

Quando olhou para todos os dados, Levari descobriu que os humanos não conseguem enxergar em preto ou branco. Nós enxergamos em escalas de cinza. E a tonalidade de cinza que vemos depende de todas as outras tonalidades que vieram antes. Nós ajustamos as expectativas.

Conforme os rostos ameaçadores foram se tornando raros, os participantes do estudo começaram a perceber os rostos neutros como ameaçadores. Quando as propostas de pesquisa antiéticas se tornaram menos frequentes, as pessoas começaram a considerar as propostas de pesquisa ambíguas como antiéticas.

Ele chamou isso de "mudança de conceito induzida por predominância". Essencialmente um "problema persistente". Isso explica que, ao experimentarmos menos problemas, não ficamos mais satisfeitos. Nós apenas diminuímos o limiar do que consideramos um problema, acabando com o mesmo número de problemas. Só que agora nossos novos problemas são cada vez mais vazios.

Então Levari chegou ao cerne de por que muitas pessoas conseguem encontrar um problema em quase qualquer situação. Não importa o quanto a vida está boa em relação à grande parte da humanidade. Estamos sempre mudando a trave de lugar. Literalmente há uma base científica para os problemas de Primeiro Mundo.

"[Eu] acho que isso é uma característica de nível baixo da psicologia humana", disse Levari. O cérebro humano provavelmente evoluiu para fazer essas comparações relativas porque isso usa bem menos energia cerebral do que lembrar cada instância de uma situação já vista ou experienciada. Esse mecanismo cerebral nos primeiros humanos nos permitiu tomar decisões rápidas e se locomover com segurança em nossos ambientes. Mas e ao ser aplicado ao mundo de hoje? "Conforme as pessoas fazem todos esses juízos relativos, elas se tornam cada vez menos satisfeitas do que costumavam ser com a mesma coisa", disse Levari

"Esse fenômeno persistente se aplica diretamente ao modo como nos relacionamos com o conforto", disse Levari. Chame isso de conforto persistente. Quando um novo conforto é introduzido, nos adaptamos a ele e nossos confortos antigos se tornam inaceitáveis. O conforto de hoje é o desconforto de amanhã. Isso leva a um novo nível de o que é considerado confortável.

Escadas já foram uma nova maravilha da eficiência. Mas por que ir por elas depois do advento da escada rolante? Um pouco de carne magra e batatas obtidas com esforço já foram a melhor refeição do ano. Mas por que ter um combo insosso desses quando há restaurantes em cada esquina oferecendo combinações perfeitamente formuladas de açúcar, sal e gordura? Uma tenda fria, yurt ou uma simples cabana já foram tréguas luxuosas do clima, porém agora podemos regular a temperatura dos interiores de acordo com nossas especificações exatas.

Além disso, novos confortos mudaram as traves de lugar para mais longe do que consideramos ser um nível aceitável de desconforto. Cada avanço encolhe nossas zonas de conforto. O ponto crítico, Levari me disse, é que tudo isso acontece inconscientemente. Somos horríveis em perceber que o conforto persistente está nos consumindo, e o que isso está fazendo conosco.

Então o que aconteceria se pudéssemos dissolver as escalas de cinza que nos rodeiam e nos tornar conscientes do conforto persistente?

18 METROS

CONHECI DONNIE NO outono de 2017.

Eu havia recebido uma encomenda de uma revista nacional para escrever sobre as transformações profundas no mundo da caça. Há um número crescente de homens e mulheres que estão acabando com o estereótipo de caçadores serem moleques dentuços e molengas que dirigem até a fronteira do mundo civilizado e ficam sentados comendo. Isso enquanto aguardam por algum animal majestoso e ingênuo passar em uma clareira para que possam atirar de longe, adicionando uma decoração nova na parede do escritório. Esse não é o tipo de caçada que nossos antepassados faziam. Também não é o tipo de caçada que Donnie faz.

Ele é o líder de um grupo pequeno, mas crescente, de caçadores do interior. Essas pessoas são caçadoras, atletas de alta resistência, alimentam-se de comida produzida localmente. São sobrevivencialistas e naturalistas. Donnie passou metade da vida vivendo como nossos ancestrais. Durante meses ele escapa para os cenários mais bonitos, remotos e árduos do mundo enquanto leva na mochila tudo o que precisa para sobreviver. Uma caça bem-sucedida significa que ele terá que carregar o animal em porções de 30kg a 45kg ao longo de quilômetros de um terreno difícil até um dos locais de destino. Seu melhor carregamento? Quatorze viagens, cada uma com 45kg de alce do Yukon. Ele aproveita cada grama utilizável do animal, provendo para os amigos e a família uma carne que oferece todas as características de alimentos orgânicos do supermercado: livre de antibióticos e pesticidas, animal alimentado com pasto e criado livre ao extremo.

A primeira luz da manhã encontrava o neon da principal rua de Las Vegas enquanto eu atravessava a fronteira da cidade e virava na direção da US 93, uma autoestrada de mão dupla que corta a Grande Bacia do Nevada de norte a sul. Eu dirigi por quatro horas através de um deserto onde os coelhos eram mais numerosos do que os carros e até mesmo o rádio AM era inútil. Eu fui parar em Ely, Nevada, uma cidade cujo número de elevação é maior do que o de sua população.

Donnie saiu de uma picape F-250 e caminhou em minha direção. Ele vestia uma camisa de flanela e botas grandes demais. Seu cabelo grisalho caía até os ombros e esvoaçava debaixo de um gorro Filson. Imagine um Fabio* barbado da fronteira.

Ele estendeu uma mão calejada para me cumprimentar e desatou a falar como um completo Ranger Rick, da revista infantil. "Estou por aqui faz uma semana e, cara, é lindo. Essa região do interior é fantástica, fantástica mesmo", disse ele. Então inspirou o ar sábio de Nevada, olhando para os picos de 3 mil metros das montanhas White Pine. "Vamos lá."

Donnie pilotou a Ford ao longo de uma autoestrada vazia. Passado certo tempo, ele virou para uma estrada de terra irregular e flanqueada por artemísias. Passamos por uma picape estacionada rodeada por um grupo de homens barrigudos e camuflados usando binóculos para vasculhar as cordilheiras acima. "Muitos caras por aqui ficam em um hotel local e caçam da estrada", disse Donnie, sacudindo a cabeça.

Ele guiou a picape para fora do deserto aberto em direção a uma estrada pedregosa que exigia um 4x4. Levava a um desfiladeiro escuro. Donnie começou a admitir para mim que ele se satisfaz mais com o processo físico e espiritual de perseguir a presa durante semanas por lugares fantásticos do que matando-a. O processo é a recompensa. Mas um resultado bem-sucedido faz o processo ainda mais recompensador.

"Eu não vim de uma família de caçadores e pescadores", falou. "Quando eu era criança, ganhei uma assinatura de livros da *Outdoor Life* e fiquei obcecado.

---

* N. da T.: Fabio Lanzoni, ator ítalo-americano.

Eu queria aquelas aventuras grandiosas. Durante meu primeiro ano de faculdade, fui até a Enseada do Príncipe Guilherme para caçar um urso-negro."

Seguimos aos trancos e barrancos pela estrada irregular, afundando em cada um dos sulcos que a picape atravessava. "Eu estava obcecado em pegar um urso e carregá-lo", disse ele. "Eu fui até uma praia remota em Whale Bay quando o primeiro urso se aproximou. Esqueci completamente por que eu estava ali. Observei como suas patas tocavam nas pedras, como ele pegava o salmão e comia. Percebi todos os detalhes superintrincados de seu rosto e olhos e como ele respirava. Eu estava encantado. Tão conectado àquele urso. Senti o coração ficar pesado e quase comecei a chorar."

A estrada terminava no início de uma trilha, nas profundezas do desfiladeiro cheio de pinheiros. Saímos da picape e Donnie começou a encher a mochila com equipamentos. Nada de camuflagem. Em vez disso, equipamentos técnicos para atividades ao ar livre de cor escura, do tipo que você encontraria na REI em vez de na Cabela's. Equipamentos de aventura como camisas isotérmicas ultraleves e GORE-TEX projetados para alpinistas, ele disse, pois vestiam e funcionavam melhor. Também os tornava mais acessível para não caçadores. "A maioria das presas grandes só consegue enxergar em escalas de cinza, de qualquer maneira", falou. "Camuflagem para presas grandes é mais um esquema de marketing."

Ele continuou a história. "Eu simplesmente não podia atirar naquele urso. Mais tarde naquela noite, o capitão do barco em que eu estava hospedado me disse: 'Acho que você é um caçador. Acho que ficará desapontado se não sair daqui com um urso'", disse Donnie. Estávamos marchando pela trilha íngreme e margeada por pinheiros enquanto o desfiladeiro escurecia com o pôr do sol.

"No dia seguinte, eu voltei à praia. Ela era rodeada por picos nevados e era inacreditavelmente linda. Havia águias-de-cabeça-branca caçando peixes. A baía estava tingida de vermelho sanguíneo, por causa de uma orca caçando um filhote de baleia-jubarte. E então um urso saiu da floresta. Eu mirei e esperei", contou ele, enquanto passávamos por um riacho pedregoso. "Então atirei. O urso caiu no chão e tudo me atingiu com muita força. O urso não continuaria mais a ser um urso. E isso era culpa minha. Mas, após um tempo sentado, percebi as águias e as baleias de novo. Todos os animais estavam caçando. Havia corvos voando nas alturas, esperando para bicar os restos das caçadas e do meu urso. Era tipo: 'Ah, OK, eu me inseri nesse ecossistema. Sou apenas mais uma parte desse processo natural.'"

Ele tem sido parte do processo desde então. Depois da faculdade, Donnie se inscreveu como biólogo de campo para a agência governamental US Fish and Wildlife Service. Ele passava períodos de seis meses pesquisando a contagem de salmões no rio Tuluksak, no Alasca. "Eu estava sozinho por lá. Morei em uma tenda amarela para três pessoas", disse. "Eu via outro ser humano a cada três semanas, quando meu supervisor vinha para deixar suprimentos. Eu pescava meu jantar ao lado de uma alcateia de lobos."

Com o tempo, ele começou a filmar suas aventuras. Em parte para adicionar evidências às histórias dignas de Jack London e em parte para mostrar às pessoas o que elas estavam perdendo. Primeiro, ele gravou com uma câmera barata de mão. Então conheceu William, que estava filmando as próprias caçadas no Nordeste. Eles criaram um documentário de caça que chamaram *The River's Divide*. Não é nada como o que se pode ver no Outdoors Channel. "Tantos programas e filmes de caça celebram a morte. Atira e empilha, como dizem. É nojento, só nojento", disse Donnie. Seus filmes são mais como o programa *Planeta Terra*, mas com caçadas. Cenas longas e silenciosas de, por exemplo, uma manhã brumosa de outono em uma lagoa, ou cenas longas de uma raposa que perambulou no acampamento.

The River's Divide cobre a odisseia de quatro anos de Donnie em busca de um cariacu das terras baldias, que ele nomeou de Steve. A obra foca o habitat, a evolução e a personalidade do animal junto às emoções conflitantes que Donnie sentiu após matá-lo. "Recebi milhares de cartas de caçadores e não caçadores depois disso. As pessoas gostaram da minha abordagem. Elas também se conectaram com os filmes, acho, porque eles mostram o valor de sair da corrida de ratos moderna e estar presente na natureza e ser parte dela."

Donnie agora passa meses fora da corrida de ratos, explorando centenas de quilômetros de regiões remotas e selvagens no Ártico, México, Rússia, Alasca, o Yukon e outros. "Se você quiser ter experiências incríveis...", disse, enquanto seguíamos a trilha, a silhueta dos pinheiros colossais pretos contra o céu azul-marinho iluminado pela lua, "é preciso se colocar em lugares incríveis". O cara é uma mistura extravagante de Davy Crockett, David Attenborough e o Dalai Lama.

Quando chegamos ao nosso primeiro local de acampamento, estava escuro de um jeito que eu nunca havia visto em Las Vegas. Um trecho de solo pedregoso era o único espaço quase plano que conseguimos encontrar em um prado montanhoso no breu. Enchi minha garrafa de água em uma nascente que escorria da encosta e bebi um gole longo. Eu estava tremendo.

Está quase congelante do lado de fora. Aparentemente, meu estilo de vida em 22°C — indo de uma casa com temperatura controlada até o carro, o escritório e de volta para casa — não havia exatamente preparado meu cérebro e meu corpo para qualquer tipo de clima que não fosse de 22°C. Eu estava sentindo o tipo de frio que percorre suas extremidades até o centro do seu âmago. Então vesti todas as camadas de roupa que havia trazido. Uma camiseta de lã, uma camada intermediária de lã, um colete, uma jaqueta, gorro e luvas. Eu ainda tremia como um idiota.

William ficou em pé como um estoico próximo à nascente, vestindo uma camiseta de manga curta, impassível à temperatura. "Você não está com frio?", perguntei.

"Hã?", falou, aparentemente ignorante da geada sendo exalada de sua boca ao responder. "Frio", acenei, puxando a manga da minha jaqueta. "Não está com frio?"

"Ah, não. Não muito. Sei que está frio aqui fora", disse William. "Mas isso não me incomoda. Eu gosto um pouco da sensação. Normalmente posso vestir uma camiseta até uns 4°C."

Todos nos reunimos para jantar na tenda de quatro pessoas de Donnie (o que parece esquisito, mas é basicamente apenas uma tenda com um teto mais alto e sem piso). Eu não era anticaça. Mas também não estava pronto para pegar uma arma ou arco. Então perguntei a Donnie: "Por que caçar? A caça por troféus me parece abominável. A carne está disponível de imediato em todo restaurante e mercado."

Ele concordou comigo em relação à caça por troféus. Então me explicou o código ético rígido que havia desenvolvido durante seu trabalho como biólogo e pesquisador de vida selvagem. Por exemplo, ele caça apenas membros mais velhos de uma espécie, porque a remoção de um animal velho costuma melhorar a saúde do rebanho como um todo, enquanto a remoção de um animal jovem causa o contrário. Isso também permite que os jovens vivam uma vida completa. Ele adiciona que, às vezes e de modo irritante, ele é confundido com um caçador de troféus. "Definitivamente não estou atrás de galhadas ou chifres. Mas animais mais velhos costumam ter as maiores galhadas e chifres."

Donnie sentou-se no colchão e adquiriu um ar filosófico. "Nós crescemos em um ecossistema de predador e presa. Se você perguntasse a um coelho 'Por que você é um coelho?', ele provavelmente diria 'Não sei. Apenas sou um coelho. Como cenouras e tenho esse rabo fofo e orelhas moles. Sempre fui um coelho'. Então esse também é meu tipo de resposta", disse Donnie. "Sou um caçador. Quando você retira todas as camadas, acho que os humanos basicamente evoluíram de organismos unicelulares até primatas e então humanos. Somos animais. E, no fundo, somos animais caçadores e coletores. A maioria de nós ainda participa em algum nível de relações predador-presa. Caçar e coletar. A maioria de nós ainda come carne, e todos comemos vegetais", falou. "Mas agora temos o luxo de ter toda a nossa caça e coleta feitas por nós em uma escala industrial. Se não tivéssemos isso, garanto que ainda as estaríamos fazendo. Acho que estou apenas mais próximo de nossa forma original do que a maioria das pessoas."

Então ele fez uma pausa. "Olha, eu sei que caçar é controverso", disse. "Mas, se você come carne, sua barreira para entrar nisso provavelmente é ir ao mercado e passar no cartão de crédito. Você não sabe nada sobre o animal, como ele viveu, de onde ele veio ou que tipo de vida ele teve. Bem, eu sei."

Conversamos muito sobre carne durante o jantar. Porém não havia muito da carne de verdade. Apenas um mingau reconstituído de trilha. Depois eu voltei aos meus cômodos modestos — uma lona apoiada por um bastão de caminhada — para tentar dormir um pouco.

A viagem só ficaria mais desconfortável dali em diante. Ao longo dos próximos dias, nós subiríamos morros íngremes e selvagens durante horas com mochilas de 27kg nas costas. Conseguir água naquela região exigiria descer milhares de metros até uma nascente e carregar as bolsas pesadas de água de volta para o acampamento. Quando não estávamos caminhando, estávamos sentados no topo de picos açoitados pelo vento, usando um telescópio de detecção para encontrar alces. Só que tínhamos apenas um telescópio. Eu não fazia ideia para onde olhar. Fiquei sentado, entendiado de uma forma que não havia experimentado desde que era um aluno do ensino médio esperando aula de álgebra acabar. Para manter nossas mochilas mais leves, nos alimentávamos de barras de chocolate Snickers e uma refeição liofilizada por dia. Isso é comida suficiente para uma modelo do Instagram, talvez, mas certamente não era o suficiente para um homem crescido que havia passado o dia inteiro arrastando uma mochila pesada morro acima. Eu estava faminto. Eu também não tomei banho ou lavei as mãos durante todo o percurso. Uma esquisitice na era do álcool em gel. Nem removi minhas camadas de roupas, luvas ou gorro.

Passei muito tempo questionando a necessidade de toda a empreitada.

Mas após alguns dias de caminhada pelos cumes de granito e calcário de 3 mil metros entre os pinheiros *bristlecones* — pinheiros de 2 mil anos que existem apenas nas paisagens mais árduas e elevadas do Oeste —, passamos por um encontro próximo.

"Abaixe-se", Donnie deu um grito sussurrado.

Um alce do tamanho de uma picape estava a cerca de 54 metros de distância. Sua traseira estava de frente para nós enquanto ele abaixava a cabeça para comer a grama. A galhada varrendo o ar seco da montanha como guindastes de construção. Nós nos abaixamos no solo. Se o alce sentisse nosso cheiro, desataria a um galope de 64km/h fora de vista e de alcance.

Donnie armou uma flecha em seu arco e começou uma caminhada na ponta do pé de modo exagerado em direção ao alce, como em um desenho animado. A dezoito metros de distância, nos abaixamos atrás de uma rocha de granito para aguardarmos. Estávamos esperando que o animal nos mostrasse o ombro. A flecha entraria silenciosamente naquele local em um corte limpo, abrindo caminho pela aorta dorsal até o pulmão. Teria no máximo alguns segundos de vida depois de um golpe como esse. As flechas são silenciosas e afiadas. Por isso o animal costuma cair antes de se dar conta de sua situação mortal.

O alce parou de mastigar. Seus olhos escuros pareciam se espremer enquanto suas orelhas brancas e marrons dobraram para trás. Ele ergueu a cabeça e se virou para inspecionar os arredores. Isso expôs sua área vital. Donnie puxou o arco, pronto para atirar.

Monges zen meditam por décadas para alcançar o estado de presença que descobri. Meus sentidos convergiram naquele alce e na minha relação com ele. Eu estava consciente da textura densa de sua pelagem, do modo pelo qual mudava elegantemente do bronzeado ao marrom e ao branco. Percebi os caroços, as curvas rasas, com pontas afiadas de sua galhada excessiva. Ouvi seus dentes mastigando a grama. Sua respiração pesada se acelerava, inchando a caixa torácica.

Eu nunca estive tão perto da morte. O momento no qual termina o ciclo da vida de um ser vivente para que possa continuar em outro ser. A última carne que eu havia comido veio em um saco de papel entre fatias de pão, provavelmente transportada de algum abatedouro misterioso do Meio-oeste.

Eu me perguntei se Donnie deixaria aquela flecha voar a 321km/h na direção do alce ignorante. Até que me dei conta de um expectador. Um coiote espreitou atrás de nós, antecipando um jantar de entranhas de alce. O alce se deu conta dele também e se assustou, galopando para longe enquanto Donnie retornava com esforço a corda do arco de volta ao ponto de descanso. "Ele era enorme e lindo, mas era muito jovem", disse Donnie.

A fumaça de queimadas do Oeste filtrava o sol em uma tonalidade castanho-avermelhada enquanto andávamos pelos cumes de volta para o acampamento. Eu me sentia mais vivo do que sentira desde meus primeiros dias de sobriedade, quando percebi que tinha uma vida inteira pela frente. Minha mente estava mais calma. Meu corpo, mais capaz. Eu me senti mais em sintonia com os grandes ritmos do que com as frequências frenéticas da vida moderna.

50/50

QUANDO RETORNEI À "civilização", o zumbido induzido pelo desconforto me acompanhou por semanas. Eu ficava voltando mentalmente para a sensação daqueles dias selvagens, subindo montanhas implacáveis, pulando refeições, tentando, em vão, escapar do frio, sem nunca saber o que o mundo indomado arremessaria em minha direção no próximo instante. Era como sentir o oposto do conforto persistente. Eu aprenderia em breve, com um doutor formado em Harvard, que isso era um tipo de *misogi*.

O *Kojiki* foi um documento japonês encomendado pela imperadora Genmei no ano 711 d.C. É o documento mais antigo ainda existente no Japão. Ele inclui mitos, lendas e relatos históricos do arquipélago japonês, a formação do céu e da Terra e as origens de deuses e heróis do xintoísmo. O conto mais épico do *Kojiki* deu origem ao *misogi*.

Izanagi era um deus do xintoísmo, casado com a Deusa da Criação e da Morte. As coisas eram perfeitas para os dois deuses. Até que a esposa de Izanagi morreu ao dar à luz. Ela desceu para a Terra dos Mortos, o submundo para onde vão todos os deuses do xintoísmo após a vida.

Izanagi ficou arrasado. Chorou e se arrastou pela vida até decidir que não poderia mais viver daquela maneira. Então decidiu se aventurar na Terra dos Mortos para trazer a esposa de volta.

Izanagi entrou em uma caverna que levava ao submundo. Enquanto avançava na jornada, encontrou um cenário infernal. Havia demônios, zumbis e figuras grotescas que queriam capturá-lo e mantê-lo por lá eternamente.

Apesar dos esforços de todo o inferno para impedi-lo, Izanagi prosseguiu e encontrou a esposa. Mas ficou horrorizado ao ver que ela havia sucumbido aos perigos do inferno. Ela estava parcialmente decomposta, com uma aparência demoníaca. Ele percebeu que seria o próximo a cair na contaminação do submundo se não escapasse logo.

Então Izanagi saiu em disparada numa fuga fantástica pelas cavernas do inferno. Demônios e monstros o agarraram, tentando puxá-lo para baixo. O fracasso parecia iminente. Ele quase desistiu, mas buscou forças nas profundezas da mente e do corpo para continuar em frente. Por fim, irrompeu pela entrada da caverna.

Depois Izanagi mergulhou em um rio congelante ali perto para se purificar das degradações do inferno. A experiência o lançou para um estado de *sumikiri*, claridade pura de mente e corpo, removendo todas as impurezas, as fraquezas e os limites do passado. Deixou-o mais forte de mente, corpo e espírito.

O estado de sumikiri fornecido pelo *misogi* é o motivo pelo qual estudantes ancestrais de aikido mergulhavam em corpos naturais de água gelada. Cachoeiras, riachos ou o oceano lavariam sua contaminação e os reconectaria ao universo. Mais recentemente, a ideia de *misogi* tem sido aplicada a outros modos de usar desafios épicos na natureza para limpar as máculas do mundo moderno. Esses *misogis* modernos oferecem uma reinicialização profunda do cérebro, do corpo e do espírito. Eles ajudam os praticantes a esmagar os limites antigos, fornecendo a competência e a confiança focadas e conscientes que os seguidores japoneses do aikido também estavam buscando. O Dr. Marcus Elliott foi pioneiro nesse novo tipo de *misogi*. E ele está convencido de que funciona.

Quando entrei em contato com Elliott para falar de *misogi*, primeiro ele me avisou de que estava cansado de falar em números e estatísticas sobre jogadores da NBA e a biomecânica de tornozelos torcidos, das cargas comprimidas de pulos verticais e forças excêntricas aplicadas durante um arremesso stepback de três pontos. "Achei que você estivesse me procurando para falar de dados e modelagem de atletas, algo que amo", disse Elliott, médico formado em Harvard e dono da P3, uma instituição de ciência do esporte que usa dados biométricos aprofundados para melhorar o desempenho de atletas profissionais. "Mas não quero falar sobre isso."

O *Wall Street Journal* havia acabado de visitar a instalação de Elliott, com sede em Santa Bárbara. Um discreto galpão de ginástica cheio de equipamentos de exercício, computadores e dispositivos científicos. O jornal estava fazendo um perfil de Elliott e seu trabalho com Luka Doncic, a Revelação do Ano da NBA em 2018, All-Star etc.

Com apenas quinze anos de idade, Doncic começou a viajar os 9600km de sua casa na Eslovênia até a P3. Lá, Elliott descobriu o ingrediente secreto do jogo de Luka. Elliott e sua equipe de PhDs anexaram marcadores refletidos em todo o corpo do jovem — torso, costas, pernas, joelhos, tornozelos, pés, entre outros. Então Doncic passou por todos os movimentos que ele poderia fazer em uma partida. Enquanto isso, um conjunto de câmeras 3D, digno de um set cinematográfico, capturou mais de 5 mil pontos de dados. Com essa informação, Elliott podia ver assimetrias de movimento que poderiam estar levando Doncic a se machucar e, também, em quais habilidades físicas ele era bom e ruim.

Os dados mostraram que Doncic não conseguia pular nem que sua vida dependesse disso. Mas ele tinha um grande talento em aplicar a "força excêntrica". Isso basicamente significa que Luka é rápido ao desacelerar. O conselho de Elliott: Luka deveria se desenvolver com movimentos nos quais ele dispararia a correr, pararia abruptamente e faria o arremesso, deixando seu defensor ainda cambaleando enquanto a bola traça um arco em direção ao cesto.

Luka fez exatamente isso. Agora o rapaz é o futuro da NBA. Cerca de 60% dos jogadores da NBA passaram pela P3 para descobrir os perigos e as oportunidades escondidos em seus padrões de movimento.

Um assunto fascinante. Mas também não é sobre isso que eu queria falar. Eu estava com *misogi* na cabeça. E era isso que Elliott queria ouvir. "Se pudermos nos aprofundar em *misogi*...", falou, "eu topo recebê-lo aqui".

E, alguns meses depois, foi assim que eu me encontrei subindo uma trilha no penhasco sobre Santa Bárbara com Elliott. Avançamos sobre riachos e rochedos. Percorremos jardins pedregosos e florestas com vegetação abundante que cheiravam a eucalipto fresco. Depois de galgar uma seção dolorosamente íngreme com vista para o oceano, nos curvamos para a frente com as mãos nos joelhos, respirando fundo.

36 • A CRISE DO CONFORTO

"Ao longo das centenas de milhares de anos de evolução da nossa espécie...", disse Elliott, "foi essencial para a nossa sobrevivência fazer coisas difíceis o tempo todo. Ser desafiado. E isso sem ter uma rede de apoio. Esses desafios podiam ser de caças, obter recursos para o grupo, se mudar das terras de verão para invernais, e assim por diante. Cada vez que assumimos um desses desafios, aprendemos qual era o nosso potencial."

Elliott tem 1,85m de altura, com o corpo esbelto de 86kg. Digno de um triatleta. Imagine uma mistura do sul da Califórnia entre Dennis Quaid e Bruce Springsteen. Ele tem 54 anos, mas eu teria acreditado nele se me dissesse que tinha 40.

"Mas na sociedade moderna...", disse Elliott, "de repente é possível sobreviver sem ser desafiado. Você ainda terá bastante comida. Terá uma casa confortável, um bom emprego para comparecer e algumas pessoas que o amam. E isso parece uma vida razoável, certo?".

"Mas...", falou, abrindo os braços para criar um grande círculo imaginário que abrangia a trilha e as folhagens que a margeavam, "digamos que seu potencial é esse grande círculo".

Então ele juntou as mãos no peito e fez um círculo do tamanho de um prato de jantar no meio do círculo maior. "Bem, a maioria de nós vive nesse espaço pequeno aqui. Não fazemos ideia do que existe nas beiradas do nosso potencial. E por não ter ideia de como é na beirada... cara, perdemos algo realmente vital."

Um vento salgado estava soprando sobre o oceano e deslizando em uma subida pelos morros. Ele passou por minha camiseta encharcada de suor enquanto Elliott continuava. "Acredito que as pessoas têm um maquinário evolutivo que é ativado quando saem e fazem coisas difíceis pra caralho. Quando elas exploram aquelas beiradas da zona de conforto."

O *misogi* entra em cena. Uma circum-navegação nas beiradas do potencial humano.

Todo ano, pelo último quarto de século, Elliott enfrentou um desses desafios épicos e extravagantes. "Pense desta maneira", falou. "Na academia, eu identifico um problema que um atleta tem e que o coloca em risco. Então uso a construção artificial do ambiente de academia para melhorar a performance da atleta quando ele sai para o faroeste imprevisível e desestruturado que é uma partida."

Uma caminhante com um labrador preto passou por nós em seu caminho para baixo. Elliott e eu fizemos carinho no cachorro.

"*Misogis* têm o mesmo conceito, só que com a condição moderna. No *misogi* estamos usando o conceito artificial de sair e fazer uma tarefa difícil para imitar aqueles desafios que os humanos costumavam enfrentar o tempo todo. Esses desafios que nosso ambiente usava para nos testar naturalmente e dos quais estamos tão distantes agora", ele disse. "Então, quando voltamos ao faroeste de nossa vida rotineira, seremos melhores. Teremos as ferramentas certas para o trabalho."

A prática tem aumentado muito o nível de sua saúde e de seu potencial físico, mental e espiritual, segundo afirmou. E teve o mesmo resultado para os outros que se uniram a ele.

Por exemplo, tem o Nelson Parrish, um artista de quarenta e poucos anos de Santa Bárbara, cujo trabalho mistura pintura, esculturas em metal e madeira natural. O trabalho é "contextualizado por meio do palavreado da velocidade e da linguagem da cor", Parrish me disse. Seu objetivo é forçar o expectador a "se separar do periférico" e forçar uma reflexão da "expansão e contração do tempo". O trabalho foi destacado na revista *Vogue*. E é colecionado pela família Hermès, por Rob Lowe, John Legend, entre outros.

"O *misogi* não é sobre uma conquista física", disse Parrish. "Ele pergunta: 'O que você está mental e espiritualmente disposto a enfrentar para ser um humano melhor?' *Misogis* permitiram que eu me livrasse do medo e da ansiedade. Você pode ver isso em meu trabalho."

Também tem o Kyle Korver, All-Star da NBA e artista do jump-shot, que está em quarto lugar na lista de três pontos de todos os tempos. Korver diz que foi graças às lições de *misogi* que teve suas performances mais arrebatadoras.

"Em um ano, carregamos uma rocha de 38kg por 5km debaixo da água", disse Elliott, falando de um *misogi* no qual Parrish e Korver participaram. Aquele *misogi* aconteceu a apenas alguns quilômetros dessa trilha, ao longo da costa da ilha de Santa Bárbara. Um cara mergulhava a profundidades de dois a três metros. Ele abraçava a rocha que pegava. Então caminhava sobre o relevo oceânico o mais longe que conseguia (talvez de nove a dezoito metros).

Depois outro cara mergulhava fazendo a mesma coisa. E assim por diante. Até que, cinco horas depois, a rocha estava no ponto B.

"No outro ano nós fizemos remo em pé por 40km pelo Canal de Santa Bárbara", disse Elliott. "Havíamos praticado remo em pé apenas algumas vezes antes disso. As ondas nos derrubavam de volta ao mar a cada dez minutos. Não conseguíamos pensar em atravessar o canal inteiro. Em vez disso, tínhamos que focar o processo à nossa frente. Manter nosso equilíbrio para conseguir uma remada perfeita. Então, mais uma remada perfeita. E, por fim, erguemos o olhar e estávamos do outro lado de um oceano."

Korver disse que o *misogi* de remo em pé o fez bater o recorde da NBA de mais partidas consecutivas com arremesso de três pontos. Enquanto ele se aproximava do recorde, seus colegas do time lembravam que faltavam apenas mais doze jogos, por exemplo, com arremessos de três pontos. Ele respondia a eles que tudo que importava era a próxima jogada perfeita.

O *misogi* pode revelar o cobiçado "estado de fluxo".

Quando era um jovem psicólogo e pesquisador nos anos 1960, Mihaly Csikszentmihalyi percebeu algo fascinante sobre artistas. Eles podiam se tornar completamente presentes e absortos no trabalho. Nesses períodos, sua ação e atenção se misturavam. Pensamentos aleatórios, sensações corporais como dor ou fome e até mesmo o senso de ego e individualidade se dissipavam. Era um tipo de zen prolongado na arte de fazer arte.

Então ele começou a estudar o estado que foi nomeado "flow state" ou "estado de fluxo". Ao longo da carreira de Csikszentmihalyi — na qual ele dirigiu um departamento de psicologia na Universidade de Chicago e foi presidente na Associação Norte-americana de Psicologia —, ele entrevistou milhares de profissionais de alta performance. Eles variavam de jogadores de xadrez, escaladores e pintores a cirurgiões, escritores e pilotos de Fórmula 1.

Cair no fluxo exige duas condições: a tarefa precisa forçar os limites da pessoa e é necessário um objetivo claro. O estado de fluxo, conforme Csikszentmihalyi e os outros pesquisadores acreditam, é um motivador-chave da felicidade e do crescimento. É o oposto da apatia. Csikszentmihalyi escreveu que o fluxo tem o "potencial de tornar a vida mais rica, intensa e significativa; é bom porque aumenta as forças e complexidades do eu".

ELLIOTT CRESCEU JOGANDO QUALQUER ESPORTE QUE PUDESSE – FUTEBOL, BEISEBOL ETC. – E desenvolveu desde cedo uma obsessão com fisiologia e performance humana. O interesse era tão profundo que, na adolescência, ele pediu aos pais que assinassem o periódico acadêmico *Medicine & Science in Sports & Exercise* como presente de Natal.

Elliott planejava jogar bola na faculdade, mas se machucou durante o ensino médio. Ele saltou de uma universidade para outra. Foi transferido da UC Berkeley para a UC Santa Bárbara e, de lá, para Harvard.

"Depois de me recuperar da lesão, eu ainda precisava algum modo de me desafiar fisicamente. Então me envolvi com esportes de resistência. Na faculdade eu nem ia a festas. Tudo que eu fazia era treinar e estudar como um doido. Eu morei em uma van VW por alguns anos. Era tudo muito simples. Eu tinha apenas alguns pertences. Se eu chegasse ao fim do dia mais esperto ou com uma condição física melhor, então havia sido um bom dia."

Elliott venceu algumas corridas importantes. Conseguiu um patrocínio da Nike e chegou ao top dez no ranking mundial de triatletas. Ele se inscreveu para a Escola de Medicina de Harvard, e um programa de PhD em biomecânica no MIT. Sendo o estudo dos sistemas biológicos por meio de princípios mecânicos. Ambas as escolas lhe ofereceram uma vaga.

"Eu não tinha vontade nenhuma de me tornar médico. Mas acabei estudando medicina porque pensei que seria mais interessante", contou. "Em um momento eu estava abrindo o corpo de alguém e no momento seguinte estava lidando com um paciente da psicologia."

Ele abandonou os triatlos na faculdade de medicina. "Quando comecei a correr, já havia decidido que abandonaria quando fizesse 25 anos", disse. A necessidade de passar cem horas por semana em aulas, turnos e estudando também não ajudava.

Porém todo aquele tempo solitário e silencioso correndo, cavalgando ou nadando — tornando-se confortável com o desconforto, persistindo apesar de todos os seus impulsos biológicos dizendo que fosse mais devagar ou desistisse — haviam remodelado sua psique. "Esportes de resistência me deram algum entendimento do que era insistir para alcançar níveis mais profundos e encontrar novas camadas em mim mesmo", ele me contou. "Quando parei de fazer triatlos, eu ainda tinha um sentimento de aventura. Uma necessidade

40 • A CRISE DO CONFORTO

de explorar aqueles limites nos quais eu encontraria uma nova parte minha que fosse melhor."

Então Elliott começou a fazer o que ele inicialmente chamou de "uns desafios excêntricos". Uma ou duas vezes por ano ele assumia uma tarefa difícil e sem estrutura. Por exemplo, "Depois de terminar os turnos, eu dirigia a noite toda para as White Mountains, em New Hampshire, sem dormir e abastecido pela comida do hospital, e decidia subir ao topo do pico mais longe em um único dia, sem preparação. Era tudo apenas para ver se eu seria capaz. Eu alcançava o que imaginava ser o meu limite, mas continuava. Enfim, percebia que estava muito além do meu antigo limite e ainda seguindo em frente. Aquele limite estava em um lugar diferente de quando eu comecei. E isso era tão, mas tão satisfatório".

Em um ano, Elliott e um amigo da faculdade de medicina, Garth Meckler, viajaram até Riverton, em Wyoming, para uma das "aventuras excêntricas".

"Pegamos uma carona em um caminhão dos correios no aeroporto até o início da trilha. E então enfrentamos um dia de quinze horas caminhando numa região selvagem com mochilas que pesavam 36kg. Estávamos acabando um com o outro", disse Elliott. "Garth era um competidor judoca de nível olímpico. E, enquanto andávamos, ele me contou sobre uma coisa que seu dojo de judô pegou emprestado dos samurais, que pegaram emprestado do aikido, que pegou emprestado de uns textos religiosos japoneses muito antigos. E era chamado de desafio *misogi*. Então eu passei a chamar esses desafios excêntricos de *"misogi"*, como um aceno para Garth e um reconhecimento de que tentar coisas difíceis pra cacete é purificador e melhora a vida."

Elliott concluiu a faculdade de medicina com uma dívida de US$330 mil. "Meus instrutores em Harvard queriam que eu fosse acadêmico. Mas eu não fui feito para ficar preso em um laboratório, hospital ou escritório. Eu queria sair e causar um efeito verdadeiro nas coisas", contou.

Na época, o treinamento atlético de um time não havia evoluído muito além de ajustar séries e repetições. "Estava muito claro em minha mente que existiria valor em aplicar mais ciência ao esporte e que, se eu não tentasse, me arrependeria para sempre", disse Elliott. "Mas eu precisava de um problema de verdade para resolver." Os New England Patriots tinham um problema. Eles eram, ao mesmo tempo, um time medíocre de futebol com uma média de 21,5 lesões no tendão da coxa por ano. Elliott adotou uma abordagem científica com o problema. Ele estudou anos de dados dos jogadores sobre as origens comuns da lesão para testar o time. Então adotou uma abordagem médica para a solução. Ele desenvolveu receitas de treinamento individualizado para os jogadores, as quais, ele acreditava, reduziriam as chances de eles se lesionarem, mesmo tendo ouvido de seus instrutores que a "medicina do exercício era um desperdício de uma educação de Primeiro Mundo".

Seu trabalho fez com que a taxa de lesão no tendão da coxa dos Patriots caísse para apenas três por temporada. "Eles ganharam dois Super Bowls com o time", disse Elliott.

Em seguida, ele se tornou o primeiro diretor de Ciência do Esporte e Performance da MLB. E agora ele está "fazendo uma coisa com basquete". A P3 abriu em 2006. Elliott é considerado um pioneiro e um dos principais cientistas de esporte do mundo. Sua marca tem uma parceria oficial com a NBA. E sua lista de clientes está repleta de peixes grandes: James Harden, Kawhi Leonard, Giannis Antetokounmpo, Doncic e muito mais. Ele também continuou trabalhando com profissionais em várias áreas e está começando a oferecer consultas para o futebol mundial e a NASCAR.

Recentemente, a Escola de Medicina de Harvard concedeu uma de suas maiores honras a Elliott, o Prêmio Augustus Thorndike de Professor Visitante. "É engraçado que as mesmas pessoas que estavam me dizendo que eu estava desperdiçando meu tempo disseram: 'Volte e nos ensine'", disse Elliott.

Os *misogis* continuaram — um por ano —, e Elliott lhes dá o crédito por sua habilidade de afetar as coisas em sua vida pessoal e profissional.

"Os *misogis* podem mostrá-lo que você tem um potencial latente que não havia percebido. E que você pode ir mais longe do que jamais acreditou. Quando você se coloca em um ambiente desafiador no qual tem uma boa chance de fracassar, muitos medos desaparecem e as coisas começam a se mexer."

ELLIOTT DEU UM PASSO À FRENTE PARA ME DAR UMA LIBRA, ENTÃO SE VIROU E SALTOU PELA trilha. Suas pernas esculpidas como um par de pistões levantaram poeira. Depois de algum tempo, alcançamos uma floresta com sombra onde a trilha se aplainava.

"Em nosso modelo de *misogi*, há apenas duas regras", disse Elliott. "A regra número um é que precisa ser difícil pra caralho. A regra número dois é que você não pode morrer."

Eu entendi a parte sobre não morrer, mas perguntei a ele como determinar se algo é difícil o suficiente.

"Em geral somos guiados pela ideia de que você deve ter uma chance de sucesso de 50% — *se fizer tudo do jeito certo*", ele disse. "Então se você decidiu que queria correr uma trilha de 40km, e está se preparando, fazendo treinos de 32km, e realizando de 56 a 64km de corrida por semana... isso não é *misogi*. Sua chance de fracassar é muito pequena. Mas se você nunca correu mais de 16km, pensa que provavelmente poderia correr 24km, mas não sabe se poderia correr 32km... então a corrida de 40km provavelmente é um *misogi*."

Essa regra também faz do *misogi* um alvo em movimento. Os 50% de uma pessoa não costumam ser os mesmos de outra. "Se alguém nunca correu mais do que alguns quilômetros, então uma corrida de 16km seria um *misogi*", disse Elliott. Humanos modernos podem ter uma necessidade não atendida de fazer o que é verdadeiramente difícil para nós. Novas pesquisas mostram que depressão, ansiedade e o sentimento de não pertencimento podem estar ligados a não ser desafiado.

"Então você precisa fracassar na metade das vezes?", perguntei. "Eu fracassei nos últimos dois *misogis*", ele disse.

O *misogi* mais recente de Elliott foi uma corrida de borda a borda no Grand Canyon. Um grande feito físico de 74km com aproximadamente 6.705m de mudança na elevação.

"Eu não corria há anos", falou. "Mas já fiz algumas corridas de 28km."

Ele fracassou. Feio. "Estourei meus joelhos na descida da Borda Sul", Elliott disse. "Assim que chegamos à Borda Norte, começamos a descer de volta para o chão do Canyon. Eu percebi que não conseguiria. Se continuasse, provavelmente teria que ser resgatado por um helicóptero. Então caminhei de volta à Borda Norte e consegui encontrar o último transporte de quatro horas de volta para a Borda Sul, onde havia estacionado meu veículo."

A floresta se abriu numa seção íngreme. "E posso te dizer", ele disse com a respiração pesada enquanto subíamos o morro com esforço, "o cérebro humano odeia esse constructo. O cérebro não quer saber de fracasso. *Especialmente se você fizer as coisas de modo perfeito".*

É um fenômeno enraizado. Cientistas na Universidade de Michigan investigaram as origens evolucionárias do medo. Eles dizem que nossos medos atuais costumam ser motivados por antigos modos de vida. Os primeiros humanos enfrentavam com frequência perigos letais por causa de predadores famintos e serpentes venenosas, membros de outras tribos, clima violento e terrenos traiçoeiros, perda de status social e assim por diante.[*]

É por isso que os humanos de hoje ainda podem identificar facilmente um farfalhar nas folhas do arbusto ou cobras rastejando pela grama; por isso desconfiamos de estranhos; evitamos tempo ruim e alturas; ficamos ansiosos quando precisamos nos arriscar em público, durante uma palestra, por exemplo.

"Um fracasso até mesmo cem anos atrás poderia significar a morte", disse Elliott. "Mas as pessoas superestimam *demais* as consequências do fracasso hoje em dia. O fracasso agora é você fazer merda em uma apresentação de PowerPoint e seu chefe te olhar irritado."

A mente humana é programada para superestimar as consequências de algo. Como bagunçar um PowerPoint. Porque fracassos sociais passados costumavam ser o motivo de nossa expulsão da tribo — um evento normalmente seguido pela nossa morte nas mãos da natureza, de acordo com aqueles cientistas de Michigan.

"Então essa máquina evolucionária que temos não nos serve mais", disse Elliott. "Porque, posso te dizer, nada importante na vida vem com uma completa certeza de sucesso. Ser ativo em um ambiente no qual há uma grande probabilidade de fracasso, mesmo que você faça as coisas de modo perfeito, tem ramificações enormes para ajudá-lo a perder o medo de fracassar. Ramificações enormes para mostrá-lo qual é o seu potencial."

"Revendo a corrida de borda a borda a borda...", ele disse com a respiração exasperada, "eu não havia nem corrido os 32km. Minhas chances de conseguir não eram nem perto de 50%. Nem um pouco perto. Estava longe de 50%. Era provavelmente 10% ou 15%. Mas, em pé nas margens da Borda Sul do

---

[*]   Isso também explica por que humanos têm menos medo de algumas maneiras modernas de se morrer, como acidentes de carro.

Grand Canyon, no início... mesmo que não me sentisse super-humano, senti que tinha as ferramentas certas para explorar isso. Poderes além do que era óbvio para mim. Há aventura nisso."

Variações do mito do *misogi* existem ao longo do tempo e do espaço. As mitologias grega, mesopotâmica, budista, escandinava, cristã, hindu e egípcia têm alguma versão do que Joseph Campbell chamou de "a jornada do herói". O herói sai do conforto de casa em direção à aventura. Ele se depara com desafios que testam sua fortitude física, psicológica e espiritual. Ele enfrenta dificuldades, mas consegue triunfar. O herói retorna com conhecimento, habilidades, confiança e experiência aprimorados. Além de um sentido mais claro do seu lugar no mundo. E pesquisas feitas desde os anos 1800 provam que meros mortais se beneficiam de desafios físicos épicos.

ARNOLD VAN GENNEP, NASCIDO EM 1873, ERA BRILHANTE, MAS SEMPRE FOI TAMBÉM UM GRANDE incômodo. Seus professores na escola primária francesa relataram que van Gennep era esperto, mas um "menino terrível". Então seus pais o largaram em um internato. Ele manteve a sua reputação por lá. O jovem era um orador de turma que sempre acabava em reuniões no escritório do diretor.

O padrasto de van Gennep, um cirurgião, queria que ele seguisse seus passos e estudasse cirurgia em Lyon. Van Gennep decidiu que preferia estudar o assunto em Paris. O padrasto não admitia isso. Então van Gennep decidiu que irritaria o velho ainda mais. Ele não faria medicina. Em vez disso, estudaria línguas e antropologia. Van Gennep podia, por conta própria, falar "dezoito línguas e uma boa quantidade de dialetos". Esse talento acendeu nele um interesse por outras culturas.

Depois da faculdade, van Gennep começou a traduzir estudos antropológicos. Graças ao colonialismo, havia uma enxurrada de estudos de vários países, todos em idiomas diferentes. Van Gennep se tornou um terminal para essa nova pesquisa. Ele traduziu trabalhos de campo sobre pessoas que viviam ao redor do mundo. Em lugares desde as planícies da Mongólia e da América do Norte até as ilhas de Fiji e a Grécia. Ele logo descobriu uma comunalidade única entre esses grupos distantes de humanos. Homens e mulheres nessas culturas enfrentavam um rito de passagem físico, com base na natureza.

Por exemplo, os jovens rapazes do povo aborígene, indígenas australianos que vivem na ilha continente há aproximadamente 65 mil anos, faziam o "walkabout". Eles se aventuravam sozinhos por até seis meses no deserto australiano. Um lugar que é essencialmente inabitável, pois suas temperaturas podem alcançar 37°C no verão. E suas serpentes venenosas estão entre as mais mortais do mundo. A pessoa estaria ferrada se não tivesse se preparado para a jornada, praticando habilidades como a construção de abrigos, a caçar e buscar alimentos, a aprender quais plantas atuam como remédios, e qualquer coisa mais que pudesse precisar para não morrer. Ou voltaria para o acampamento como um fracasso. E se conseguisse voltar.

Mas se a pessoa conseguisse, ela voltava ao grupo física e mentalmente mais capaz, com um entendimento maior do mundo e de seu lugar nele.

Os Inuit têm uma tradição similar. Não é tão longa ou solitária, mas é muito mais fria. Quando crianças Inuit aparentam ser fortes o bastante, normalmente com cerca de doze anos, os mais velhos as guiam até o Ártico para a sua primeira caçada. Eles levam tendas, lanças e outras necessidades, e comem aquilo que matam. A jornada se dá ao longo de quilômetros e semanas. E o jovem precisa abater um narval, caribu ou foca barbada. As crianças aprendem habilidades úteis de sobrevivência e evoluem como pessoas. A jornada também os açoita com o tempo árduo do Ártico. Isso os fortalece ao mesmo tempo em que ensina habilidades necessárias para que prosperem.

Então há o rito de passagem dos Maasai, um povo que vive no Quênia e na Tanzânia. Jovens homens Maasai eram enviados sozinhos para a savana para caçar um leão — não com um rifle ou um arco e flecha, mas com uma lança.

Essas caçadas solo por um leão exigiam uma quantidade inacreditável de treinamento. Uma pessoa precisava de força, resistência, coragem e habilidades de caça com as quais ele literalmente apostaria a vida. Esses homens não espreitavam um leão adormecido. Eles o perseguiam enquanto sacudiam sinos para compelir o leão a enfrentar os magros caçadores cara a cara.

Se o homem Maasai fosse bem-sucedido, ele teria completado o maior desafio físico e mental, fazendo a transição oficial para guerreiro. Ou ele fracassaria, indo à transição oficial para jantar da alcateia de leões. Como a Associação Maasai, um grupo que preserva e celebra a herança Maasai, casualmente observa: "Muitos guerreiros foram perdidos para os leões."

Os Nez Perce, indígenas norte-americanos que vivem no Noroeste Pacífico, faziam jornadas visuais. Eles andavam para as montanhas ou deserto desarmados e sem comida para passar uma semana sozinhos. Eles faziam jejum e bebiam pouca água, se expunham aos elementos e não buscavam abrigo ou faziam fogo. Yellow Wolf, um guerreiro Nez Perce que lutou na Guerra Nez Perce de 1877, explicou que o processo desenvolvia "força para ajudá-lo com os perigos nas batalhas". Essas jornadas visuais do tipo que fortalecem mente, corpo e espírito eram comuns entre muitos povos indígenas norte-americanos.

"A ideia de um rito de passagem é a de que os mais velhos estão enxergando em você o potencial de se erguer e alcançar uma coisa muito importante e desafiadora que irá beneficiar a você e todos ao seu redor em muitos níveis", disse Elliott. "Eles estão dizendo: 'Achamos que você está pronto, mas precisará se esforçar muito e encontrar sua essência.'"

Em 1909, van Gennep escreveu um texto seminal sobre esses eventos, o qual chamou de *Os Ritos de Passagem*. (Ele é a pessoa que cunhou o termo.)

Ele descobriu que todos esses processos — seja caminhar no deserto australiano, caçar um leão no Quênia, viajar no Columbia Plateau ou talvez até mesmo passar por um *misogi* — têm três elementos-chave.

O primeiro é a separação. A pessoa sai da sociedade na qual vive e se aventura em um ambiente selvagem. O segundo é a transição. A pessoa adentra um meio-termo desafiador no qual ela batalha com a natureza e com a mente dizendo-lhe que desista. O terceiro é a incorporação. A pessoa completa o desafio e retorna à vida normal como alguém aprimorado. É uma exploração e expansão na borda da zona de conforto de uma pessoa.

Misogi, Elliott disse, é a mesma coisa. "*Misogis* são desafios emocionais, espirituais e psicológicos que se mascaram como um desafio físico."

Enquanto corremos, Elliott e eu conversamos sobre como ritos de passagem, no sentido tradicional, quase sumiram. "O que temos hoje em dia?", perguntou.

Ritos de passagem ainda existem em algumas culturas. Os holandeses continuam a preservar uma tradição escoteira chamada "dropping", que envolve tapar os olhos das crianças e então largá-las no meio da mata à noite com recursos limitados para ver se elas conseguem encontrar o caminho de volta para casa. Mas eu não conheço ninguém que foi largado pelos pais no meio da floresta e eles lhe disseram: "Vejo você daqui a seis meses." Nem eles entregarem uma arma rudimentar e dizerem: "Traga o corpo do animal mais mortal que você puder encontrar." A sociedade, na verdade, adotou uma abordagem que é o extremo oposto.

Cientistas na Universidade de Nova York identificam o ano de 1990 como o início da parentalidade helicóptero. Os pesquisadores dizem que foi nessa época que muitos pais pararam de permitir que as crianças saíssem sem supervisão até que tivessem dezesseis anos, devido a um medo sem fundamento e alimentado pela mídia de que elas seriam sequestradas. Agora saímos da parentalidade helicóptero para a parentalidade limpa-neve. Esses pais afastam violentamente todo e qualquer obstáculo do caminho dos filhos. Prevenir crianças de explorar seus limites costuma ser visto como uma causa das altas e crescentes taxas de ansiedade e depressão em jovens. Um estudo descobriu que as taxas de ansiedade e depressão em estudantes universitários cresceram cerca de 80% na geração seguinte ao início da parentalidade helicóptero. Alguns estados tiveram até mesmo que aprovar leis de parentalidade livre, depois de alguns pais serem acusados de negligência por deixar os filhos saírem sozinhos.

Sou velho o suficiente para ter passado a maior parte da minha juventude do lado de fora de casa, sozinho ou com amigos. Mas, enquanto eu e Elliott corremos, tento pensar no meu próprio rito de passagem. Eu conquistei o posto de Eagle Scout nos escoteiros. Porém até mesmo as aventuras mais desafiadoras de escotismo eram proposições sem falhas. A coisa mais próxima da minha tropa à prática holandesa de dropping era o exercício de medalha de mérito de Sobrevivência na Mata. Mas, de maneira irônica, o teste era constantemente cancelado devido ao tempo ruim.

Anthony Stevens, psicólogo junguiano, passou a carreira estudando arquétipos e ritos de passagem. Ele acredita que esses ritos são fundamentais para a experiência humana. Um tipo de cruzamento da linha na areia que torna os humanos o que eles são.

"Apesar de a nossa cultura permitir o atrofiamento (de ritos de passagem) com o desuso...", escreveu, "ainda persiste em todos nós uma necessidade arquetípica de ser iniciado".

ERA 19H35 QUANDO ELLIOTT E EU ESTÁVAMOS EM SUA CASA NA COLINA DE SANTA BÁRBARA. Depois de nossa corrida, paramos na instalação da P3. Então fomos até sua casa e jantamos uma lasanha preparada por sua esposa, Nadine. Ela nasceu em uma pequena vila na Baviera e se mudou para os Estados Unidos, conquistando várias graduações universitárias até conhecer Elliott. Ela é alta e loira. E o oposto de uma mãe helicóptero. Nadine encoraja seus filhos a surfar e fazer mini*misogis* com o marido. Mas ela também impõe a segunda lei do *misogi*. Não morrer.

"Todos nós temos famílias", disse Elliott. "Então o pior caso de *misogi* é fracassar. E talvez você tenha um dia longo e fique com algumas cicatrizes. Mas não pode morrer. E essa regra é bem simples."

"Como você...", eu busquei pelas palavras corretas para usar na frente de Nadine, "se certifica de que não vai quebrar a regra número dois?".

"Durante um *misogi* você definitivamente não sente que está no controle", disse Elliott. "Mas você não vai morrer. É preciso garantir que estará seguro. Nós tínhamos uma equipe de mergulho de segurança presente no *misogi* debaixo da água com a pedra. No cruzamento do canal, tínhamos um barco de segurança."

Perto do fim da noite, Elliott mencionou que tinha algumas regras mais suaves para *misogis*. Ele as descreveu mais como guias do que como regras rígidas. Uma era a de que o *misogi* deveria ser "excêntrico. Criativo. Original. Algo incomum".

"Carregar uma rocha de 38kg por 5km debaixo da água?", perguntei.

Ele sorriu. "Sim. E o motivo para isso é que, quanto mais excêntrico o *misogi*, menos chance você tem de compará-lo a qualquer coisa", disse. "É importante enfrentar desafios que são *seus* desafios. *Misogi* é você contra você. É contra o fenômeno de 'Ah, aquele cara fez tal coisa em tanto tempo e vou tentar fazer mais rápido', porque isso é procurar comparação. E é um jeito muito merda de seguir com a vida."

Parrish falou bastante sobre esse guia. Ele resumiu da seguinte maneira: "Quando você remove métricas superficiais, consegue realizar muito mais."

O que trouxe Elliott à segunda diretriz: não faça propaganda do *misogi*. Tudo bem falar sobre *misogi* com amigos e família. Mas você não faz publicação em Twitter, Instagram, Facebook nem se vangloria sobre o *misogi*.

"Hoje em dia todo mundo tem uma vida tão virada para o exterior", disse Elliott. "Eles fazem coisas para publicar nas redes sociais sobre algo incrível que fizeram e conseguir um monte de likes."

"*Misogis* são virados para o interior", afirmou. "Uma grande parte da proposta de valor é que eu farei algo que é muito desconfortável. Vou querer desistir. E será difícil não desistir, porque ninguém está observando. Mas não desistirei, porque *eu* estou observando. Então posso refletir sobre como era a única pessoa me observando e ainda assim me superei de grande modo. Há uma satisfação profunda nisso. Você realmente fez o que achava ser a coisa certa quando era a única pessoa observando? Ou você precisa de um público ou um tapinha nas costas para isso? Você não é importante o suficiente para fazer algo por você mesmo? Tínhamos essa diretriz antes das redes sociais e parece ainda mais relevante hoje me dia."

Elliott é um personagem impressionante, com a formação em Harvard e um histórico de aprimorar a performance humana. Mas seus "desafios excêntricos" em busca de emoção por vezes podem parecer algo não muito erudito. Depois de sair do feitiço carismático dele, busquei outro cientista para aprender se há alguma ciência nos *misogis*.

O DR. MARK SEERY PASSOU A VIDA ESTUDANDO OS LIMITES DA ZONA DE CONFORTO HUMANO. Como um psicólogo na Universidade de Buffalo, Seery sempre foi fascinado pelo clichê comum de que "aquilo que não nos mata nos fortalece". Pequenos gracejos desse tipo sempre parecem ter um fundo de verdade. Mas os dados não corroboravam o ditado.

"A literatura existente sugeria que há uma relação clara e objetiva segundo a qual, quando algo ruim e estressante acontece contigo, é sempre ruim, por você estar sempre lidando com adversidades e consequências negativas. E esses eventos deixam danos permanentes. Então isso o coloca sob um risco maior de problemas de saúde psicológicos e até mesmo físicos, no futuro", disse Seery. "E era uma imagem simplesmente muito deprimente."

Mas, um dia, Seery encontrou uma pesquisa sobre um conceito chamado toughening. Ele explicou: "Era essa ideia teórica de que estar completamente sobrecarregado por coisas negativas e estressantes não era boa. Porém teorizava que estar completamente protegido também não deveria ser ideal. Deve existir uma quantidade de estresse que fornece um bem-estar psicológico e físico ideal."

Seery descobriu que a teoria do toughening se desenrolava em animais. Havia, por exemplo, um estudo no qual cientistas de Stanford estressavam jovens macacos-esquilo. Eles os removiam de suas famílias uma vez por semana durante dez semanas. Quando esses macacos cresceram, eles eram significativamente mais resilientes e capazes no mundo real comparados aos irmãos protegidos. Eles eram os líderes, os fazedores.

Seery imaginou: será que o fenômeno toughening se aplica aos humanos?

Com sua equipe de pesquisa, Seery começou um estudo. Eles perguntaram às pessoas quais eram os maiores estressores que haviam enfrentado na vida. Era um grupo perfeitamente comum. Havia 2.500 pessoas que representavam um espectro amplo dos Estados Unidos. Havia jovens de 18 anos e idosos de 101 anos. Metade do grupo era composta de homens e a outra metade, de mulheres. Tinham a mesma composição racial do país. Alguns eram ricos enquanto outros eram pobres. Esse grupo eram os Estados Unidos.

As pessoas respondiam questionários online regularmente em troca de acesso gratuito à internet. Os questionários perguntavam quantas vezes as pessoas haviam experimentado estressores como uma doença séria ou dificuldade financeira, a morte de um ente querido, violência, enchentes, terremotos e assim por diante. Também perguntava sobre sua saúde e seu bem-estar. Você está deprimido ou ansioso? Está doente ou sentindo dor? Com que frequência vai ao médico? E quantos remédios com prescrição você toma? Você está feliz?

O que Seery descobriu implodiu a literatura existente — e confirmou sua ideia.

Comparadas às pessoas que foram protegidas a vida inteira, "as pessoas que enfrentaram alguma adversidade relataram um bem-estar psicológico melhor ao longo dos vários anos do estudo", disse Seery. "Elas tinham uma satisfação maior com a vida, e menos sintomas físicos e psicológicos. Eram menos propensas a usar analgésicos com prescrição. Usavam serviços de saúde menos vezes. Eram menos propensas a relatar sua condição de empregados como deficientes." Ao enfrentar uma dada quantidade de desafios, mas não algo que as sobrecarregasse, essas pessoas desenvolveram uma capacidade interna que as deixou mais robustas e resilientes. Elas eram mais capazes de lidar com novos estresses que não haviam enfrentado antes, disse Seery.

Seery sabia que estava próximo de algo importante. Mas ele se perguntou se veria resultados similares em um ambiente controlado. Ele trouxe um grupo de pessoas para o laboratório e perguntou quantos eventos desafiadores elas haviam enfrentado em suas vidas. Logo, pediu que elas enfiassem a mão em um balde com água gelada e a deixasse lá o máximo de tempo que conseguissem.

"O resultado é a mesma relação", disse Seery. "As pessoas relatam que a dor parece menos intensa se elas têm um histórico de ter passado por alguma adversidade na vida. Não um nível alto, mas, de modo crítico, diferente de zero. Sua mente também é menos propensa a divagar para um lugar ruim durante a experiência. Elas também têm menos pensamentos negativos durante e após a experiência."

Desde então ele fez isso com vários tipos de tarefas indutoras de estresse. Ele fez as pessoas realizarem testes escritos, darem palestras na frente de um grande grupo etc. Seus resultados são consistentes. "Pessoas que passaram por alguma adversidade mostram uma resposta mais positiva", relatou. "Elas sentem que o evento é uma oportunidade animadora, em vez de sentirem um temor incapacitante."

Com base em descobertas como as de Seery, há um corpo pequeno, mas crescente, de pesquisas que sugere que as pessoas enxergam os mesmos efeitos ao arquitetar grandes desafios. Essa nova pesquisa analisa a realização de tarefas externas épicas como um modo de encontrar ferramentas "físicas, psicológicas, emocionais e espirituais" que Elliott quer transmitir.

Observe o que as equipes de cientistas da Nova Zelândia e do Reino Unido encontraram. Eles vasculharam quase cem estudos sobre o impacto psicológico de desafios em ambientes externos. O aprendizado: deixar o mundo moderno e estéril para trás, e se expor a novos estressores, pode nos ajudar a desenvolver a dureza sobre a qual Seery é tão apaixonado. "Confrontar o risco, o medo ou o perigo produz uma quantidade ideal de estresse e desconforto, o que, por outro lado, promove resultados como autoestima melhorada, construção de caráter e resiliência psicológica", escreveram.

O desejo que há em alguns de nós de sair e nos pôr à prova, acredita um pesquisador, é "um sinal dos tempos nos quais as pessoas estão buscando por um novo jeito de... escapar de um modo de vida cada vez mais regulado e higienizado". E algo como um *misogi* pode acender alguma coisa no âmago da pessoa, porque incita estresses similares com os quais homens e mulheres lidavam antes de todo esse conforto nos alcançar, teorizaram os pesquisadores.

É por isso que os cientistas também acreditam que um teste em ambiente externo, como uma caçada em áreas remotas ou subir ao cume de uma montanha, pode ser um desafio melhor do que os mais "artificiais", como maratonas urbanas organizadas e esportes em equipe.

Eu falei sobre isso com Douglas Fields, um dos principais neurocientistas do país. Ele é um investigador sênior na National Institutes of Health (NIH) que dirige o departamento de neurocitologia, que é o estudo dos neurônios.

Ele me disse que quando você passa por uma nova experiência estressante, como o *misogi*, está transferindo memórias de curto prazo para memórias de longo prazo — o que acabou de acontecer com você e as consequências, bem como o que você deveria fazer na próxima vez em que enfrentar uma situação parecida. "Em geral, isso acontece porque a memória é sobre o futuro", disse Fields. "Nós retemos experiências que podem ter valor de sobrevivência em outro momento."

Perguntei a Seery especificamente sobre *misogi*. Ele mencionou os relatórios de Elliott, Parrish e Korver. "Isso se encaixa muito bem em como eu penso que isso funciona", disse Seery. "Deve existir um processo psicológico comum que leva a esses benefícios."

"Se eu desenvolver uma boa condição física ao praticar nado, ainda serei apto quando correr", prosseguiu. "Posso não ser um corredor de elite, mas a resistência cardiovascular estará lá. Assim como acontece com esse processo de toughening. Ele deve me fornecer uma capacidade interna que me torne mais capaz para lidar com muitas coisas."

50, 70 OU 90

ELLIOTT É COMO um televangelista do *misogi*. Ele incitou meu interesse em descobrir minha própria tarefa selvagem, aterrorizante e ambiciosa. Eu quero um *misogi* só meu. Então, quando Donnie me ligou com uma proposta para fazer um sério tipo de surfe, eu estava pronto para aceitar.

"Vou para o Alasca por mais ou menos um mês", disse ele. "Será uma aventura gigantesca, mas gigantesca mesmo. Iremos até as profundezas do Ártico, caçando caribus. Quando chegarmos lá de avião, você pensará: 'Isso não pode ser real.' Essa terra é selvagem e intocada até onde os olhos alcançam. A tundra é muito, muito grande. Vamos sincronizar a viagem com a grande migração de caribus. Milhares de caribus estarão se movendo para o sul e será uma das coisas mais incríveis que você verá. Há ursos-pardos por todo lado e lobos também. Escalaremos montanhas antigas e cruzaremos rios glaciais. Enfrentaremos tempestades violentas. O Ártico é um dos lugares mais extremos do planeta. E estaremos completamente sozinhos por lá. Se o tempo virar, podemos ficar presos por dias."

"Dias?", perguntei.

"Ah, sim. Dias...", ele disse divagando, então voltou. "Quero que isso seja uma aventura muito sincera. Veremos coisas todos os dias que vão explodir a sua cabeça. Mas teremos que nos dedicar por inteiro."

"OK", disse a ele. "Vou me dedicar por inteiro." Desligamos e a euforia se estabeleceu em mim. Durante uns dois minutos.

Então eu também fui tomado pela percepção de que estava perigosamente despreparado. Nossa viagem a Nevada foi desconfortável. Ao longo dela eu ansiava profundamente pelo conforto antisséptico e pela segurança da vida moderna. Mas ainda estava dentro da possibilidade de 50% de completar a jornada. Essa viagem? Surpreendentemente mais desconfortável e arriscada.

Entendi como Elliott deve ter se sentido em pé no topo da Borda Sul do Grand Canyon, olhando para a fenda de 2,5km de profundidade no solo que o separava da Borda Norte. Aventura e apreensão. Porque outra parte daquela mesma conversa com Donnie se deu da seguinte maneira:

"Você sabe que isso será muito mais extremo e perigoso do que a viagem para Nevada, não é?", Donnie disse.

"É, imaginei", respondi. "O quanto será mais extremo e perigoso?"

"Vinte vezes."

"Ah, posso aguentar. Estava com medo que você fosse dizer cinquenta."

"Bem, pode ser cinquenta, setenta... ou noventa", disse Donnie.

Noventa? Jesus. Claro, sou um escoteiro Eagle Scout. Mas os conceitos de sobreviver ao clima mortal, à vida selvagem enraivecida e ao terreno traiçoeiro; construir fogueiras de emergência, alpendres e torniquetes; e amarrar o nó apropriado para cada cenário que exige um nó, foram apagados da minha mente em algum momento durante a faculdade depois que eu descobri os cupons de desconto para bourbon Evan Williams. Fazer nós? Ainda amarro os cadarços do sapato com o estilo orelhas de coelho — o método reserva de quando você tem seis anos e ainda não é cognitivamente avançado o suficiente para fazer o laço "passar e puxar".

"EM UM *MISOGI* PLANEJADO COM PERFEIÇÃO, VOCÊ SE DEDICA DE CORPO INTEIRO E COMPLETA O desafio. Ou talvez você quase fracassa", Elliott me disse. "Terminar faltando muito não é fazer do jeito certo. Você quer explorar qual é o seu potencial no limite."

Então foi assim que, seis meses antes da pequena aeronave decolar daquela pista gelada de Kotzebue, eu comecei uma tentativa de me refamiliarizar com o mundo selvagem. Pensei que, com alguma preparação, eu poderia transformar as chances de sobreviver à viagem inteira de algo improvável a uma probabilidade de cara ou coroa.

Eu me lembrei de uma conversa que tive com Donnie em Nevada. "Vamos dizer que você quer começar a caçar amanhã", ele disse enquanto caminhávamos em direção ao pico de Cleve Creek Baldy, um ponto de vantagem de cerca de 3352m onde planejávamos procurar alces com a luneta. "Tudo se resume à preparação para um animal específico, em um local específico e em um momento específico." Claro, ele explicou, você precisa saber como manejar um arco e flecha ou atirar com um rifle. No entanto, também precisa aprender as regulamentações de caça locais, os padrões de tempo e do terreno, e tudo sobre a biologia do animal. Como ele faz uso de seus sentidos mais fortes. Como se movimenta pela terra. E como se comporta sob estresse. Além de seu ciclo de sono, sua dieta e seus impulsos.

"Também será preciso construir o sistema de equipamentos ideal e calcular suas necessidades de alimentação", disse Donnie. A etapa final é a caçada, que não será um passeio na mata. "Até mesmo caçadores experientes têm uma taxa de cerca de 25% de sucesso", ele me diz. "Pense em como você se locomoveria pela floresta e se comportaria se soubesse que um humano está à sua caça. É assim que a maioria dos grandes animais evoluiu para se comportar o dia inteiro."

Eu precisava me transformar de um escritor confinado na escrivaninha para um homem moderno das montanhas. E tinha apenas poucos meses para estudar para o teste.

Eu me lembrei da segunda regra do *misogi*. E decidi que um primeiro princípio lógico deveria se retornar vivo. Foi assim que me encontrei no centro de visitantes de um parque estadual próximo, em um curso de medicina de emergência em regiões selvagens. O seminário de dois dias prometia "ensinar as habilidades de medicina de regiões selvagens que eu precisaria recriar com confiança nas terras selvagens". O curso se apresentava como "ideal para indivíduos em localizações remotas". Eu aprenderia como lidar com muitos dos horrores que poderiam acabar me matando. Uma espinha quebrada ou um crânio afundado (queda de avião). Fraturas expostas e feridas de punção cavernosas (quedas de penhascos, sangue coagulado). Hipotermia, raios, edemas pulmonares (clima e terreno do Alasca). Et cetera.

56 • A CRISE DO CONFORTO

A turma do curso era composta, em grande parte, de guias de aventura em ambientes externos, chefes de escoteiros, conselheiros de acampamento e biólogos de vida selvagem do governo. Por causa de planos de seguro, essas pessoas precisavam de um certificado carimbado confirmando que elas haviam feito o curso. Havia também alguns aposentados que chegaram vestidos como se o curso fosse um meio-termo entre um safári estilo Hemingway e a subida ao cume do monte Everest. Esses cavalheiros estavam vestindo o equivalente a US\$1.300 em calças, camisas, chapéus, botas à prova de água de tamanho avantajado de alta tecnologia e mochilas do tamanho de uma criança de doze anos repletas de sabe-se lá o quê. E eu não podia entender direito por que esses caras estavam fazendo o curso. Eles deixaram claro que sabiam tudo sobre as regiões selvagens e a sobrevivência nelas. Um ponto expressado por eles ao contar velhas lendas de horrores das regiões externas.

Eu sofri dois dias com instrutores e aposentados me preparando para os vários modos pelos quais eu poderia morrer ou me machucar nas regiões selvagens. Mas meu maior medo ainda não havia sido abordado. Após o curso, me aproximei de um dos instrutores, um tipo baixinho e conselheiro sorridente de acampamento de verão de Minnesota. "O que fazemos se um urso-pardo atacar?", perguntei.

Ele me deu uma resposta que soava desapontada. "Ah, não falamos de ataques de animais nesse curso. Há tantos animais diferentes que podem atacá-lo lá fora." Então ele se animou. "Mas agora você sabe como cuidar de feridas abertas! Então, se o urso atacasse, você poderia usar o que aprendeu aqui para estancar o sangramento."

Enquanto ele revisava como fazer curativos de ferida, minha mente divagou para uma história que meu professor de geometria do ensino médio me contou. Ele passava os verões trabalhando em um barco pesqueiro no Alasca. E se todo mundo entregasse o dever de casa, nos recompensava com histórias de urso. Essa história particularmente horrenda envolvia um jovem marinheiro em um barco fretado. O rapaz havia identificado um gigantesco arbusto de mirtilos no litoral e foi buscar as frutinhas para os convidados. Enquanto ele as colhia, os convidados observavam do barco. Então eles perceberam sinais de atividade do outro lado do arbusto. Um urso-pardo de meia tonelada também achou os mirtilos desse arbusto em particular um deleite refrescante.

Os dois circularam o arbusto, ignorando um ao outro. Os turistas gritaram para o jovem. Porém os gritos foram engolidos pelo vento e pelo rio.

O urso e o jovem continuaram suas colheitas, aproximando-se sem saber. Até que se encontraram. O jovem arregalou os olhos. O urso se levantou nas patas traseiras, erguendo a pata gigantesca — e arrancou a cabeça do rapaz em um golpe limpo, como um jovem da Little League batendo uma bola de beisebol para fora do suporte. O urso arrancou a cabeça do rapaz. Mas, ei, eu sabia como fazer um curativo de feridas.

Eu cheguei em casa já pesquisando: "O que fazer se um urso-pardo atacar". Caí numa página do US National Park Service. Se um urso-pardo de meia tonelada decidisse arranjar briga comigo, que tenho 77kg, o governo norte-americano sugere que eu largue minha mochila, me deite de bruços no solo para me fingir de morto, cobrindo o pescoço com as mãos. Essa técnica, imagino, dificulta a decapitação inevitável. E enquanto estiver deitado lá, seria bom abrir as pernas. Isso dificulta um pouco se o urso quiser me virar para então afundar suas garras de 10cm direto na minha alma.

Ursos costumam atacar humanos porque inadvertidamente chegamos perto demais de seus filhotes, sua comida ou seu território. Nesses casos, o urso costuma parar antes de matar, deixando a pessoa ir embora com feridas profundas.

Mas todas as apostas estão encerradas se o urso entrar na minha tenda à noite. Esse é o sinal de uma criatura faminta por carne humana. Nesse caso, devo assumir completamente o Sugar Ray Robinson, desferindo porradas, socos e ganchos na cara do urso. Essa técnica é útil porque fui levado a acreditar que machuca suas mãos. Então o legista tem evidências suficientes para dizer à sua família com confiança: "Ele se foi lutando." Presumindo que recuperem o corpo.

Porém falei o suficiente do urso e do que ele está comendo. Eu precisaria comer também. Nossa equipe não sobreviveria apenas com carne de caça. "Poderia levar semanas para encontrar um animal, se é que encontraremos algum", Donnie explicou. "Levaremos tudo na mochila."

O problema é que cada grama de comida, roupa e outros equipamentos na mochila seria mais peso em minhas costas. Eu não queria sair da floresta carregando restos, porque eles pesariam em minhas costas a viagem inteira.

Mas também não queria ficar sem comida. Isso era uma caçada. Não uma greve de fome.

Várias calculadoras estimaram que eu queimaria cerca de 5 a 8 mil calorias por dia. O que parecia comida demais para carregar. Donnie explicou que eu me sairia melhor carregando uma quantidade suficiente de comida para sobreviver. Digamos, 1.800 a 2.500 por dia. Energia extra poderia vir de parte do excesso de peso em meu corpo. "Ah, ficaremos com fome", Donnie me disse. "Mas sobreviveremos. Eu costumo perder 6,8kg toda vez que faço uma caçada que leva o mês inteiro."

Para o café da manhã e o almoço, Donnie come barras de cereal e itens com muitas calorias, como nozes e frutas secas. Não precisa de preparação. Para o jantar, são aquelas refeições liofilizadas que vêm em uma bolsa. Água fervente é despejada direto na bolsa para "cozinhar" a refeição, como se fosse um macarrão instantâneo de copo. Essas refeições têm validade de trinta anos. Também pesam tanto quanto alguns cotonetes. E têm um gosto similar. Eu não amei a comida na última viagem com Donnie, mas entendi a lógica. Então carregaria barras de cereal e refeições liofilizadas na mochila. Talvez um pouco de mistura de nozes e frutas secas também. E, beleza, algumas barrinhas de doce. Seria um mês insosso, carregado de conservantes e açúcar.

Prioridade número dois: não passe vergonha. Eu certamente poderia aplicar a regra de "finja até conseguir".

Eu não queria atrasar o grupo. Ou fazê-los ouvir uma única reclamação minha. A não ser que meu problema nos colocasse em perigo e quebrasse a segunda regra do *misogi*. Por exemplo, "estou com frio". Não. "Estou com frio porque estou quase certo de que tenho uma queimadura por frio no pé esquerdo e se a dormência se espalhar para minha perna, vocês provavelmente terão que me carregar para fora daqui." Razoável. "Eu me sinto cansado." Não. "Eu me sinto cansado porque acho que peguei um hantavírus alguns quilômetros atrás. Estou com medo de que só ao olhar para mim vocês também se contaminem com esse assassino." Válido.

Era muito claro que eu estaria com frio, molhado e cansado durante boa parte da viagem. O frio é uma função de movimento e camadas. Eu estaria me movimentando bastante, aumentando minha temperatura. E vestiria alegremente algumas camadas a mais para evitar a queimadura por frio e o bater constante de dentes. Mas não poderia carregar qualquer roupa.

Na verdade, Donnie diz que um jeito fácil de morrer na floresta é arrumar os equipamentos errados. Primeiro, o algodão vai matá-lo. Quando fica molhado, o algodão se torna frio e a hipotermia toma conta antes que você possa dizer "Estou com f-f-frio... Você acha que estamos f-f-ferrados?".

"Lã e sintéticos continuam aquecidos quando estão molhados, então você definitivamente quer esses materiais para as camadas de base", disse Donnie. "Então você talvez queira um suéter e meias de lã. Definitivamente calças e agasalho isotérmicos com capuz. Luvas e um gorro também. Então você vai querer camadas externas à prova de água. Vamos usar as mesmas roupas todo dia. Traga uma camada de base e meias extras, caso fiquem molhadas. Quanto ao resto, apenas um de cada."

Para as botas, Donnie me colocou em contato com um fabricante alemão de botas de cem anos chamado Hanwag. Conferi as opções no site e encontrei algumas projetadas para excursões de montanhismo no inverno. Um par era classificado como aquecido até 40°C negativos. O preço era quase US$400. Quando mencionei isso à minha esposa, ela respondeu: "Bem, quanto você pagaria para continuar com seus dedos do pé?" Mais de US$400. Portanto as botas entraram no carrinho de compra.

Eu podia comprar bons equipamentos e comida leve. E foi isso que fiz. Mas a única coisa que eu não podia me esquivar com um cartão de crédito era estar fisicamente preparado. Eu estaria subindo e descendo repetidamente milhares de metros verticais ao ar livre em busca de um animal que eu poderia ter que, por fim, carregar em pedaços de 45kg. Eu precisava tornar meus exercícios físicos selvagens.

Meus exercícios típicos, como os da maioria das pessoas modernas, são basicamente para evitar atrair atenção negativa na piscina. Forma acima de função.

Mas para essa viagem eu precisaria das habilidades das quais os humanos haviam precisado durante milhões de anos para conseguir sobreviver. A habilidade de escalar montanhas íngremes. Locomover-me com agilidade em direção a um animal ou escapar de uma situação perigosa. Pular sobre um riacho. Resistir a quedas e ao solo árduo. Persistir enquanto carrego peso ao longo de grandes distâncias.

Enviei um e-mail para o Dr. Doug Kechijian, um velho amigo que serviu na USAF Pararescue, no braço das Forças Especiais da Aeronáutica. Quando Navy SEALs ou Army Rangers se machucavam no campo, Doug descia de paraquedas para resgatá-los. Ele realizou missões no Iraque, no Afeganistão e no Chifre da África. E em um ano foi nomeado um Outstanding Airman. Isso basicamente significa que ele era um MVP para a Força Aérea. Quando não estava salvando vidas em Fallujah, Doug estava na Universidade Columbia, estudando para um doutorado em terapia física. Imagine o Capitão América. Agora adicione quarenta pontos de QI.

Hoje em dia, Doug ajuda soldados das Forças Especiais dos EUA e profissionais em todas as principais ligas de esporte a encontrar o ponto ideal no qual eles possam operar em uma missão ou um jogo para evitar lesões. Ele concordou, com muita gentileza, em emprestar sua sabedoria esportiva para mim. Um escritor desengonçado que considera sua maior conquista atlética ter a pontuação mais alta em vários jogos de fliperama de arremesso de basquete na área principal de Las Vegas.

"Precisamos transformá-lo em um humano fisicamente muito versátil", ele disse. Para fazer isso, eu faria dois dias por semana de treino de força focado usando kettlebells, halteres e o peso do corpo. Pense: padrões de movimento com os quais o corpo foi projetado, como se agachar, pular, avançar, fazer pull-ups, carregar etc. Então eu fiz um dia por semana de cada, correndo, subindo um morro enquanto carregava uma mochila de 22kg e caminhando de 8 a 24km. Também comecei cada sessão de exercícios com alguns aquecimentos para blindar as articulações, que são comumente lesionadas em regiões selvagens — tornozelos, joelhos, ombros etc. Torça um tornozelo lá fora e será um longo caminho mancando de volta à civilização. A não ser que os lobos o encontrem logo.

Isso me aproximou mais da regra número um do *misogi* — aquela possibilidade de 50/50 de chegar até o final.

Encontrar o desconforto em Las Vegas foi fácil. Tudo que eu precisava fazer era andar até o deserto. Caminhar e correr no verão parecia como se exercitar dentro de uma fornalha. Mas essas caminhadas e corridas também eram um oásis de distância da minha vida rotineira nos ambientes construídos. Eu calçava minhas gigantescas botas de US$400 (afinal, elas precisavam de um batizado) e marchava cânions de rochas avermelhadas, desertos de rocha escura, florestas de Árvores de Josué ou planaltos repletos de pinheiros durante algumas horas todo fim de semana. Esses ambientes naturais agiam como um jato de água pressurizado na minha mente, limpando a sujeira da semana. Quem precisa bater papo com um terapeuta pagando US$100 por hora quando há trilhas vazias, longas e silenciosas, aguardando para serem andadas?

E meu exercício no calor produziu efeitos que eu não conseguia fazendo rosca de bíceps nem andando na esteira enquanto assistia a *Dog the Bounty Hunter* em alguma academia de ginástica com a temperatura controlada. De acordo com cientistas na Universidade de Oregon, as pessoas que se exercitam em uma sala de 37°C ao longo de dez dias, por exemplo, aumentam seus marcadores de performance de aptidão física mais do que o grupo que fez a mesma bateria de exercícios em uma sala com ar-condicionado. O exercício quente causou "mudanças inexplicáveis ao ventrículo esquerdo do coração". Isso pode melhorar a saúde e a eficiência do coração. Exercícios quentes também ativam "proteínas de choque térmico" e "BDNF". Os primeiros são lutadores de inflamação ligados a uma vida mais longa, enquanto o último é uma substância química que promove a sobrevivência e o crescimento de neurônios. BDNF pode ser uma proteção contra a depressão e o Alzheimer, segundo o NIH.

Eu não estava com medo de usar um pouco da criatividade. Para me acostumar a carregar coisas pesadas o dia todo, eu botava uma mochila de 18kg a 27kg nas costas enquanto fazia as tarefas domésticas. Imagine: um homem crescido passando o aspirador de pó, dobrando a roupa de cama e lavando o banheiro, tudo isso enquanto estava carregado como se fosse um soldado da infantaria. Ou vestia a mochila e saía para andar com os cachorros na vizinhança do deserto enquanto calçava minhas botas de inverno. Eu parecia um babaca arrogante. E me sentia como um também. Mas preferia me parecer e sentir assim em uma subdivisão de Las Vegas do que agir como um quando chegasse ao Ártico. Eu descobri que carregar peso ao longo de distâncias era um exercício dois em um, que melhorava profundamente tanto minha força quanto minha resistência.

À noite eu lia livros e relatórios governamentais obscuros sobre o ambiente para o qual eu iria. Como *The Big Game Animals of North America* de Jack O'Connor. Um livro que Donnie considera a sua bíblia. Ou *A Sand County Almanac*, obra de Aldo Leopold sobre ciência da conservação, políticas públicas e ética. Ou estudos científicos sobre a manada de caribus do Ártico que eu estaria caçando. Era bom experimentar a terra e seus desafios por meio do olhar das pessoas que haviam ido até lá e voltado — muitas delas também eram escritores nerds como eu.

O PROCESSO DE PREPARAÇÃO CONFIRMOU COM RAPIDEZ A MINHA IDEIA DE QUE EU SOU TERRÍVEL
em coisas novas. Não sou um erudito das regiões selvagens.

Tentar adotar habilidades de sobrevivência, calcular calorias e exigências de equipamentos, se movimentar por todos os exercícios e entender sistemas ecológicos complexos foi certamente uma experiência desastrada e humilde.

Houve exercícios dos quais eu queria desistir. Frustrações enquanto eu tentava entender as coisas que não entendia. E um temor sério de que eu iria ferrar com tudo isso e passar pelo mês mais desgraçado da minha vida. Se é que eu conseguiria chegar assim tão longe.

Ainda assim, ao longo do caminho, eu busquei conforto no fato de que não estou sozinho. Todos somos terríveis em coisas novas. Mas sair desajeitadamente de nossas zonas de conforto nos oferece vantagens demais para ignorar.

Aprender novas habilidades — particularmente as que os humanos precisaram por milhões de anos, e que exigem usarmos o corpo e a mente — permaneceriam comigo além do Alasca de um jeito muito zen. "O caminho é o objetivo". Havia toda a nova expertise que eu estava adquirindo. Mas aprender novas habilidades também é um dos melhores jeitos de aprimorar a consciência do momento presente sem queimar incensos, mantras budistas ou aplicativos de meditação envolvidos.

Eu precisava apenas reconsiderar o que estava fazendo antes de começar a me preparar para o Alasca. Há mais de meia década, eu basicamente comia os mesmos alimentos, dirigia na mesma rota até o emprego, tinha as mesmas conversas com os colegas de trabalho e, ao voltar para casa, assistia à mesma televisão.

Cientistas no Reino Unido recentemente descobriram que nosso cérebro tem um modo similar a um transe de "piloto automático" ou "andar dormindo". Depois de fazer algo repetidas vezes, nossa mente se distancia do que estamos fazendo. Em vez de estar presente e consciente, é muito mais provável se perder em algum lugar dentro da nossa cabeça. Estamos planejando o que comeremos no jantar, se perguntando quando sairá a nova temporada daquele seriado, especulando sobre o salário do nosso rival do escritório. Vivemos em um estado constante de ruminação mental e tagarelice sem sentido.

Meus meses de preparação mudaram muito disso. Novas situações matam o entulho mental. Na novidade, somos forçados a ficar no presente. E a manter o foco. Isso acontece porque não podemos antecipar o que esperar e como responder, quebrando o transe que leva a uma vida acelerada. A novidade pode até mesmo desacelerar nossa sensação do tempo. Isso explica por que o tempo parecia mais devagar quando éramos crianças. Tudo era novo naquela época, pois estávamos aprendendo constantemente.

O psicólogo William James escreveu sobre isso em seu trabalho de 1890, chamado *The Principles of Psychology*: "O mesmo espaço de tempo parece menor quando crescemos. Na juventude, podemos ter uma experiência absolutamente nova a cada hora do dia. Subjetiva ou objetiva. A apreensão é vívida. A capacidade de reter é forte, já que nossas lembranças daquele tempo, como o de um período passado em uma rápida e interessante viagem, são intricados, numerosos e bastante demorados. Mas enquanto cada ano que passa converte parte dessa experiência em rotina automática que nós mal notamos, os dias e as semanas se homogenizam em lembranças sem conteúdo. Os anos ficam vazios e colapsam."

Uma equipe de cientistas em Israel confirmou a ideia de James em uma série de seis estudos. Eles pesquisaram grupos de pessoas fazendo coisas que eram novas ou antigas para elas. "Em todos os estudos...", os cientistas escreveram, "descobrimos que as pessoas se lembram da duração, sendo menor em uma atividade rotineira do que em uma não rotineira".

Essa desaceleração do tempo é algo que Parrish me disse que acontece no *misogi*. "Eu me torno incrivelmente absorto na tarefa do momento", ele disse. "Quando me lembro de um *misogi* que durou algumas horas, vai parecer que foram dias, porque eu me lembro de cada detalhe."

Além disso, sair da zona de conforto para aprender habilidades úteis, que exigem tanto da mente quanto do corpo, altera o cabeamento do cérebro em um nível profundo. Isso pode aumentar nossa produtividade e resiliência contra novas doenças. Aprender aumenta a mielinização, um processo que essencialmente fornece ao sistema nervoso um motor V8, criando sinais nervosos mais fortes e eficientes pelo cérebro e pelo corpo. Cérebros com mais mielina estão ligados à performance melhorada em várias áreas. Ter pouca mielina está conectado a doenças neurodegenerativas, como o Alzheimer. Pesquisadores na Universidade de Michigan, por exemplo, descobriram que a demência caía significativamente em pessoas que dedicavam mais tempo de suas vidas ao aprendizado. A parte fascinante desse estudo era que a demência diminuía nos estudantes independentemente da taxa de diabetes. Isso aumentava uma condição que amplia a probabilidade de desenvolver demência. O que sugere, basicamente, que se dedicar ao aprendizado de coisas novas pode ajudar a equilibrar alguns de nossos hábitos ruins.

No dia anterior à minha partida, eu estava arrumando minha mochila do tamanho de uma geladeira. Camadas de lã, equipamento para a chuva, botas, barras de energia, alimentos liofilizados — os trabalhos. Eu conferi uma breve lista de controle mental e físico. Eu não havia recuperado todas as minhas velhas insígnias de escoteiro, mas havia me esforçado para me aproximar da primeira e da segunda regra do *misogi*.

Eu estava mais magro e forte (ironicamente, a parte de estar mais magro me prejudicaria quando eu começasse a queimar uma quantidade enorme de calorias na caçada). Eu podia botar uma mochila de 22kg nas costas para seguir em frente até que as autoridades me parassem. Eu também havia adquirido uma nova biblioteca de conhecimento natural. E me peguei dizendo à minha esposa coisas como "você consegue acreditar que ursos-pardos amam mariposas? Eles comem 40 mil delas em um único dia". Ou "você sabia que, se perfurar uma artéria, pode perder todo o sangue em apenas cinco minutos?".

Eu coloquei a pesada mochila na mala do carro da minha esposa. Então fui dormir em minha cama aquecida e confortável pela última vez. Ela me dirigiu até o aeroporto de manhã cedo, me deixando com um abraço e uma sugestão. "Não deixe que um urso-pardo arranque sua cabeça."

150 PESSOAS

"CONFORME NOSSAS AERONAVES ficam menores, nossas aventuras ficam maiores", Donnie me disse enquanto planejávamos a viagem. Escapar de um ambiente de conforto para um de desconforto costuma ser um processo com vários estágios. Isso acontece porque a pessoa média está a uma longa distância de ambientes selvagens de verdade. Chegar a lugares remotos, desconfortáveis e desconectados como o Ártico exige viajar em uma série aparentemente sem fim de meios de transporte sucessivamente menores e cada vez mais primitivos — do Boeing 747 a jatos regionais e monomotores ou 4x4. E, dali em diante, percorrer todo o caminho a pé.

Eu andava ansioso pelo aeroporto de Las Vegas. Não conseguia entender se meu nervosismo era por causa dos voos iminentes ou por me comprometer com uma viagem de 33 dias fora do alcance da rede elétrica e de comunicações, com um par de calças e dois caras que eu conhecia mais ou menos. Mas poderia ter sido também um sintoma do mundo moderno que eu estava deixando para trás.

O Dr. Satoshi Kanazawa passou boa parte da carreira pensando no que acontece com humanos em nossos ambientes superpopulosos e superconstruídos. Ele trabalha na Escola de Economia de Londres como psicólogo evolutivo. Significa que ele estuda como nosso cérebro se tornou até o que é hoje e como nosso novo mundo está transformando-o.

É um tópico digno de nossa compreensão. O quanto antes. Pois estamos nos apertando cada vez mais em cidades. Exemplo: na assinatura da

Declaração da Independência, apenas 5% das pessoas viviam em regiões urbanas. Em 1876, esse número ainda era de apenas 25%. Mas, cerca de cem anos atrás, viramos em favor de viver nas cidades. Hoje em dia, 84% dos norte-americanos vivem em cidades, e mais continuam a se mudar para elas. É uma tendência esquisita.

De acordo com uma pesquisa recente da Gallup, apenas 12% dos norte-americanos *querem* de verdade viver em uma cidade (e essa pesquisa foi feita antes da Covid-19). Parece que muitas pessoas não gostavam de cidades desde quando começamos a morar nelas, há cerca de 6 mil anos. Antes de Christopher McCandless, em *Na Natureza Selvagem*, ir até a selva do Alasca, ou Henry David Thoreau, em 1845, marchar meio quilômetro floresta adentro e construir uma cabana em Walden Pond, existiam muitos homens e mulheres que saíram da civilização sem alarde para viverem vidas quietas, invisíveis e desconhecidas. O mundo tinha os Padres e as Mães do Deserto — monges que, no terceiro século, deixaram a civilização para viver a sós no deserto egípcio. Tivemos Buda, que em 540 a.C. abriu mão da riqueza do palácio para perambular pelo mundo como um asceta. Até mesmo Jesus passou quarenta dias andando no deserto. Ele orou, fez jejum e resistiu às tentações e promessas de seu mundo moderno. É por isso que largamos a bebida e a carne para orarmos e fazermos jejum durante os quarenta dias de Quaresma.

Um chamado para algo indomado parece existir no âmago dos humanos. A mesma pesquisa da Gallup descobriu que a maioria dos norte-americanos atualmente diz preferir viver no campo ou em uma pequena cidade rural. O que, considerando nosso impulso para a sobrevivência, não faz muita lógica, não é? A teoria da evolução de Darwin se baseia na ideia de que os traços que todas as espécies têm são aqueles que as permitem sobreviver e procriar. Morar no meio do nada é realmente o melhor jeito de sobreviver e espalhar o DNA?

Morar na cidade oferece uma vida muito mais confortável e conveniente. Pesquisas mostram que as pessoas que moram em cidades costumam fazer mais dinheiro (mesmo depois de ajustar o custo de vida) e ter mais oportunidades. Elas também têm mais acesso a serviços sanitários, assistência médica e alimentos nutritivos, e podem andar ou pegar um táxi para chegar a farmácias, supermercados, postos de emergência, psicólogos, restaurantes, bares, casas de shows e museus. Todos esses lugares fornecem benefícios de sobrevivência ou ajudam a encontrar parceiros. Considere os vários milhares de bares, restaurantes, farmácias, supermercados, casas de shows, museus e médicos nos 57km^2 de Manhattan.

Na atualidade é possível se mudar para um apartamento na cidade grande e decidir nunca mais sair dele — literalmente nunca mais atravessar a porta da frente durante anos. Isso exige apenas uma conexão de internet decente para trabalhar remotamente, pedir comida e mantimentos por serviços de entrega e se conectar à telemedicina. Isso já é realidade. O governo japonês relata que existe meio milhão de jovens japoneses que se recusam a sair de seus quartos. Eles são chamados de *hikikomori* — basicamente pessoas que se lançaram em um período estendido de descanso. Um terço delas passou mais de sete anos em isolamento.

Então por que queremos viver em espaços abertos? O que é que, aparentemente em competição com nosso impulso pela sobrevivência, as cidades não estão dando o suficiente a nós? Essa é uma questão que Kanazawa passou anos estudando.

Alguns pesquisadores de saúde mental chamam o nosso ambiente concreto e extenso de "cenários de desespero". Mas a Revolução Industrial estimulou uma grande migração para as cidades com a promessa de empregos seguros. Desde então, não mudamos o rumo. Ainda assim, é interessante notar que o dinheiro não parece superar a lacuna de felicidade entre zona rural e urbana. Estudos mostram que até mesmo as pessoas mais pobres moradoras da China rural relatam serem mais felizes do que os chineses urbanos infinitamente mais ricos.

A ideia de que cidades nos deprimem é sustentada por números. As pessoas que moram em cidades têm 21% mais chances de sofrer de ansiedade. E 39% mais chances de sofrer com depressão do que pessoas que moram em áreas rurais.

Dois fenômenos ajudam a explicar essa lacuna entre a alegria urbana e do campo. A primeira é um número muito curioso: 150. Por isso, considere o seguinte conjunto de números:

148,4

150

150–200

125

Esses números representam a média de população de grupos caçadores-coletores da Idade da Pedra de vilas na antiga Mesopotâmia e legiões militares da Roma Antiga.

Um grupo de aproximadamente 150 pessoas ou menos parece ser uma comunidade ideal. Tem até mesmo um nome, número de Dunbar, devido ao antropólogo britânico Robin Dunbar, que o descobriu. Conforme evoluímos, grupos de menos de 150 pessoas nos davam recursos suficientes para caçar, cuidar das crianças, compartilhar e prosperar.

Quando nossos grupos excederam o limite, as coisas começaram a ficar esquisitas. Gerenciar mais de 150 nomes, rostos e todas as narrativas sociais entre eles é demais para nosso cérebro processar. Sociedades maiores são complicadas e consomem tempo (precisamos desenvolver governos e leis). E isso pode nos esgotar.

Essa preferência por um grupo de cerca de 150 pessoas provavelmente está enraizada em nosso cérebro com milhões de anos de evolução, algo que ainda se faz presente hoje em dia. Então considere esta sequência:

112,8

180

153,5

169

Esses números representam as populações médias das paróquias Amish na Pensilvânia, companhias militares na Segunda Guerra Mundial, a rede pessoal do norte-americano médio e o número de amigos verdadeiros que o usuário médio de Facebook relata ter (apesar de ter mais "Amigos de Facebook", em geral).

Dunbar explicou do seguinte modo: "Sociedades humanas contêm em si um agrupamento natural de cerca de 150 pessoas. É o número de pessoas com o qual você não se sentiria envergonhado ao se juntar sem convite para beber se esbarrasse com um deles no bar."

Em seu livro *O Ponto da Virada*, o autor Malcolm Gladwell explicou como esse número impacta os negócios. Por exemplo, a W.L. Gore & Associates — empresa que fabrica o tecido à prova de água GORE-TEX utilizado em minhas botas, calças de chuva e jaqueta — descobriu, por meio de tentativa e erro, que seus prédios de escritórios com mais de 150 funcionários tinham muito mais problemas de relações sociais. A solução? Construíram escritórios que comportavam até 150 pessoas. A empresa credita essa mudança pelo sucesso como marca bilionária, que é constantemente nomeada uma das melhores empresas para se trabalhar no país. É algo interessante. E fazer mais dinheiro ao reduzir o tamanho de um escritório é ótimo e tudo mais. Mas Kanazawa está mais interessado na relação entre o número de Dunbar e o nosso desejo de fugir da cidade e viver no mato.

Ele acredita que ainda preferimos nossos tamanhos originais de grupos. A vida no campo e em cidades pequenas se assemelha mais aos ambientes nos quais evoluímos. A densidade da população humana no mundo quando vivíamos em comunidades caçadoras-coletoras era cerca de uma pessoa para cada 15km². Compare isso a Manhattan, que espreme cerca de 417 mil pessoas nos mesmos 15km². Até mesmo cidades de médio porte como Providence, em Rhode Island, e Portland, no Oregon, têm 58 mil e 26 mil pessoas por 15km², respectivamente.

Portanto, "conforme a densidade populacional aumenta muito", Kanazawa escreveu, "o cérebro humano se sente inquieto e desconfortável, e essa apreensão e desconforto podem se traduzir em bem-estar subjetivo reduzido".

O desconforto que as cidades oferecem pode dificultar, para a maioria de nós, levar nossas vidas adiante a um nível fundacional. Cidades são ambientes acelerados, superconstruídos, superpopulosos, superestimulantes e sem esforço — o equivalente a um caminhão de lixo de peso psíquico. Kanazawa chama sua ideia de teoria da felicidade da savana. A regra geral é a de que quanto maior a densidade populacional do local onde a pessoa está, menos feliz ela tende a ser. O que pode explicar por que um estudo recente feito por cientistas na Universidade de Harvard descobriu que a cidade de Nova York acabou na última posição — 318ª de 318 — em um ranking das cidades norte-americanas mais felizes.

O AVIÃO DE 108 PASSAGEIROS ME LEVOU ATÉ SEATTLE, ONDE ME ENCONTREI COM DONNIE E

William para o próximo voo até Anchorage. Eu os encontrei sentados perto do portão de embarque, parecendo uma banda de grunge que passa muito tempo na floresta e, aparentemente, não se alimenta há semanas. Os dois tinham cabelos e barbas compridos. E estavam vestidos com camisas de flanela e botas enormes de montanhismo Hanwag. Os dois comiam Chex Mix de nozes e M&Ms de pasta de amendoim.

Ambos me olharam sorrindo. Depois começaram a rir. Meu próprio visual era o resultado do que acontece quando um jovem urbano se inscreve para atividades na floresta. Eu tinha uma barba por fazer de alguns dias e vestia calças de ioga para ambientes externos, um casaco com capuz e calçava Crocs, que eu planejava usar como os sapatos de acampamento. Tudo estava sendo usado pela primeira vez.

"Está pronto?", perguntou Donnie. Era uma pergunta justa. "Acho que vamos descobrir", respondi. William ofereceu um pouco dos M&Ms. Eu recusei, porque eram dez da manhã.

Ele observou meu corpo ossudo. "Cara, você precisa comer", disse William, deslizando meia dúzia de M&Ms para a boca. "Ontem eu comi um burrito da Chipotle e um hambúrguer com fritas da Five Guys. Estou fazendo o meu melhor para engordar antes dos tempos de vacas magras, cara!" Eu estava começando a pensar que deveria ter crescido alguns quilos a mais. Então peguei um punhado do Chex Mix.

Donnie se inclinou em minha direção. "Tivemos que embarcar quinze malas", falou. Eram pacotes, comida, tenda, equipamento de câmera, arma, arco e flecha, entre outros. "Então fiz uns passes falsos de imprensa para conseguir uma taxa de imprensa em nossa bagagem. Custou trezentos dólares por tudo, em vez de 1.500." Ele jogou o crachá de imprensa para mim. "O que acha?"

Era do tamanho de um cartão de crédito, pendendo de uma corda. Mostrava a foto 3x4 de Donnie e o logo da Sicmanta, sua empresa de produção.

IMPRENSA estava estampado no topo. E havia um código de barras na parte inferior.

"O código de barras é o quê?", perguntei.

"Ah... encontramos procurando por 'imagem de código de barras' na internet", disse Donnie.

Ao longo da minha carreira, eu tive centenas de crachás de imprensa que me deixaram entrar em locais com segurança tão rígida quanto a do Pentágono. "Honestamente, cara...", falei, "isso parece mais legítimo do que qualquer crachá de imprensa que eu já tive". Logo fomos chamados para entrar no avião do voo de quatro horas até Anchorage.

Chegar ao destino final, o ponto nordeste no mapa dentro da Ram Aviation, exigia dois dias de viagem. Então passamos uma noite em Anchorage. Nosso pobre motorista do transporte do hotel olhou para nós como se tivéssemos ofendido sua avó quando dissemos que havia dezesseis malas pesadas para colocar na van.

Conseguimos algumas horas de sono. Depois voltamos ao Aeroporto Internacional Ted Stevens de Anchorage (mais alguém também acha esquisito nomear um aeroporto com o nome de um senador que morreu em um acidente de avião?) antes do amanhecer para o voo pela Alaskan Airlines até Kotzebue.

O sol estava nascendo de uma colcha cinzenta de nuvens enquanto o avião de 124 passageiros avançava para o norte. Depois de uma hora, uma faixa marrom iluminada se projetou baixa no horizonte, que se dissipou em um céu azul pálido. O único sinal de terra abaixo era o pico branco e sólido do Monte Denali, o ponto mais alto na América do Norte, com 6 mil metros de altura.

162 QUILÔMETROS

EU DEVERIA TER aproveitado mais aquele voo em direção a Kotzebue. Não pensei em saborear os últimos momentos de luxo moderno — TV com vários canais na parte de trás dos assentos, café de cortesia e, claro, água corrente e banheiros. Sinto saudades do assento apertado, mas confortável, ao qual fui arremessado, na parte de trás do nosso Cessna, enquanto Mike o pilotava, decolando e partindo em direção ao Ártico.

A cabana da Ram Aviation em Kotzebue encolhe de tamanho enquanto subimos a 109m no ar. Então, 206m. E depois 302m. Adquirimos elevação aos poucos, em sincronia com a tundra musgosa, durante a subida no caminho em direção às montanhas. Os rios abaixo, margeados por pinheiros no formato de limpadores de tubulações, são de uma coloração verde-esmeralda leitosa. Eles se curvam e se contorcem em um movimento natural de letra cursiva ao longo da taiga. A floresta de coníferas. O cheiro da terra se eleva para nos encontrar. É de almíscar e terra. Frio e limpo.

A testa de William encosta no vidro enquanto ele está sentado no assento frontal de passageiro para encarar a terra lá embaixo como um pássaro de rapina. Ele aponta para os ursos-pardos, lobos e caribus que identificou. O vento ocasionalmente nos sacode para cima e para baixo. Ou nos joga para as laterais. O motor que alimenta o único propulsor da aeronave é ensurdecedor.

Enquanto isso, estou enfiado no assento traseiro, passando por algo similar de uma epifania. Meu medo de voar? Desapareceu. Essa experiência — o cheiro da terra, a vista e a maravilha que essa pequena e esquisita engenhoca voadora está fazendo para nós, algo que costumava levar meses a pé para caçadores — é simplesmente incrível demais. O medo, pelo jeito, é um estado de espírito que precede a experiência.

Eu passei o voo inteiro maravilhado com o mundo lá embaixo. Depois de uma hora, Mike está puxando a alavanca; meus ouvidos estalam. O motor está rugindo de quente, pois estamos diminuindo o nível de elevação. E rápido. É mais um mergulho do que uma descida. Atingimos 579m. Então 518m. E depois 487m. O avião bate com força em um espaço pedregoso, mas plano, da tundra.

Os pneus de tundra do Cessna — pneus bulbosos, avantajados e de baixa pressão que absorvem o impacto, permitindo aterrissagens em solos acidentados — ricocheteiam na terra. Nós sacudimos, sacudimos e sacudimos, até parar. Então Mike está rapidamente jogando nosso equipamento para fora da aeronave, balbuciando que ela é grande demais para aterrissar em nosso destino final. "Brian vai chegar alguma hora ainda hoje para transportar vocês até lá", diz.

Mike vai embora. William e eu estamos em pé com nossas bagagens imensas no meio dessa "pista de voo", que é mais uma faixa plana de 90m de tundra fria e irregular.

A partir daqui a terra faz um declive, começando uma longa marcha de subida para as montanhas. É um mundo cinza e verde coberto de gelo. O céu está pintado de nuvens estratos fumacentas e psicodélicas com cúmulos de branco néon. A temperatura despencou vinte graus. São 11h28 da manhã. Estamos a 162km da cidade mais próxima.

O sinal de celular desapareceu há cerca de 15cm além de Kotzebue. E não temos nada para fazer a não ser esperar por Brian. Eu não faço ideia de como gastar esse tempo sem estímulos, então tento perguntar a William sobre sua vida no Maine. Rapidamente aprendo duas coisas sobre ele. A primeira: ele é um homem de poucas palavras — exceto quando o assunto é caça. A segunda: ele usa palavrão que começa com F tanto quanto as pessoas usam os artigos "o" e "a".

Fiquei sabendo que o pai de William, um homem de quarenta e poucos anos e natural do Maine, havia dado uma flechada ontem mesmo no "Pé Grande". Não o gigantesco primata peludo e folclórico que, supostamente, perambula pelas matas norte-americanas. Mas um cariacu enorme que William e seu pai haviam descoberto há seis anos. "Tem uma ilha na costa do Maine chamada Long Island. É a maior ilha do estado sem uma comunidade morando lá em tempo integral", conta. William remou para lá um dia e montou uma câmera de trilha. Essas câmeras são ativadas por movimento e costumam ser usadas por caçadores e biólogos. "Conseguimos algumas imagens desse macho grande pra caralho", ele diz.

A partir daquele momento, ele e o pai passaram milhares de horas na ilha, aprendendo sobre o terreno, restaurando o habitat para que os veados e as corças pudessem prosperar. E também observando como esse veado, em particular, vivia. "Um dia, nos deparamos com uma porra de uma pegada enorme. Então apelidamos o veado de Pé Grande." O veado fornecerá carne limpa para a família por meses.

William anda até uma área gramada para aliviar a bexiga no solo congelado. Eu enfio a mão na mochila, em busca de uma nova camada para somar às cinco que estou vestindo no momento. O frio ártico está se embrenhando rapidamente em meus ossos desérticos.

"Ei", William grita do gramado. "Olha só essa porra." Ele está andando na minha direção, segurando em suas mãos nuas o que parece ser uma bola de beisebol marrom.

"Cocô de urso-pardo", ele grita, trazendo para mim. A bosta é volumosa e salpicada de fibras e sementes. "O desgraçado está comendo bastante frutos silvestres. Uma bosta grande significa um ânus grande, que significa um urso grande. Mas isso aqui tá bem seco", diz William, esfarelando as fezes na mão. "É difícil dizer quando ele esteve aqui." Ele larga o resto da bosta que cai no chão com um baque seco. Eu faço uma anotação mental para evitar futuros high fives ou apertos de mão.

Após algumas horas, ouvimos um gemido baixo. Um ponto branco aparece no horizonte. É o avião no qual Donnie partiu. Brian está no controle. Ele mergulha, se inclinando para o lado. Depois desce, atingindo a terra, para deslizar em uma parada a cerca de três metros de nós.

Com uma altura de 1,80m e pesando uns 90kg, Brian, de dentro do avião, se parece com um pai que se enfiou em um brinquedo infantil de parque de diversões. A Piper Aviation construiu 3.760 desses PA-12 entre 1946 e 1948. O de Brian é da leva de 1946. Aproximadamente seis anos atrás, um cara destruiu esse PA-12 em particular. Brian comprou a aeronave acidentada e a reconstruiu de acordo com especificações exatas. Ele aprimorou o motor original de 108 cavalos para um com 185 e adicionou pneus de tundra em vez dos também comuns float ou skis.

A maioria desses PA-12 ainda está em operação. As pessoas daqui costumam se referir a eles, e aos outros modelos pequenos Cub, como os táxis do norte. Sua especialidade é transportar pessoas e coisas para as regiões mais selvagens, onde as estradas não chegam. Poucas aeronaves são tão versáteis e, geralmente, confiáveis. Em 1947, por exemplo, dois oficiais da Força Aérea dos EUA, após algumas rodadas no clube dos oficiais, apostaram que poderiam voar dois Super Cubs ao redor do mundo. Após quatro meses nos 36.210km de voo, eles concluíram a aposta. O único problema mecânico que enfrentaram foi uma roda traseira danificada durante uma aterrissagem problemática. É uma pequena aeronave robusta, de fato. Mas, olhando para o avião de Brian, acho impossível acreditar nessa afirmação.

Se o Cessna 180 de Mike é uma lata vazia com asas, o PA-12 — tão alto quanto eu, com 6,7m de comprimento e uma envergadura de 10,6m nas asas — é mais a versão da aviação de uma barrinha de cereal. Eu me aproximo, percebendo as minúsculas costuras que percorrem a aeronave a cada 5cm. Toco em uma asa. O material que a reveste cede ao meu toque, afundando, como se eu pressionasse um pedaço retesado de tecido.

Olho para Brian com uma expressão que diz "quebrei alguma coisa?".

"A estrutura é envolvida em polifibra, um tecido que parece plástico, basicamente uma silver tape...", ele diz, e percebendo meu olhar de susto, continua. "Mas é uma silver tape especial."

"Ahhh, OK, uma silver tape *especial*.", respondo. "Ah, sim, isso deixa a aeronave muito mais capaz de voar."

Brian ri e gesticula que deveríamos seguir em frente. William pega sua mochila, jogando na parte traseira do avião. Depois entra se espremendo. "Voltarei daqui a mais ou menos duas horas", Brian me diz. Três homens e os equipamentos seriam peso demais para o PA-12 de 590kg. Ele decola, levando William até nosso ponto de encontro final, e me deixa a sós com o urso de furico grande. Sem arma de fogo. Sem arco e flecha. A vantagem?

Se o urso atacar, eu não terei que me preocupar em viajar no avião fodido de Mike para casa.

Há uma solidão como "preciso ficar sozinho. Vou para o meu quarto". E então há a solidão que estou experimentando agora, em pé na tundra do Ártico sem nenhum humano ao redor. Tenho certeza de que sou a única pessoa em um raio de 15km^2 — ou 31km^2 ou até mesmo 46km^2. Eu nunca experimentei uma solidão desse tipo. Poderia gritar, berrar, fazer um escarcéu, que ninguém me ouviria. Eu poderia disparar um sinalizador. Ou fazer sinais de fumaça para o grande desconhecido. Ninguém enxergaria. Eu poderia ficar pelado. Fazer a dança da chuva enquanto canto Buck Owens com todo o meu fôlego. Mas ninguém — ninguém — nunca teria sequer uma pista disso. Essa é a maior distância em que já estive de outras pessoas em toda minha vida.

É um paradoxo interessante. Apesar do fato de que, hoje em dia, as pessoas raramente estão sozinhas, somos cada vez mais solitários. O mundo está chegando ao marco de 8 bilhões de pessoas. Uma grande tigela de sopa humana. As pessoas nos rodeiam no trabalho e no mercado. Durante nosso trajeto de casa ao trabalho. Até em nossa vizinhança. E mesmo quando estamos a sós, costumamos estar "com" as pessoas que falam conosco através de televisões, podcasts ou mensagens de texto. Ainda assim, quase metade dos norte-americanos diz que está solitário, levando o governo dos EUA a declarar que estamos enfrentando uma "epidemia de solidão".

Os efeitos dessa epidemia na saúde física e mental são consideráveis. Cientistas na Brigham Young University descobriram que não importa a sua idade ou quanto dinheiro você tem, se sentir sozinho aumenta seu risco de morrer nos próximos sete anos em 26%. Em geral, pode diminuir a expectativa de vida em quinze anos. Isso é o equivalente a fumar meio maço de cigarro por dia. Bons relacionamentos também são, de acordo com outro estudo conduzido ao longo de oitenta anos por pesquisadores em Harvard, ingredientes-chave para a felicidade ao longo da vida. Bons relacionamentos ganham de fortuna e fama.

É por isso que uma onda crescente de relatórios governamentais, livros populares, podcasts e TED Talks estão chamando atenção para o problema da solidão. Para dar conselhos sobre como ser menos solitário. As mensagens são essencialmente: "Saia com uma atitude positiva, amigo! Trabalhe em um café ou biblioteca! Vá para uma festa ou show de música! Junte-se a um time de softbol ou a um clube de corrida! Fale com estranhos!"

Esses métodos provavelmente ajudam. E, claro, devemos nos esforçar para construir laços humanos fortes. Mas também sou cético em relação à ideia de que, digamos, um cara bebedor da cerveja Coors, que joga em um time de softbol ao qual eu me uni, possa, me fornecer apoio emocional ou perspectiva verdadeira sobre mim mesmo.

Não consigo evitar pensar que, na sociedade cada vez mais hiperconectada e separada em grupos sociais — na qual nos definimos de acordo com o grupo ou movimento ao qual pertencemos —, não é má ideia ficar sozinho ocasionalmente. Distante de todo mundo. Estou falando do tempo consigo mesmo. Sem estar atrelado a nada. Buda, Lao-Tzu, Moisés, Milton, Emerson, entre muitos outros, falaram dos benefícios da solidão.

Atualmente, um grupo crescente de cientistas pensa que essas pessoas em busca de solidão sabiam de algo. Construir a "capacidade de estar sozinho" pode ser tão importante para você quanto cultivar bons relacionamentos. "A capacidade de estar a sós é essencialmente a habilidade de ficar sozinho consigo mesmo e não se sentir desconfortável ou como se você precisasse se distrair", disse Matthew Bowker, doutor e professor de psicologia no Medaille College.

A percepção de que estou em um estado de solidão suprema é tão desconcertante quanto libertadora. Desconcertante porque, se o tempo mudar — e ele muda várias vezes e rápido por aqui —, pode impedir Brian de pousar o Super Cub, me deixando preso por dias. É libertador porque, sem ninguém por perto, fico completamente desobrigado de seguir qualquer padrão social, pois não há a necessidade de me adaptar às vontades de outra pessoa. Estou desconfortável, mas sem amarras. A narrativa social de como um homem de trinta e poucos anos deveria se parecer, agir e se portar não se sustenta quando você remove a sociedade da história.

A solidão é algo com o qual as pessoas geralmente são muito ruins em lidar. Em um estudo conduzido por cientistas na Universidade de Virginia, um quarto das mulheres e dois terços dos homens escolheram receber um choque elétrico em vez de ficar a sós com seus pensamentos. Imagine: "Você pode ficar sentado aqui na sala sem a minha presença...", disse o pesquisador, "ou eu ficarei aqui contigo, mas você precisa apertar esse botão vermelho que envia altos níveis de voltagem elétrica por suas veias". E os participantes responderam: "Humm, por que você não fica aí e eu vou só..." *Zap.*

De volta ao asfalto em Kotzebue, Donnie me contou sobre seu primeiro serviço após a faculdade, trabalhando como pesquisador para o Fish and Wildlife Service. Eles recrutaram uma turma de 24 graduados. Cada um havia aceitado passar seis meses sozinho em um acampamento remoto no delta do rio Yukon, coletando dados.

"Dezenove pessoas daquele grupo desistiram e foram embora para casa na primeira semana", Donnie me disse. "Eles acordavam lá e meio que surtavam. Você aprende *muito* sobre si mesmo ao longo de seis meses sozinho por lá." Cientistas na Universidade de Miami, em Ohio, dizem que redes sociais estão fazendo com que seja ainda mais difícil para as pessoas ficarem sozinhas hoje em dia. O FOMO [*fear of missing out*, ou medo de ficar de fora] está em alta.

Nosso desconforto geral com a solidão pode acontecer por causa de como ela é vista pela sociedade. Considere como as crianças são disciplinadas: castigo isolado. Ou como punimos prisioneiros: confinamento solitário. Essa tradição, pensa Bowker, pode ter nos levado a acreditar que a normalidade é encontrada por meio dos outros. Logo, a solidão é uma punição.

Os lockdowns por causa da Covid-19 provavelmente foram a primeira vez em que muitas pessoas experimentaram um longo tempo a sós. Nosso desconhecimento em relação a estar a sós é o motivo de cientistas da Universidade de Washington terem previsto um aumento de depressão clínica devido à solidão durante a pandemia. Isso poderia explicar por que a automedicação por meios como comer, beber, assistir à pornografia e usar drogas atingiu um pico durante a quarentena, de acordo com as pesquisas.

Eu penso em como me comporto ao redor dos outros. Costumo ser cauteloso se estou desconectado por muito tempo. E meu comportamento-padrão é moldar minha personalidade para atender àquilo que as outras pessoas responderão de maneira positiva. Às vezes é como se eu vivesse minha vida como uma reação à outra pessoa.

"Mas há muitos prazeres incríveis que você pode obter a partir da experiência de estar a sós", disse Bowker. Na solidão, você pode encontrar a sua versão sem filtros. As pessoas costumam ter grandes descobertas nas quais percebem como realmente se sentem sobre determinado assunto. E também passam a ter um novo entendimento sobre si mesmas, continuou Bowker. Então ele acrescentou que você pode levar suas descobertas para o mundo social: "Desenvolver a capacidade de estar sozinho provavelmente enriquece suas interações com os outros, porque você está trazendo para o relacionamento uma pessoa que tem uma vida interior verdadeira e não é apenas um circuito de conectores que se alimenta dos outros."

As pesquisas sustentam as propriedades saudáveis da solidão. Foi mostrado que ela aumenta a produtividade, a criatividade, a empatia e a felicidade. Além de diminuir a autoconsciência.

"A conexão social é obviamente relevante", disse Bowker. "Mas pode ser perigoso se os seus contatos vão embora e você não tem a si mesmo para se sustentar. Se desenvolver essa capacidade de estar a sós, então, em vez de se sentir solitário, pode enxergar a solidão como uma oportunidade de ter um tempo agradável e significativo para se conhecer um pouco melhor, para, em essência, construir um relacionamento consigo mesmo. Eu sei que isso soa piegas, mas é algo de máxima importância. Acho que um objetivo que todos devemos ter é tentar transformar o sentimento ruim de se sentir solitário no sentimento de uma solidão enriquecedora."

Enquanto me encontro no isolamento silencioso, oscilo de me sentir ansioso e me sentir desimpedido. Intacto. É uma mudança bem-vinda, longe de todos aqueles humanos e do caos cotidiano. A solidão ocasional em um ambiente externo, sugere a pesquisa de Kanazawa e outros, pode ser um antídoto ao estresse imposto pelas cidades apinhadas de gente.

O silêncio é, por fim, interrompido por um gemido baixo, cortando minha solidão. O Super Cub está descendo em um voo picado em direção à tundra.

O avião pula até parar. Brian rapidamente arremessa minhas coisas no casco. Eu entro em um salto. As estruturas do avião são feitas de encanamentos. Já o teto é acrílico transparente. Quando Brian entra na aeronave, estamos posicionados como uma equipe lunática de trenó do Alasca. Estou sentado logo atrás dele, com meus joelhos dobrados até minhas axilas. Decolamos para o ar. A silver tape especial estremece ao vento. Cada lufada joga o avião para uma direção, nos empurrando para cima e para baixo, de um lado a outro.

Brian aponta para a tundra. Uma manada de caribus está pastando em uma encosta coberta de musgo. Depois de quarenta minutos, eu vejo dois pontos em uma mesa distante. Viramos em direção a eles. Brian diz: "Esse local é de difícil aterrissagem. Segure-se."

Uma rajada de vento nos empurra para trás conforme ele inclina. A cena inteira parece louca e cômica. O fato de que estou viajando a centenas de metros sobre o solo a mais de 160km/h em uma aeronave como essa. O fato de que estou prestes a ser desovado em um dos ambientes mais perigosos da Terra. E o fato de que, de algum modo, apesar dos milhões de anos de evolução humana me dizendo que eu deveria evitar riscos, estou me divertindo para cacete com tudo isso. É estressante. Mas um tipo diferente de estresse. Um estresse libertador.

< 112 QUILÔMETROS POR HORA

AS RODAS DO Super Cub balançam sobre o cascalho do cume plano de uma colina. Este cume tem metade do tamanho de um campo de futebol. O avião sacode em direção a Donnie e William, que estão esperando com mochilas enormes e sorrisos largos. Assim que meu equipamento está no solo, Brian já está recolhendo as rodas e voltando para Kotzebue. Temos coisas para fazer.

"As regras para sobreviver em regiões selvagens são: primeiro encontrar abrigo, depois água e por último a comida", diz Donnie. Temos apenas um dos três, e é o menos importante. Então caminhamos pela borda da montanha descoberta, procurando um local decente para montar a tenda.

"Acampamentos são um equilíbrio entre vantagens e desvantagens", Donnie diz. "Se montarmos acampamento no alto da montanha, acordaremos em um local onde poderemos ver caribus se locomovendo pela montanha e pelos vales. Também não teremos que caminhar tão longe para um ponto de observação de caça toda manhã." Estaremos longe dos vales, onde os ursos-pardos gostam de caçar. Eles se escondem nos matagais de amieiro que margeiam os rios, à espera de um caribu ou alce desavisado aparecer para beber água. Então eles atacam em um pulo e acabam com a presa.

"A desvantagem de um acampamento em grande altitude é que estaremos mais expostos ao vento e a uma caminhada distante de água e lenha", diz. E provavelmente também teremos que armar a tenda em uma inclinação, o que significa dormir em ângulos estranhos, com os pés mais altos que a cabeça, o ombro esquerdo deslizando para fora do saco de dormir e assim por diante.

Não estamos com pressa para encontrar um lugar. A lei do Alasca estipula que você não pode caçar no mesmo dia da viagem de avião. É um trecho perfeito da legislação, pensado para prevenir que caçadores busquem animais enquanto sobrevoam a terra em um avião Super Cub. "Isso não é caçar...", Donnie diz, "isso é fazer compras". A lei considera esse ato caça predatória. Casos particularmente notórios de caça predatória receberam multas de seis dígitos e um ano de prisão.

"Você consegue vê-los?", Donnie diz, apontando para um morro ao norte. Eu espremo os olhos, vasculhando a colina esverdeada pelo musgo. Nada. "Olhe para a borda do cume", ele diz.

Eles aparecem. Vinte minúsculos pontos brancos e marrons sobre o horizonte de um cinza suave. Caribus. "Eles podem nos ver também", diz Donnie. "Eles já nos viram."

Paramos para observar. Logo abaixo do cume, há mais quarenta pontos. "O quão longe é aquele morro?", pergunto.

"Muito mais longe do que você pensa. Mas isso é um bom sinal. Há mais caribus do que eu já vi ao longo de viagens inteiras por aqui."

Enquanto andamos, Donnie escuta algo. Depois para. "Água?", ele diz, prestando atenção. Olhamos para o solo. Está coberto por xisto, musgo e grandes tufos de grama seca, chamados de capim tussok da tundra.

Há um riacho minúsculo serpenteando entre os tussoks. O fluxo é margeado por uma pilha de excremento fresco de caribu. Também há trilhas de pegadas do animal. William e Donnie pegam algumas pelotas de fezes de caribu, que são como pelotas avantajadas de veado. "Isso está fresco", diz Donnie, amassando a bosta em uma panqueca entre os dedos. "Eles vieram por aqui há pouco tempo em busca de água." Então ele se inclina e enche a garrafa de água no riacho, bebendo um longo gole.

Eu, que vim de um mundo no qual os mercados oferecem 75 tipos diferentes de água engarrafada, estou me perguntando se esse gesto é (a) inteligente ou (b) um caminho em direção a um inferno gástrico. "Essa água é...", eu começo.

"Segura para beber? Ah, sim.", Donnie responde com a confiança de um homem vendendo carros usados. "Acho que há uma pequena possibilidade de pegar um parasita. Então você fica com caganeira por um dia. É melhor do que ter que caminhar morro abaixo até o rio o tempo todo."

Estou morrendo de sede. Então encho minha própria garrafa e tomo um gole. Se um de nós vai pegar um parasita estomacal, todos devemos pegar. A água é gelada e mineral. Tem gosto de algo pelo qual você pagaria US$5 por litro no supermercado. Em seguida, Donnie começa a me contar que esse riacho margeado de excremento, cruzado por pegadas, provavelmente é mais limpo do que a água que sai da torneira de casa. Esse curso minúsculo de água é um dos milhões que emergem das encostas do Ártico. O solo está em um estado constante de degelo e congelamento; isso expande e contrai a terra, e força a água através dela, filtrando-a. Acredita-se que o sistema do rio Noatak, do qual estamos bem no centro, é o último sistema fluvial remanescente dos Estados Unidos que ainda não foi alterado por humanos.

Nós nos aproximamos de uma faixa quase plana de grama em um cume. "Esse lugar parece decente", diz Donnie. "Aqui estaremos protegidos dos ventos do nordeste por alguns dias. Então nos mudamos quando virarem ventos do sudeste." Montamos a tenda, nos organizamos e planejamos para o dia seguinte.

"Levantaremos e tomaremos café da manhã, então iremos até aquele morro", diz Donnie. Outro benefício de acampamentos em grandes altitudes: a vista. A terra se desdobra para sempre, revelando montanhas e mais montanhas desgastadas em todas as direções.

Acomodamo-nos na tenda quando o sol se põe. "O que vocês querem, rapazes?", Donnie diz enquanto acende o fogão portátil, colocando uma panela cheia de água para ferver. Ele começa a vasculhar nossos pacotes de jantar da Mountain House. "Temos porco agridoce, temos lasanha e espaguete, temos ensopado de carne, frango e dumplings. Estrogonofe de carne e... ah, William, você ama estrogonofe de carne." Ele arremessa o pacote para William.

Deitamos para dormir antes de o sol desaparecer, cerca de 9h30 da noite. As paredes de tecido da tenda começam a ondular de leve com o vento.

----

86 • A CRISE DO CONFORTO

COMEÇA COMO UM ESTOURO ABAFADO. MEUS OLHOS SE ABREM DE UM SONO PROFUNDO. *POP, POP, pop.* Como estalinhos.

Eu retiro a mão do interior do saco de dormir em direção ao meu rosto. A tenda está totalmente escura. Os ponteiros luminosos do meu relógio de pulso me dizem que são duas horas da manhã. Ouço um farfalhar. Uma luz se acende.

Donnie está sentado na beira de seu saco de dormir com a lanterna de cabeça ligada. Ele olha para mim, inundando meus olhos mal acostumados à luz. Eu cubro o rosto com a mão.

Conforme meus olhos se adaptam, consigo ver o tecido da tenda — um tipo de náilon à prova de água — sacudindo violentamente. A geada que se acumulou sobre o tecido está caindo em tudo. O puxador do zíper de metal da entrada parece um sino de trenó, tocando enquanto dança de um lado a outro. Donnie está dizendo algo, mas sua voz é abafada pela sinfonia da tenda.

Abro o zíper do saco de dormir. E então faço um gesto pedindo "um segundo". Encontro minha lâmpada de cabeça, me sentando inclinado para Donnie.

"Somos um barco a vela agora", ele grita. "O vento mudou de direção. Estamos completamente expostos." Outra luz se acende. William também está acordado se sentando na beira do seu saco de dormir. "Merda", ele diz.

"Com o frio do vento, deve estar vinte graus negativos lá fora", grita Donnie.

A beleza da tenda é que ela não tem nenhum dos aborrecimentos de uma tenda comum. A nossa tem uma altura máxima de quase 3,3m. E o espaço de 6x5m. Isso significa que podemos ficar em pé para nos movimentar confortavelmente dentro dela. Em tendas com teto baixo, qualquer coisa exceto dormir exige que a pessoa se contorça como uma atração de circo. A tenda também não tem piso, o que significa que não precisamos tirar as botas toda vez que entramos ou saímos, nem nos preocuparmos em trazer equipamento molhado para dentro. Há, de fato, um motivo pelo qual muitas culturas antigas viviam em tendas em vez de estruturas similares a barracas.

Também há desvantagens. A altura da tenda dá ao vento mais área de superfície contra a qual pressionar. Se a estrutura levantar voo, ela se torna um guarda-chuva gigante que será lançado para algum lugar no espaço aéreo russo, nos deixando expostos com nossos equipamentos.

"Agora eu adivinharia que os ventos estão soprando a cerca de 80km/h", diz Donnie. "Deve aguentar isso."

"Deve", William diz. "Já aguentou pior."

"Vamos só tentar dormir de novo", Donnie diz. O que é como sugerir uma soneca no meio de um ataque aéreo.

O vento gelado está infiltrando a tenda, rodopiando ao nosso redor em descida por minhas costas. Eu me enfio no saco de dormir. Visto o gorro. E uso minha roupa interna como um cachecol. Sem deixar nada exposto. O vento empurra a lateral da tenda. E sou empurrado junto, como se a Mãe Natureza estivesse me embalando violentamente para dormir.

Passam-se quinze minutos. Então trinta. Uma hora. Noventa minutos. O vento é constante, mas às cinco horas da manhã o ruído está ficando mais forte e os ventos estão ganhando velocidade. O interior da tenda agora parece um solo de bateria de uma banda de *death metal* tocando dentro de um campo de tiro. Eu dou uma espiada para fora do saco de dormir. Donnie está acordado.

"Agora esses ventos estão a força de um furacão", ele grita. "Rajadas de mais de 112km/h. Estamos querendo demais dessa tenda." A parede ao sudeste da tenda está pressionando a barra principal de alumínio.

"Guarde as coisas e vista seus equipamentos de frio e chuva", Donnie grita. Se a tenda se for e nossas roupas, sacos de dormir e esteiras ficarem expostos, eles sairão voando. Desmontar tudo de emergência no escuro é arriscado demais. Então sentamos e esperamos.

Estou sentindo o corpo inteiro se retesar enquanto nos sentamos, marinando em hormônios de estresse à espera do tempo quebrar nossa primeira regra de sobrevivência em regiões selvagens: ter um abrigo. "Acho que essa porra de barra principal vai quebrar", grita William.

Após uma hora, o sol começa a nascer. "Vamos tentar desmontar", grita Donnie. Eu pego minha mochila. Depois começo a abrir o zíper da entrada. O vento pega a aba da porta e a rasga. Isso despedaça uma estaca e a arremessa a 90m morro abaixo.

Começamos a correr para carregar o equipamento até o outro lado do cume. Uma área protegida sem vento. Lá está a apenas 365m de distância. Então fazemos alguns transportes frenéticos, indo e voltando.

Nós nos reunimos ao redor do poste dentro da tenda vazia. Teremos que erguê-lo, mas o vento está açoitando o tecido, empurrando o poste cada vez mais fundo no solo. Todas as mãos se fecham ao redor dele e geramos o máximo de força vertical com a violência que conseguimos. Nada. Mais uma vez. Nada.

"Merda", diz William.

"Sai da frente", diz Donnie. Ele se aproxima do poste, com os pés nas laterais. Eu e William o rodeamos, agarrando áreas livres. Então Donnie coloca toda a força nas costas e nas pernas. O poste se ergue a 2,5cm da terra. Eu puxo a parte inferior do poste, porém ele cai na horizontal, nos deixando cobertos pelo tecido da tenda.

Carregamos os restos do abrigo para a área segura. William verifica se o poste foi danificado. Ele está bem, mas o vento empurrou a barra oca no solo com tanta força que cavou a pedra na qual estava apoiada. Isso criou um perfeito disco de hóquei feito de xisto no interior do poste.

Horas mais tarde, estamos sentados sobre um ponto de observação de caça, analisando as colinas em busca de caribus. Eu penso na manhã. No como estávamos impotentes naquele clima. Então não consigo evitar uma risada. "O que foi?", Donnie pergunta.

"Essa manhã poderia ter dado muito errado, né?", digo.

Ele assente. "Brian me contou sobre uns caçadores que estavam numa caçada de cinco dias por caribus. Para se defender de ursos, trouxeram rifles, revólveres de calibre .357, espingardas e uma cerca elétrica de urso que se conecta à bateria do carro", ele diz. "Todo mundo se preocupa com ursos, mas é a merda do clima que vai matá-lo."

E ainda temos mais 32 dias disso.

Donnie fica sério. "Sim, essa manhã poderia ter dado muito errado...", ele diz, "mas, em momentos como esse, você pode acabar descobrindo que eles deixam tudo mais pitoresco e tratável".

PARTE DOIS

REDESCUBRA O TÉDIO.
AO AR LIVRE, DE PREFERÊNCIA.
POR MINUTOS, HORAS E DIAS.

11 HORAS, 6 MINUTOS

UMA BARRINHA COM gotas de chocolate da Clif tem 250 calorias. Seu ingrediente principal é "xarope de arroz integral orgânico", o que eu acredito ser um eufemismo com aura de saudável para "açúcar". O criador da barrinha, um cara chamado Gary, teve a ideia de fazê-la depois de uma corrida de bicicleta de 281km. Ele deu o nome de seu pai para a criação, Clif. A minha jaqueta isotérmica da Black Diamond "contém partes não têxteis de origem animal". Ela deve ser lavada na máquina com água fria, gentilmente, sem adição de alvejante. E secada na máquina com pouco calor. Minha mochila da Kifaru, uma empresa de equipamento de caça criada em 1997, com sede em Colorado, foi "costurada com orgulho nos EUA por: HONG".

Essas são algumas das coisas que aprendi enquanto estava sentado em uma colina sem nada para fazer por dez horas ininterruptas — sem conexão de internet, sendo meu único material de leitura as embalagens das barrinhas energéticas com as etiquetas dos equipamentos para ambientes externos.

Nossos dias têm sido comuns desde o espetáculo dos ventos do primeiro dia. Acordamos, bebemos café instantâneo, arrumamos nossas coisas. E então caminhamos até a encosta. Depois esperamos sentados pelas manadas de caribus se locomoverem até entrarem em foco. Só que os animais não querem aparecer, por isso apenas nos sentamos. Às vezes conversamos. Às vezes não. Esse tempo prolongado em um único lugar, falando e não falando, observando a mesma paisagem sem caribus, me faz experimentar ocasionalmente um tédio que não experimentava desde que... bem, pensando melhor, desde a última vez que cacei com Donnie em Nevada.

Para matar o tempo, admirei a paisagem. Bastante. Só que o período em que minha mente consegue meditar sobre uma natureza sem mudanças é limitado. Então também examinei o texto do perfil nutricional das minhas barrinhas energéticas com a lista de ingredientes de cada uma. Quando isso se tornou chato, planejei todas as minhas compras de Natal. Quando isso se tornou chato, eu fiz mais flexões do que havia feito durante o ano anterior inteiro. Quando isso se tornou chato, inventei pelo menos dezessete ideias de histórias para algumas das revistas para as quais escrevo. Depois escrevi um pouco deste livro em meu pequeno caderno laranja à prova de água. Então, me deitei de barriga para baixo. Avaliei o solo. Os dois centímetros quadrados da terra do Ártico contêm aranhas e gorgulhos microscópicos, papoula do Ártico morta há muito tempo, lascas brancas de musgo de caribu, musgo verde-oliva e líquen néon. Esses líquens, *Rhizocarpon geographicum*, podem ter cerca de 8.600 anos de idade, Donnie leu certa vez. Isso me lembrou de um estudo no periódico *Global Change Biology* que descobriu que apenas 5% de toda a terra do planeta não foi alterada por humanos. Os lugares intocados existem em florestas boreais, taigas e tundras das latitudes mais ao norte. Esses mesmos pedaços de terra do norte nos quais nos sentamos, andamos e dormimos provavelmente nunca haviam servido para outros humanos sentarem, andarem e dormirem (esse pensamento gastou uns bons dez minutos).

Essa manhã, estamos nos movimentando devagar ao redor do acampamento, guardando equipamentos com comidas em nossas bolsas enquanto discutimos em quais colinas nos sentaremos. E o que fazer em relação aos caribus elusivos. Todo outono, manadas de 250 mil caribus do oeste ártico fazem seu caminho ao sul de suas terras de parto, no extremo norte do mar de Beaufort, para seus terrenos invernais na península de Seward. É uma jornada de aproximadamente 644km ao longo de uma estrada natural com éons de idade. Estamos em um lugar cerca de 242km ao longo dessa importante rota de migração. Os caribus devem surgir como o tráfego de Los Angeles.

"Nós vimos centenas deles no dia em que pousamos e não pudemos caçar, e não vimos nenhum nos últimos dias", diz William. "É claro que seria assim."

"Esse jogo nunca é fácil", diz Donnie. "Só precisamos ser pacientes e otimistas." E muito bons em lidar com o tédio, pelo visto. Estou pensando no que posso fazer para gerenciar o mal mental que virá hoje quando os olhos de Donnie se desviam de mim e de William. Ele semicerra os olhos na direção da colina atrás de nós dois. "Espera", diz. "Espera, puta merda."

William e eu nos viramos. Não tivemos que ser pacientes por muito tempo. Cerca de trinta caribus emergiram na encosta a aproximadamente oitocentos metros de distância do acampamento. Eles estão todos subindo a colina com suas galhadas enquanto mastigam o musgo da tundra. Ao lado deles, há um macho do tamanho de um Buick da década de 1960.

Donnie leva os binóculos aos olhos. "Cara, aquele na traseira da manada é definitivamente um shooter", ele diz. "Shooter" ou "atirador" é o termo que ele e William usam para qualquer caribu em que gostariam de atirar. A legislação do Alasca determina que podemos caçar apenas machos com galhadas. Manter cerca de quarenta machos para cada cem fêmeas é o ideal para a saúde do ecossistema. Mas a lei não diz nada sobre um limite de idade para o macho com galhadas. Caçaremos apenas caribus que estão no final de seus oito a doze anos de vida.

"Ah, cara", Donnie diz, tirando os binóculos do rosto e jogando-os para William. "Ele é um velho espécime muito, muito bonito."

William olha em direção à manada. "Ah, sim... ah, sim. Ele é uma porra de um ancião", ele diz ao me passar os binóculos. O animal é parrudo como um porco, com longas pernas finas. Seu pelo áspero começa marrom no rosto, muda para branco no pescoço e então escurece de volta para um tom castanho-avermelhado ao longo do corpo. Galhadas em um animal velho como ele são algo para se admirar. E as galhadas dele são pontos de interrogação gigantescos que alcançam o alto da névoa. Elas têm longos dedos em formato de chamas que se expandem para todos os lados a partir do topo. Dividindo seu rosto ao meio há uma galhada no formato de uma luva de beisebol achatada, chamada de "pá".

Dentre todos os animais na família *Cervidae* na América do Norte, caribus têm as maiores galhadas em relação ao tamanho do corpo — maiores do que alces, veados e renas. Elas costumam desenhar um grande C aberto, com pontos cônicos e alongados saindo dos topos e das bases. E elas também têm um nítido pedaço no formato de uma pá que cresce a partir do lado frontal da galhada à esquerda ou à direita, expandindo sobre seu rosto. Os caribus as usam no inverno para escavarem na neve e poderem comer as plantas congeladas que estão hibernando soterradas.

As galhadas de caribus podem crescer mais de 1,2m. Isso por si só é incrível, mas é ainda mais incrível quando você considera que caribus, assim como todos os animais da família *Cervidae*, se desfazem de suas galhadas todo ano para crescer um novo par em alguns meses. Galhadas são, na verdade, um dos tecidos que crescem mais rápido na terra. O tecido se forma com fibras rígidas e espaçadas que são capazes de deslizar umas sobre as outras ao receber um impacto. Isso faz desse tecido uma das substâncias mais leves e fortes do planeta. As galhadas são uma façanha tão admirável da engenharia que cientistas estão pesquisando como podem simular a construção de galhadas para criar produtos mais leves e fortes.

"OK", eu digo, depois de dedicar um momento para admirar o animal. "Qual é a nossa jogada aqui?"

"Vamos contornar aquela colina que a manada está subindo", diz Donnie enquanto desenha um mapa na palma da mão com o dedo. "Então nos posicionaremos na colina do outro lado. Com sorte, pegaremos os caribus quando eles avançarem em direção ao norte para comer."

Então, como soldados reagindo ao som de um morteiro, saímos correndo para a tenda, enfiando com pressa o resto do nosso equipamento nas mochilas. Eu amarro o rifle na minha bolsa enquanto Donnie pega um punhado de munição. Estive carregando a arma comprida e fria ao longo de toda a excursão. Até agora, ela se parecia mais com um adereço. Uma leve tensão se estabelece em meu peito quando eu percebo que provavelmente terei que usá-la... de verdade.

Começamos a andar a passos rápidos para longe da manada. Depois cortamos caminho descendo a colina para onde os caribus não poderiam nos ver. Desse ponto, podemos enxergar nosso destino: uma encosta cerca de cinco quilômetros de distância. Começamos a caminhar enquanto o vento congelado sopra em nossas caras.

Finalmente, penso. *Ação! Movimento! Chega de tédio!*

GRAÇAS À TECNOLOGIA, EU RARAMENTE DEIXO MINHA MENTE DIVAGAR. SEMPRE TENHO UM smartphone, uma TV, um computador ou outro dispositivo digital para prestar atenção. O norte-americano médio toca em seu celular 2.617 vezes. E gasta 2h30 encarando a pequena tela. Se isso parece horrendo, o estudo também identificou um grande grupo de "usuários pesados", que passam mais de quatro horas por dia no celular. Em um curso no qual dou aulas como professor na Universidade de Nevada em Las Vegas (UNLV), tenho estudantes que conferem os dados de tempo de tela dos seus celulares. Um estudante tem uma média de 7h44 por dia. Outro alcançou 8h32 diários. "Por quê?", perguntei.

"Por causa do YouTube", respondeu o estudante.

Meus hábitos? Costumo ter uma média de três horas por dia. Horrendo.

Digamos que eu viva mais sessenta anos mantendo esse ritmo. Terei gastado sete anos e meio do resto da minha vida olhando para meu celular. E vamos encarar os fatos: não estou usando o dispositivo para ler clássicos literários, aprender um novo idioma ou transferir dinheiro para viúvas e órfãos. Estou usando meu celular para pesquisar no Google a resposta para qualquer pergunta meia-boca que vazar da minha massa cinzenta ou assistir às turbas das redes sociais criticarem seja lá o que considerarem a "microagressão" do dia. Ou, você sabe, "por causa do YouTube".[*]

Os celulares não estão apenas roubando nosso tédio, eles também estão empurrando perigosamente a sociedade para um estado próximo do que o roteirista satírico Mike Judge chama de "idiocracia".

Durante 2,5 milhões de anos, ou cerca de 100 mil gerações, nós não tínhamos nada digital em nossas vidas. Agora a pessoa média passa 11h06 por dia usando mídias digitais. Isso inclui celulares, TV, áudio e computadores. Smartphones se destacam apenas porque são mais novos, roubam nossa atenção ativamente com notificações, sendo acessíveis a qualquer momento. Mas a pessoa média gasta o dobro do tempo utilizado no celular assistindo à TV.

Então todas essas medidas que nos ajudam a "nos separar do celular" são ótimas. A não ser quando trocamos o tempo de celular para maratonar algum seriado na Netflix. Ou passar tempo na internet, no notebook.

---

[*] Um vídeo no YouTube que vale a pena assistir e rever é *Who We Are,* a obra-prima de sete minutos de Donnie sobre sua ética de caça.

Isso é como parar de fumar Marlboro Reds para começar a mascar tabaco Red Man.

O tédio está mesmo morto. E um cientista no norte de Ontario, Canadá, está descobrindo que isso é ruim. Um tipo de ruim que infectou a todos nós. Ele acredita que nossa falta coletiva de tédio não está apenas nos deixando exaustos, levando a alguns efeitos na saúde mental, mas também silenciando o que o tédio está tentando nos dizer sobre nossa mente, nossas emoções, ideias, desejos e necessidades.

IMAGINE UM ROADIE PARA O AC/DC. AGORA COLOQUE-O EM UM LABORATÓRIO CANADENSE de neurociência.

Parabéns, você imaginou James Danckert, um australiano de cabelos compridos que estuda o tédio no cérebro humano há quase duas décadas na Universidade de Waterloo. Seu caminho até o assunto foi guiado por vidro quebrado e metal torcido.

Danckert tinha dezenove anos quando seu irmão mais velho sofreu uma lesão grave no cérebro em um acidente de carro. "Durante a recuperação do meu irmão, e nos anos que se seguiram, estava claro que ele havia mudado", disse Danckert. "Ele me dizia que ficava entediado com facilidade, e ficava entediado fazendo as coisas que ele costumava gostar antes do acidente."

Então Danckert, na época um estudante universitário, ficou obcecado com o cérebro e o tédio. "Eu não tinha pretensão alguma de curar meu irmão, mas fiquei fascinado com a ideia de que o tédio não é algo social ou cultural. É algo dentro do cérebro que processa o prazer, a recompensa, o engajamento, seja lá como você queira chamar."

E ele descobriu que o tédio pode ser muito desconfortável, independentemente do quanto você é saudável. "Eu odiava ficar entediado", disse ele. "Nunca gostei do sentimento de passar por isso."

Danckert não é o único a sentir tanto a fascinação quanto a repugnância pelo estado de tédio. O filósofo Martin Heidegger acusou o tédio de ser "uma criatura insidiosa". Søren Kierkegaard chamou o tédio de "a raiz de todo o mal". O psicólogo Erich Fromm o considerou "uma das maiores torturas da vida, uma marca do Inferno". As posturas com relação ao tédio parecem não ter melhorado nem um pouco no mundo de hoje. Muitos podcasts destacam convidados com "desempenho de elite" ou "hacking da vida". Eles nos dizem que fazer nada é como morrer. Portanto, devemos realizar todos os seus rituais complicados para alcançarmos o foco ideal de uma produtividade como a das máquinas.

Mas a nova ciência está revelando que aqueles filósofos brilhantes de outrora e os gurus da produtividade de hoje não fazem a menor ideia do potencial do tédio, disse Danckert. Claro, não é uma sensação boa. "Mas o tédio não é bom ou ruim", disse ele. "Como você responde a ele é o que pode deixá-lo bom ou ruim." O cara sabe disso porque esteve no interior da mente humana, procurando por quais áreas do cérebro trabalham quando uma pessoa está sentindo o desconforto do tédio.

Ele recrutou alguns voluntários e os colocou em um scanner de neuroimagem. "Então induzimos aquelas pessoas a um estado de tédio", disse ele. "Fizemos com que assistissem a dois caras pendurando roupa lavada durante oito minutos. E, sim, conseguimos deixar as pessoas entendiadas pra cacete."

Quando Danckert olhou as neuroimagens das pessoas entediadas, descobriu que o córtex insular havia sido desativado. "Essa parte do cérebro é importante para processar a informação que você acha que é relevante para os seus objetivos do momento", disse Danckert. "Então ela é regulada para baixo, porque não há nada naquele vídeo que seja importante para os seus objetivos."

Logo, as pessoas são estimuladas a fazer algo com seu tédio. "Tolstói tem uma citação ótima em *Anna Karenina* que diz que o tédio é o 'desejo por desejos'", disse Danckert. "Então o tédio é um estado motivacional."

No estudo, Danckert também mostrou para qual direção o cérebro vai quando você não está fazendo nada. Quando os participantes estavam entediados, uma parte de seus cérebros chamada de "rede de modo padrão" se acendeu. É uma rede de regiões do cérebro que é ativada quando não estamos focados, quando nossa mente está divagando. A "rede de modo-padrão" é um termo ridiculamente obscuro. Em nome da simplicidade, vamos chamar de "modo distraído".

Nossos cérebros têm, em essência, dois modos: focado e distraído. O modo focado é a mente prestando atenção. Ele é ativado quando estamos processando informações externas, completando uma tarefa, conferindo o celular, assistindo à TV, ouvindo um podcast, tendo uma conversa. Qualquer coisa que exija nossa atenção com o mundo externo.

O modo distraído acontece quando não estamos prestando atenção. É uma divagação para dentro da mente. Um estado de descanso que restaura e reconstrói os recursos necessários para trabalhar de forma melhorada, sendo mais eficiente no modo focado. Passar algum tempo no modo distraído é fundamental para completar tarefas, beber da fonte da criatividade, processar informações complicadas e assim por diante.

As 11h06 de atenção que estamos entregando às mídias digitais não são de graça. É tudo gasto no modo focado. Pense no modo focado como levantar um peso. E no modo distraído como descansar. Quando matamos o tédio ao enterrar nossas mentes em um celular, TV ou computador, nosso cérebro está fazendo uma quantidade chocante de esforço. Como tentar fazer sucessivas repetições de um exercício — nossa atenção acaba se cansando quando trabalhamos em excesso. A vida moderna faz nosso cérebro trabalhar em excesso à exaustão.

Nossa falta generalizada de tédio pode estar fazendo com que alcancemos níveis quase críticos de fadiga mental. Pesquisas mostram que a sobrecarga de mídia baseada em telas criou norte-americanos que são "cada vez mais implicantes, impacientes, distraídos e exigentes", como disse um analista de mídia. Esses termos estão sob a expressão guarda-chuva de "insuportável". As mentes sobrecarregadas de trabalho e as malcuidadas estão relacionadas à depressão, à insatisfação com a vida, à percepção de que a vida passa mais rápido e à perda cada vez maior da capacidade de ver a beleza da vida. Algo que só se apresenta quando permitimos que nossa mente divague para tomarmos consciência de algo diferente de uma tela.

Danckert explicou que precisamos imaginar dois homens da caverna para entender por que humanos desenvolveram a capacidade para o tédio. Cada um deles está colhendo frutos silvestres de um arbusto diferente três horas antes do pôr do sol. Nesse cenário, o primeiro homem das cavernas é capaz de ficar entediado. O segundo não.

O primeiro homem das cavernas começa a colher os frutos de seu arbusto. Mas, enquanto colhe mais e mais frutos, é preciso de um maior esforço para encontrar e alcançar os frutos que restam. Eles estão em locais difíceis de enxergar e alcançar no arbusto. Graças ao fato de ele estar conseguindo menos frutos pelo tempo gasto, a sensação desconfortável do tédio entra em ação. Isso o compele a encontrar outro arbusto para colher os frutos mais convenientes. Ele repete o processo, colhendo os frutos mais rápidos de se conseguir de um punhado de arbustos diferentes. Em uma hora, ele tem quase um quilo de frutos. E, com duas horas de luz natural sobrando, ainda consegue caçar um pequeno cudo com uma lança.

O segundo homem das cavernas rapidamente colhe os frutos mais fáceis do seu arbusto, mas não tem a deixa do tédio. Então ele continua colhendo do mesmo arbusto. Isso significa que ele precisa começar a buscar e alcançar locais mais profundos no arbusto para encontrar mais frutos. A quantidade de frutos que ele está conseguindo chega ao limite. Mas, ei, esse trabalho é animador quando não há tédio dizendo a ele que isso é um uso incrivelmente ineficiente de seu tempo. Quando o sol se põe, ele já colheu o arbusto inteiro, com quase um quilo de frutos.

Ao final do dia, a família do primeiro homem das cavernas está comendo um cudo para o jantar com os frutos de sobremesa. A família do segundo homem das cavernas está racionando os frutos, tentando ignorar o quanto estão com fome. Antes de dormir, o primeiro homem das cavernas sentirá mais uma vez a magia do tédio. Sua mente começa a divagar. Ela descansa e reconfigura, planejando como caçar no dia seguinte, como melhorar a vida de sua família ou como ajudar o vizinho a colher frutos de modo mais eficiente.

O modo com o qual costumávamos lidar com o tédio antes de começarmos a nos rodear de um conforto constante fornecia benefícios que são essenciais para a saúde do cérebro, a produtividade, a sanidade pessoal e a noção de significado. Mas houve uma mudança cósmica no tédio. O modo com o qual lidamos com ele agora é "como fast-food para a mente", disse Danckert.

Sentando naquela colina ao longo dos últimos dias, encontrei minha mente oscilando entre o modo focado e o distraído. Percebi algo sobre a paisagem, como um bando de lagópodes-brancos ou as nuances da luz do Ártico. Então, o entretenimento do mundo natural passava e minha mente divagava em busca de algo mais satisfatório. Eu olhava para dentro, pensando em, digamos, jeitos de ser um marido melhor. Quando as ideias paravam de fluir, quando o retorno sobre meu tempo ficava esparso, minha mente viajava para outro lugar. Pensando em amigos para quem eu precisava ligar e assim por diante, até para novos lugares muito mais interessantes ou produtivos do que qualquer coisa que eu encontraria em um aplicativo.

E foi nessa marcha em direção àquele grande caribu que eu me encontrei sentindo falta do tédio. Da oportunidade para deixar a mente divagar. De ficar distraído. Porque, nesse momento, o Ártico estava me colocando em uma posição perigosa que me forçava a focar totalmente o mundo externo de fato. Excessivamente. No solo, examinando cada passo. Se minha mente saísse dos trilhos, as coisas não acabariam bem.

SABER PARA ONDE IR NA TUNDRA É UMA COISA. MAS CONSEGUIR CHEGAR LÁ É OUTRA BEM diferente. O solo é como um cenário louco saído de um livro infantil do Dr. Seuss. Imagine um gigantesco colchão ondulante de verde fosco coberto por bolas de basquete parcialmente infladas e recobertas de erva daninha. O colchão é composto de terra em um estado similar ao de um sorvete, camadas esponjosas de musgo denso, pântano imundo e água em movimento parcialmente congelada. Essas camadas moles roubam a energia de cada um dos seus passos.

Há também as supracitadas bolas de basquete, conhecidas como tussoks de tundra. Elas são esferas de *Eriophorum* densamente emboladas que repousam como verrugas infinitas sobre o solo. Elas são espaçadas cerca de 30cm a 45cm uma da outra em todas as direções e podem viver por mais de cem anos.

Então tenho uma escolha. Posso pisar de tussok em tussok. Mas, devido ao formato bulboso e à flexibilidade, um passo em falso pode jogar meu peso cambaleando sobre meus pés. Isso pode torcer um tornozelo ou articulação do joelho, me deixar deficiente e desajeitado, a quilômetros de onde qualquer avião de resgate poderia aterrissar. Ou posso andar no colchão entre elas. Fazendo isso, cada passo exige mais esforço. O solo é acolchoado, então terei que dar passos altos ao redor dos tussoks, com mais chances de encharcar ou sujar minhas botas. Mas pelo menos meus passos têm uma probabilidade menor de resultar em uma deficiência grave. De qualquer maneira, passarei a caminhada inteira olhando para o solo, com o batimento cardíaco no talo, focando a posição dos meus pés como se fosse uma aposta sobre a minha capacidade de andar.

Vez ou outra encontraremos uma trilha de animal para seguir. Elas podem ser planas e firmes em um momento e, no próximo, nos enviar aos tropeços para o outro lado de uma das montanhas enquanto pedacinhos de xisto, como ladrilhos, roçam em nós colina abaixo. Ali eu escorrego a cada cem passos.

Após duas horas de caminhada com a cabeça abaixada, acreditamos que os caribus estão do outro lado de um ponto de observação que alcançamos. Todos nós nos ajoelhamos e planejamos, tentando antecipar o que essa manada fez e fará. "Precisamos ficar de olho neles", diz Donnie. "Fiquem aqui." Ele se arrasta de barriga para baixo para o topo da região. Depois ergue o binóculo na frente do rosto.

Em seguida, ele está se virando e se esgueirando rapidamente de volta. "Estão lá embaixo. Devemos nos apressar e contornar até aquela região do penhasco", diz ele todo agitado, apontando para um topo de colina escarpado a cerca de 1,6km de distância. "O vento está atrás de nós agora, o que é ruim. Mas se eles continuarem subindo a colina enquanto se alimentam e se conseguirmos chegar até lá, ficaremos protegidos do vento em uma posição perfeita."

Nós nos abaixamos, movendo-nos rapidamente enquanto os ventos atingem entre 24 e 40km/h. Isso percorre nossas jaquetas e seca nossos rostos. Na Patagônia, chamam de La Escoba de Dios, a Vassoura de Deus. Um vento que varre constantemente a paisagem e a deixa limpa.

O vento pode ser um recurso ou um fardo para o caçador. Para alcançar qualquer sucesso, precisamos estar a favor do vento a partir da posição do animal. O cheiro dele sendo empurrado para nós. Não o contrário. Caribus podem não apenas farejar predadores a centenas e centenas de metros de distância, mas também utilizar o cheiro como um aviso. Seus tornozelos possuem glândulas de odor. Quando um deles percebe o perigo, ele empina as pernas traseiras e libera um jato pulverizado para a manada, com um cheiro especial que envia um aviso de DEFCON, uma condição de prontidão de defesa. O alerta faz com que todos saiam em disparada para regiões mais altas.

Eu não tomo banho ou troco de roupas há dias. Só posso esperar que esse vento não esteja carregando seja lá quais feromônios nocivos exalados de mim para levar até os focinhos dos caribus.

102 • A CRISE DO CONFORTO

OS EFEITOS DA NOSSA SOCIEDADE SUPERESTIMULADA E AVESSA AO ESTRESSE ESTÃO se acumulando.

Mais de metade dos adultos diz que estava sob "estresse intenso" em 2017. A ansiedade cresceu 39% em um período recente de um ano. A capacidade de prestar atenção caiu 33% de 2000 a 2015. Diagnósticos de depressão subiram 33% desde 2013.

O Dr. Judson Brewer, professor de psiquiatria na Escola de Medicina da Universidade Brown, estuda o vício. Ele lida com muitos dependentes químicos, por isso desenvolve métodos para fazê-los melhorar. Também está particularmente interessado na ligação entre o tempo na frente de telas e nossos problemas crescentes de saúde mental. "Eu não culparia 100% a tecnologia móvel por isso", disse Brewer, "mas eu diria que ela é 90% responsável".

Não é de se espantar que Steve Jobs não deixasse os filhos usarem o iPad. Ele não é o único guru da tecnologia que questionou o que ele estava incentivando. Grande parte dos trabalhadores do Vale do Silício que desenvolvem aplicativos e tecnologias móveis não permitem que os filhos ou a si mesmos que usem os produtos desenvolvidos por lá. Uma ex-executiva do Facebook disse ao *New York Times* que está "convencida de que o demônio mora em nossos celulares". Outra pessoa disse que as ferramentas do Vale do Silício estão "destruindo o tecido social".

Imagine que você está na Target, na Costco ou qualquer outra loja de departamento. Você leva um produto para o caixa e o entrega à atendente. Ela passa o produto pelo leitor, aponta para a sua compra, encara seus olhos e sussurra com a voz séria: "Estou convencida de que o demônio mora nisso." Você, (a) presumiria que isso seria o começo de um filme de terror da vida real no qual você é o protagonista; ou (b) compraria o produto e o usaria durante horas todo dia? Aparentemente todos escolhemos a opção (b).

Por um lado, essas ferramentas podem ser utilizadas para o mal — oi, Rússia — e por outro... essas ferramentas podem ser utilizadas para o mal. Aplicativos são projetados de acordo com o modelo comportamental de Fogg. Se isso soa como algo ameaçador e projetado em um laboratório de controle de mentes é porque... isso meio que é verdade. "Três elementos precisam convergir ao mesmo tempo para que um comportamento aconteça: motivação, habilidade e incitação", escreveu o psicólogo de Stanford B. J. Fogg. É uma fórmula alavancada por aplicativos de smartphones para fazê-los funcionar como cocaína para nossa atenção. E foi criada por cientistas de Stanford no chamado Laboratório de Design de Comportamento — um eufemismo.

Originalmente, Fogg criou o modelo comportamental para o bem. Por exemplo, usando celulares para fazer as pessoas abandonarem um comportamento ruim, como fumar. Mas, com o surgimento do iPhone, ele fez os estudantes começarem a aplicar o modelo para a tecnologia móvel.

Uma de suas turmas de 2007, conhecida atualmente como a Turma do Facebook, criou aplicativos que se integravam ao Facebook. Ao longo de um semestre, eles adquiriram 16 milhões de usuários e US$1 milhão de receita com publicidade. Aqueles estudantes foram trabalhar em empresas como Facebook, Uber, Twitter, entre outras — e levaram o Modelo Comportamental de Fogg com eles.

Pense, por exemplo, em alguém publicando uma foto no Instagram. A pessoa está claramente *motivada* para saber como seus seguidores reagirão à foto. Então o Instagram a *incita* com uma notificação de que alguém comentou na foto. Será que a pessoa gostou ou foi um comentário sarcástico? Logo, ela tem a *possibilidade* de conferir o comentário imediatamente. Ela não consegue não abrir o celular.

E então, claro, ela acaba conferindo curtidas e comentários o dia todo, caindo em um apagão do Instagram. Ou seja, ela desliza pelo feed para encontrar as fotos perfeitamente editadas de um amigo-inimigo. Ou publicações conspiratórias de algum cheirador de cola que ela conhecia na época do ensino médio. Enquanto isso, ela também está vendo uma tonelada de publicidade, que é o motivo pelo qual Mark Zuckerberg vale US$100 bilhões. Uma regra: se você não está pagando por um serviço digital, VOCÊ é o produto vendido pela empresa. A corporação manipula o sistema para obter o máximo da sua atenção visando vendê-la ao publicitário que pagar mais.

Ainda hoje, a última rodada de jovens prodígio está no Laboratório de Design de Comportamento, descobrindo como nos compelir a envolver-nos com aplicativos para que vejamos mais publicidade. E esses jovens são bons demais naquilo que fazem. Pense, por exemplo, no fato de que as notificações no Twitter e as curtidas no Instagram levam alguns segundos para aparecer quando você abre o aplicativo. Isso não é um acidente. Aquele breve momento é como esperar pelas engrenagens em um caça-níqueis se alinharem. Isso alavanca os mesmos mecanismos biológicos que nos fazem querer voltar. Esses estudiosos do Vale do Silício têm big data dizendo-lhes exatamente quais truques nos pegarão. E idiotas como eu não têm a menor chance.

Alguns pesquisadores dizem que "viciante" é uma palavra muito forte para smartphones, porque o impulso para conferir o e-mail e as notificações o tempo todo é experienciado de modo diferente de, por exemplo, o impulso para beber ou usar drogas. Mas, como uma pessoa que conhece o vício, posso dizer que a atração obsessiva do meu celular apitando às vezes se parece com a sedução de um bar musical com letreiro luminoso em neon. Há uma fala famosa na recuperação: "Tente beber e parar abruptamente. Tente mais de uma vez." OK, tente ignorar o smartphone apitando. Tente mais de uma vez.

"Gosto da definição simples do vício ser o 'uso contínuo apesar das consequências adversas'", disse Brewer. Um bom sinal de que eu tinha um problema com a bebida era que a maioria dos meus problemas era causada pela bebida. Mas ainda assim eu me via impotente frente à atração dos bares. Para Brewer, não é chocante que muitas pessoas sejam viciadas nos "caça-níqueis em nossos bolsos", como ele chamou. A evolução diz que deveria ser assim.

"Há um processo evolutivo de sobrevivência que desenvolvemos para nos ajudar a lembrar onde está a comida para que não passássemos fome", Brewer me disse. Nós víamos a comida, comíamos, e então nosso estômago mandava um sinal ao cérebro para liberar uma dose de dopamina, uma substância que nos faz sentir bem, disse ele. É a mesma substância que é liberada quando as pessoas usam drogas como cocaína ou ecstasy, alimentam-se de maneira exacerbada, fazem sexo, apostam ou fazem qualquer outra coisa prazerosa. Também é um evento em três passos.

"Há um impulso, um comportamento e uma recompensa", disse Brewer. "Mas esse processo cerebral pode ser sabotado nos dias de hoje. Em vez da comida, o impulso é o tédio. E o comportamento será ir ao YouTube, conferir os feeds de notícias, ficar no Instagram. E isso nos distrai do tédio. Ficamos empolgados, pois recebemos uma dose de dopamina, o que é uma recompensa".

"O paradoxo é que esses mecanismos que nos ajudaram a sobreviver agora estão prejudicando nossa saúde", explicou ele. "Temos menos tolerância ao sofrimento. Se sentimos algo desagradável, como o tédio, normalmente teríamos apenas que aguentar aquele sentimento desagradável, e então encontraríamos um escape produtivo. Mas não precisamos mais fazer isso. Podemos usar o celular para nos distrair." Ou, como Danckert disse, nós simplesmente consumimos mais "fast-food para a mente".

Toda vez que automaticamente pegamos o celular ou ligamos o computador ou a TV para acabar com o tédio, há o anexo de outra pequena âncora à nossa tolerância ao estresse, deixando-a mais lerda. Cientistas na Universidade Estadual do Oregon descobriram que estressores diários, como filas e outras esperas, podem aumentar nossa resistência a algumas doenças cerebrais se simplesmente passarmos por eles e os dispensarmos. Na verdade, um maior número desses estressores diários é melhor para nosso cérebro.

HÁ OUTRO BENEFÍCIO GIGANTESCO DO TÉDIO, ALÉM DE NOS FAZER MAIS PSICOLOGICAMENTE

robustos e resilientes. Encontrar uma saída diferente do tédio também nos permite entrar em contato com nossa criatividade.

Em uma entrevista com Bill Simmons, o aclamado e prolífico roteirista Aaron Sorkin resumiu esse fenômeno quando falou da primeira vez que escreveu por diversão: "Era uma daquelas noites em Nova York nas quais parece que todo mundo foi convidado para alguma festa, menos você. Eu não tinha nem três dólares no bolso. No meu apartamento, tinha uma máquina de escrever semiautomática. Teclas elétricas com um retorno manual. A TV estava quebrada. O aparelho de som estava quebrado. A única coisa para fazer era colocar uma folha de papel naquela máquina de escrever. E começar a digitar. Tédio puro. Foi a primeira vez que escrevi por diversão... e eu amei. Fiquei acordado a noite toda escrevendo e sinto que aquela noite nunca terminou."

O aprendizado de Sorkin é que deveríamos aprender a lidar com o tédio e, então, descobrir modos de superá-lo que sejam mais produtivos e criativos do que assistir a um vídeo de YouTube ou rolar pelo feed do Instagram.

Pesquisas dos anos 1950 sustentam a conexão de Sorkin entre o tédio e a criatividade. Uma equipe de pesquisadores do Reino Unido fez com que as pessoas fizessem algo incrivelmente chato: ler uma lista amarela por quinze minutos. Então as pessoas entediadas fizeram um teste-padrão de criatividade, como inventar usos estranhos para um copo de isopor, e o Remote Associates Test (RAT), no qual três palavras são selecionadas e temos que descobrir seu denominador comum (por exemplo, chamada + pago + linha = telefone; movimento + cutucar + baixo = devagar). Comparado ao grupo não entendiado, as pessoas entediadas deram significativamente mais respostas em ambos os testes. E as respostas também foram consideravelmente mais criativas. Outros estudos descobriram o mesmo fenômeno. (Com a exceção de que, nesses estudos, os pesquisadores deixaram as pessoas entediadas ao fazê-las assistir a um descanso de tela ou separar uma pilha de feijões por cor.)

"Mas agora as pessoas querem dizer que o tédio *faz* com que fiquemos mais criativos", disse Danckert. "Digo que isso é uma besteira. O tédio não o deixa mais criativo. Apenas diz para você 'faça algo!' E quando esse 'algo' deixa nossa mente reviver o modo distraído — ou nos sentar para escrever um roteiro —, em vez de apaziguá-lo com a mesma mídia que todo mundo está consumindo, começamos a pensar, literalmente, em um comprimento de onda diferente. É isso que a criatividade exige."

Ellis Paul Torrance foi um psicólogo norte-americano. Nos anos 1950, ele percebeu algo fora do lugar sobre as salas de aula norte-americanas. Os professores costumavam preferir as crianças submissas e que fizessem muita leitura. Eles não ligavam muito para as crianças que tinham muita energia e ideias grandiosas — crianças que inventavam interpretações esquisitas para o que liam, inventavam desculpas para explicar por que não haviam feito o dever de casa e viravam cientistas loucos em toda aula no laboratório. O sistema classificava essas crianças como "ruins". Mas Torrance sentia que elas eram mal compreendidas. Porque, se um problema surge no mundo real, todas as crianças que aprendem com livros buscam por uma resposta em... livros. Mas e se a resposta não estiver em um livro? Então é preciso ser criativo.

Portanto, ele devotou a vida a estudar a criatividade. E claro, para o que ela serve. Em 1958, ele desenvolveu o teste de pensamento criativo de Torrance. Desde então, se tornou o padrão-ouro para medir a criatividade. Torrance fez com que um grupo grande de crianças da escola pública de Minnesota fizesse o teste. Nele, estão inclusos exercícios como mostrar um brinquedo a uma criança para perguntar: "Como você melhoraria esse brinquedo para deixá-lo mais divertido?"

Torrance analisou todas as pontuações das crianças. Também rastreou todas as conquistas realizadas por elas ao longo da vida, até que ele morreu em 2003, quando seus colegas assumiram o trabalho. Se uma das crianças havia escrito um livro, ele marcava ponto. Uma delas fundou uma empresa? Ele marcava. Submeteu uma patente? Marcava. Cada conquista era registrada. O que ele descobriu levanta questões importantes sobre como julgamos a inteligência.

As crianças que arrumaram ideias melhores, com maior quantidade no teste inicial, foram as que se tornaram os adultos mais bem-sucedidos. Elas viraram inventoras e arquitetas, CEOs e presidentes de universidades, autoras e diplomatas e assim por diante. O teste de Torrance, na verdade, deixa o teste de QI no chinelo. Um estudo recente das crianças do estudo de Torrance descobriu que a criatividade era um preditor três vezes melhor de boa parte das conquistas dos estudantes comparado com suas pontuações de QI.

E agora matamos um dos principais impulsos da criatividade: a mente divagante. O resultado? Uma pesquisadora na Universidade de William e Mary analisou 300 mil pontuações do teste de Torrance desde os anos 1950. Ela descobriu que as pontuações de criatividade começaram a despencar em 1990, levando-a a concluir que agora estamos enfrentando uma "crise de criatividade".

A cientista culpa nossas sobrecarregadas vidas apressadas e o "tempo cada vez maior de interação com dispositivos eletrônicos de entretenimento". E isso é uma notícia ruim, especialmente quando consideramos a criatividade uma habilidade fundamental na economia de hoje, na qual a maioria de nós trabalha com nosso cérebro em vez do braço.

Portanto, apesar do que os gurus de produtividade podem nos ter feito acreditar, o segredo para melhorar a produtividade e a performance pode ser não fazer nada de vez em quando. Ou, pelo menos, não mergulhar em uma tela. Isso nos leva a pensar diferente, de modo que temos mais ideias originais. Até mesmo o deus do Vale do Silício comprou a ideia. Steve Jobs disse uma vez: "Acredito muito no tédio. Todas essas coisas tecnológicas são incríveis, mas não ter nada para fazer pode ser incrível também."

É incrível mesmo. E incrivelmente raro. O tédio hoje em dia é infrequente o suficiente para fazer com que a visão de alguém à toa seja chocante. Um amigo meu descreveu uma noite recente na qual ele estava deitado na cama, olhando para o teto e pensando. Apenas pensando. "Minha esposa entrou no quarto, me viu e perguntou se eu estava bem", ele disse. "Ela achou que eu tive um derrame ou algo assim. Era muito esquisito para ela me ver deitado ali sem o celular ou o notebook, com a TV desligada."

LEVA MAIS OU MENOS MEIA HORA PARA ALCANÇAR O PENHASCO. ESTOU ACABADO. ESSES SEIS quilômetros pareceram muito mais com uma típica trilha montanhosa. Eu tiro a mochila. Mergulho a mão nela em busca de uma barrinha de energia quase congelada, o que é tão fácil de mastigar quanto um pedaço grosso de couro frio. Donnie ergue o binóculo para começar a inspecionar a encosta musgosa. "Não estou vendo eles", diz ele, enquanto faz a varredura do topo da colina, do vale abaixo e de tudo o que há entre os dois.

"Aquilo lá é uma manada?", pergunta William. Ele aponta para pontos em uma colina entre 1,6 e 3,2km a nordeste. Donnie larga o binóculo e semicerra os olhos. Ele o leva de volta aos olhos. "Porra... só pode ser eles." Ele enfia a mão na bolsa e pega o telescópio de observação para ter uma vista melhor.

"Droga. Eles devem ter sentido nosso odor enquanto a gente se movia ao longo do cume pra chegar ao penhasco", afirma. "O faro deles é bravo. Muito bravo. Cara, como são rápidos."

Esses caribus têm um motor no corpo. Eles passam a maior parte do dia pastando lentamente. Mas, quando andam, é em um trote de 19km/h que podem sustentar por dias. Nenhum predador do Ártico vai capturá-los em uma corrida — caribus chegam a 80km/h. E biólogos de caribus que rastreiam dados de GPS dizem que os animais estão sempre em movimento. Eles relataram colocar uma coleira em um caribu em uma localização, e no dia seguinte voar oitenta quilômetros para outro lugar e encontrar o mesmo caribu.

Até mesmo ursos-pardos só podem matar um caribu saudável por emboscada. Lobos caçam em bando, convergindo neles de todos os ângulos. Ambos os predadores não são bem-sucedidos na maioria das vezes. Temos as mesmas chances de capturar essa manada e aquele macho bonito quanto um lutador de sumô tem de ganhar no salto nos próximos Jogos Olímpicos.

"Então o que faremos agora?", pergunto.

"É bem possível que existam mais manadas atrás deles", diz Donnie. "Então vamos apenas sentar, observar daqui e esperar para ver se mais vão aparecer na colina." É 1h da tarde, 30°C, e o sol vai se pôr às 21:27. Percebi-me entediado de novo. Mais uma vez, o plano é esperar; esperar para os caribus se movimentarem à vista. Uma vez, Donnie passou 10 horas diárias durante 42 dias esperando na floresta da Dakota do Norte por um único cariacu.

A vantagem é que temos uma vista ímpar, como eu nunca vi. A tundra se desdobra para sempre, rígida e fria, e o céu está inundado de tons de cinza. É uma beleza suave. Eu retiro o celular da bolsa, ligo e tiro uma foto para compartilhar com minha família. É um registro razoável. Uma câmera não consegue reproduzir essa vastidão infinita e a assombrosa luminosidade de ângulo baixo do mundo.

"É bom não estar nessa coisa o tempo todo, não é?", pergunta Donnie. Aceno, concordando, enquanto desligo o celular e o guardo de volta. "Há poucas áreas restantes onde você não consegue sinal", diz ele. "As únicas áreas que encontro são quando estou caçando, e é incrível."

"Você fica entediado aqui fora?", pergunto.

Donnie mantém o olhar no telescópio de observação enquanto fala. "Isso pode soar artificial, mas, não, não fico entediado aqui fora", diz ele. "Há tanto para perceber e aprender. Tipo, você ouviu o barulho daquele corvo voando em círculos sobre nosso acampamento essa manhã? Ele fazia um ruído de *boop boop* para nós. Eles têm uma linguagem tão complexa. Ouvi duas ou três vocalizações de corvos apenas nesses poucos dias que eu nunca ouvi antes. Você já percebeu como sempre há um corvo por perto?"

A companhia constante dos corvos não me pareceu esquisita. Porém, Donnie está certo.

"Eles seguem humanos, ursos e lobos", disse ele. "Eles sabem que significamos comida. Eles limpam a carcaça das nossas presas e até nos ajudam a caçar. Já vi corvos voarem sobre mim e grasnir. Então eles voam para um cânion ou vale próximo e grasnam de novo. E, com toda certeza, quando chego à localização, há um animal. Eles são uma das criaturas mais espertas da Terra."

Donnie olha para mim sorrindo. "OK, na verdade, eu fico entediado às vezes", admite. "Uma vez, o tempo nos forçou a ficar na tenda durante quatro dias seguidos. Estávamos tão entediados no quarto dia que ficamos lendo as embalagens em busca de erros de digitação."

"E achamos uma porra de um erro!", adiciona William.

Às 18h, estávamos sentados à espera de caribus por cinco horas seguidas. Então decidimos encerrar o dia. Temos mais algumas horas de luz do dia, mas localizar um caribu, segui-lo, matá-lo e empacotar a carne de volta para o acampamento levaria muito mais tempo. Isso poderia nos colocar em uma posição perigosa se uma tempestade ártica caísse no escuro.

Eu arrumo a mochila de volta nas costas, desejando não ter terminado meu lanche com barrinhas ao meio-dia. Estou faminto. E ainda temos uma longa caminhada pela frente. "Bem, rapazes...", declara Donnie, "acho que amanhã mudamos de curso. Não estamos vendo caribus o suficiente por aqui".

Isto me agrada — uma nova encosta montanhosa sobre a qual sentar e fazer nada. Uma nova paisagem para observar. Novo solo para inspecionar. Uma nova inclinação para fazer flexões. Talvez uma chance com um caribu.

Começamos a longa caminhada de volta ao acampamento. Minha mente parece que está surfando em um comprimento de onda diferente do que ela surfa em casa. É mais uma ondulação do que uma correnteza. Apesar do solo árduo, do frio e do vento, meus níveis de estresse são inexistentes. Novas ideias interessantes estão borbulhando no éter. E estou estranhamente contemplativo — do mundo ao meu redor, mas também das coisas em casa, como minha esposa. Mal posso esperar para ouvir sua resposta sarcástica quando eu lhe disser como estive entediado. Ninguém aperfeiçoou tanto a arte de me zoar quanto ela. E eu nunca havia percebido o quanto isso significa para mim.

Acredito que todos esses sentimentos têm algo a ver com permitir um momento de descanso à minha mente. Talvez quando eu voltar para casa, em vez de pensar o tão repetido "menos celular", pode ser mais produtivo pensar "mais tédio".

20 MINUTOS, 5 HORAS, 3 DIAS

ANTES DE CHEGAR ao Alasca, encontrei novas pesquisas mostrando que, sim, todo o nosso tempo olhando para telas é ruim. Mas há algo além disso. E se o nosso problema não for apenas o tempo em frente às telas? E se todas aquelas horas que passamos absortos nos pixels não estão apenas adicionando algo ruim à nossa vida, mas também retirando-nos de algo bom?

Estamos chegando ao final da caminhada de volta ao acampamento. Seguimos uma trilha que percorre uma cordilheira recoberta de pedras e musgo. A trilha é estreita, mas bem marcada. Ela oferece um descanso bem-vindo por não saber onde pisar. Animais naturalmente tomam o caminho que oferece menos resistência para queimar menos calorias, o que significa que essa trilha também permite a nós, animais humanos, poupar energia.

"Essas trilhas de animais podem ter 10 mil anos de idade", diz Donnie. "Em algumas áreas você verá que todos os animais pisaram no mesmo lugar, desgastando as mesmas pegadas." O sol está se preparando para se pôr na escuridão. Estamos tão ao norte que perdemos quatro minutos de luz solar todos os dias. No Natal, esse lugar receberá apenas duas horas diárias de boa iluminação.

Enquanto percorremos um cimo íngreme, a tenda verde-oliva surge sobre a colina, a 1,6km de distância. E é claro que entre nós e a tenda há uma manada de cerca de trinta caribus; ela está em uma parte mais baixa do terreno, entre duas colinas.

"É o padrão", diz Donnie. "Caminhamos o dia todo, nos ferramos e voltamos para descobrir que os caribus estavam passeando pelo acampamento." Ele ergue os binóculos até os olhos. William e eu esperamos pelo veredito.

A proximidade dessa manada do acampamento significa que, apesar de estar tarde, poderíamos nos locomover para persegui-los. Mas não consigo deixar de sentir que uma caçada tão fácil assim não seria esportiva. Também estou ciente de que essa ideia é como exercer o papel de Deus. Se fôssemos caçadores de subsistência, pegaríamos o animal mais próximo alegremente. Macho ou fêmea. Novo ou velho. Gostaríamos apenas de jantar. O mundo moderno transformou a caçada, até mesmo a do tipo mais moralmente consciente, em uma encenação do passado. Portanto, é necessário inserir a ética na equação. Com sorte, não teremos debates intensos.

"Não há machos velhos no grupo. Apenas jovens machos, fêmeas e filhotes", diz Donnie. "Mas eles são esplêndidos. Simplesmente esplêndidos." Eu pego o binóculo. Foco um filhote. Seus músculos longos e magros se movimentam sob a pelagem marrom enquanto ele trota como um pônei em um espetáculo. Sua respiração cria uma névoa no ar gelado. "Ele está andando todo empertigado, hein?", diz Donnie.

William joga a mochila no chão. Depois muda a lente em sua câmera. "Vou filmar um pouco." Ele se curva indo na ponta dos pés até a manada. Donnie e eu nos deitamos na encosta para observarmos ele se aproximar. Tudo está silencioso.

William se deita de barriga para baixo aproximadamente a 365 metros dos animais. Ele começa a rastejar e filmar do solo. Depois de cinco minutos, ele começa a se movimentar para conseguir um ângulo melhor.

Caribus se locomovem em manadas porque é mais seguro, não porque sentem uma conexão particularmente íntima uns com os outros. Eles pastam em espaços abertos. Sua vantagem é a velocidade, a resistência e a visão aguçada. Ter trinta pares de olhos cobrindo 360 graus de terra em diferentes profundidades é mais seguro do que apenas um par que cobre apenas uma única direção. Eles verão um urso ou lobo se aproximando a uma distância suficiente para que consigam ficar fora de alcance. Eles não param nem de comer.

William se levanta. Um animal se assusta e se sacode para longe dele. Isso sinaliza perigo. A manada reage, movimentando-se em sincronia, como um bando de estorninhos. Eles galopam para longe dele ao longo da tundra — diretamente em direção a Donnie e eu.

O silêncio acaba quando eles estão a 137 metros de distância. No começo, o som é um estrondo baixo, mas os decibéis começam a aumentar. O solo começa a vibrar. Eles estão a 91 metros. Então, 68. E depois, 45. O filhote que eu vi é todo pernas finas e corpo magro, galopando adiante. Cascos esmagam o solo, chutando musgo e umidade para o alto. Então alcançam 36 metros. E depois, 32.

Estou com a atenção presa neles, completamente no aqui e agora. Podemos ouvir sua respiração, sentir o cheiro de sua pelagem e ver todos os detalhes de suas galhadas ornamentadas.

Um deles exita ao perceber a gente. O grupo vira para a esquerda, estremecendo a terra enquanto sobe a colina. Nisso, atinge o cume com suas galhadas pretas contra o pôr do sol dourado.

Donnie e eu ficamos em silêncio por um momento. Então eu olho para ele. "Inacreditável, apenas inacreditável", diz ele. "Momentos como esse são o motivo de eu vir para cá. Apenas vindo aqui fora você pode se colocar em uma posição para passar por momentos e experiências selvagens como essa pela qual acabamos de passar." Também estou pensando que é inacreditável que não fomos pisoteados até a morte.

Os caribus sacudindo aquele pedaço de terra sacudiram minha alma. Foi algo transcendental. Arrebatador como uma experiência religiosa.

Essa é uma experiência que todos deveríamos ter, mas provavelmente não todos ao mesmo tempo nem no mesmo lugar. A maioria de nós hoje em dia raramente experimenta o mundo natural. Mais de metade dos norte-americanos não sai de casa para qualquer tipo de atividade recreativa; o que inclui coisas simples como caminhar e correr. O tempo que passamos do lado de fora diminuiu ao longo das últimas décadas, e jovens norte-americanos brincam do lado de fora 50% menos do que seus pais brincavam. Acampamentos na floresta diminuíram cerca de 30% desde 2006.

Não deveríamos ficar surpresos. A natureza pode ser desconfortável e imprevisível. Em apenas um punhado de dias aqui fora eu já experienciei um clima selvagem, um terreno que me deixou de cara no chão, um isolamento assombroso, um silêncio ensurdecedor e assim por diante. Nunca sei o que me aguarda a seguir. Pode ser uma tempestade se avolumando, uma colina mais íngreme, um rio turbulento, um urso-pardo mal-humorado. A única coisa que posso prever é que eu nunca terei sinal de celular.

"Se puder escolher, o cérebro humano vai dizer: 'Me dê algo que posso controlar ou prever'", disse o Dr. Judson Brewer, o psiquiatra da Escola de Medicina da Universidade Brown. Os humanos evoluíram, explicou ele, para olhar para o futuro e rastrear informações que nos ajudaram a sobreviver; saber de onde virá nossa próxima refeição, por exemplo. Mas agora esse medo de incertezas passa por cima de suas velhas barreiras, se estendendo para muitas circunstâncias desconhecidas. É uma forma de conforto gradual que nos prende nas redes de segurança mencionadas por Donnie.

O famoso biólogo E. O. Wilson desenvolveu uma teoria, chamada de hipótese da biofilia, que diz que temos um chamado inato para estar na natureza que está competindo com nosso desejo evolutivo de controlar o ambiente. O pensamento é o seguinte: nós evoluímos na natureza e, portanto, temos programada em nossos genes uma necessidade de estar na natureza e se conectar com seres vivos. Se não fizermos isso, saímos um pouco dos trilhos, como se estivéssemos com a falta de um nutriente necessário para nosso corpo, mente e senso de individualidade.

Após um punhado de dias me arrastando pelo Alasca sem tecnologia, estava começando a acreditar na teoria. Meu cérebro estava se sentindo menos preso em seu buraco — um estado que eu comparava com um papa-léguas usando metanfetamina cristal, vagando de forma demente de uma coisa para outra — e mais como se pertencesse a um monge após um mês em um retiro de meditação. Eu apenas me sentia melhor. Wilson explicou meus sentimentos da seguinte maneira: "A natureza tem a chave para a nossa satisfação estética, intelectual, cognitiva e até mesmo espiritual."

Não sou o único. Os humanos consideram a natureza como um tipo de Xanax orgânico há muito tempo. Os egípcios, por volta de 1550 a.C., por exemplo, tinham uma rede complexa de "jardins de prazer" projetados com o objetivo de desestressar. Ciro, o Grande, encomendou, por volta de 500 a.C., jardins para a populosa capital da Pérsia (atual Irã) para melhorar a saúde dos cidadãos e aumentar a sensação de "calma" em sua cidade. Desde então, quase toda civilização teve parques e jardins, lugares onde a humanidade fica um pouco mais alegre ao gastar tempo e empreender esforços trabalhando na terra apenas para, mais tarde, admirar as plantas.

Mas a ciência considerou, em grande parte, que essas ideias, e a hipótese da biofilia, eram uma disciplina tão plausível quanto a astrologia. Quaisquer benefícios da natureza, pensava a maioria, eram apenas um subproduto do que as pessoas fazem na natureza — normalmente algum tipo de exercício, como caminhar por trilhas — em vez de algum tipo básico de relação íntima que desenvolvemos como, por exemplo, o esfagno. Então vieram os japoneses.

No começo dos anos 1980, enquanto o Japão estava se urbanizando e focando a tecnologia, a agência florestal do país criou um programa de bem-estar baseado na natureza. Eles até mesmo cunharam um termo de marketing, *shinrin-yoku*, que se traduz para "banho de floresta". Essencialmente, o programa promovia sentar-se ou caminhar na floresta para "absorver" a natureza.

O governo japonês disse a seus cidadãos que melhorassem sua saúde ao fazer um banho de floresta. Eles até mesmo criaram parques pelo país com esse intuito. Assim, os cientistas japoneses começaram a sondar se o programa financiado por impostos tinha qualquer efeito positivo. Desde então, eles publicaram uma enxurrada de estudos sobre o shinrin-yoku — e transformou a biofilia de hipótese em parte das ciências naturais.

Um dos estudos japoneses descobriu que as pessoas que passam cerca de quinze minutos sentadas, para então caminhar pela natureza, experimentaram todos os tipos de queda nas medidas que preocupam os médicos. Leituras de pressão sanguínea, frequência cardíaca e níveis de hormônios do estresse caíram. Em outro estudo, pessoas com os maiores níveis possíveis de estresse sentiram uma queda significativa na ansiedade, na depressão e na hostilidade depois de apenas duas horas na floresta.

Os cientistas japoneses estão tão confiantes no poder da natureza que tiveram a coragem de levar até a floresta grupos de pessoas com doenças no coração, nos rins e no sistema imunológico. As pessoas perambularam e se sentaram, se "banhando" na floresta de modo geral.

Todos os grupos mostraram melhoras. As pessoas com doenças no coração viram os níveis da pressão sanguínea caírem ao nível de uma pessoa que os médicos considerariam saudável. Diabéticos tiveram níveis de açúcar no sangue próximos do número normal. As pessoas com sistema imunológico fraco começaram a produzir 150% mais células *natural killers*. Essas são as células que, naturalmente, matam as infecções que estão tentando matá-lo.

Desde então, os japoneses fizeram mais de cem estudos sobre shinrin-yoku. Suas descobertas, quase sempre positivas, incitaram uma tendência global de pesquisa.

O mundo está cheio de pessoas doentes. E esse número cresce rapidamente quanto mais nos aproximamos de um sofá ou uma fonte de refrigerante. As taxas de doenças crônicas físicas e mentais estão decolando no planeta inteiro, mas o modo como lidamos com nossos doentes não é perfeito. Tratamos sintomas e não as causas, enchendo as pessoas de comprimidos caros que vêm com efeitos colaterais espantosos. Por exemplo, aprendi em um comercial recente para a medicação antidepressiva Abilify, que alguns dos efeitos colaterais é "derrame em pessoas mais velhas, que pode levar à morte; síndrome neuroléptica maligna; movimentos corporais incontroláveis; problemas com metabolismo, como alto nível de açúcar no sangue e diabetes; níveis de gordura aumentados no sangue e ganho de peso; impulsos incomuns, como apostar, comer em excesso, fazer compras e impulsos sexuais compulsivos; convulsões; dificuldade para engolir" etc.

Uma caminhada na floresta é de graça. E, até onde sei, não está conectada a movimentos espásticos não planejados ou impulsos para sair correndo até a loja da esquina gastar suas economias em raspadinhas e então transar com o atendente que as vendeu para você. Talvez o mais agradável de tudo é que ser tratado pela natureza não requer que você pechinche com um representante evasivo do plano de saúde.

Pelo mundo, há uma rede de pesquisadores da natureza legítimos que estão estudando todos os modos pelos quais a hipótese da biofilia pode melhorar os humanos da cabeça aos pés. Eles estão provando que o mundo exterior é um antídoto potente às condições humanas modernas de doença crônica e excesso de estresse, estímulos e trabalho. Eles também estão descobrindo como pessoas reais com empregos, filhos e compromissos podem incluir facilmente a natureza em suas vidas ocupadas.

Alguns meses antes de chegar ao Alasca, viajei até Boston para me encontrar com uma dessas legítimas cientistas da natureza. Ela tem uma grande ideia, uma abordagem de três etapas para ajudar a fazer uma revisão em nossa saúde e felicidade. E também acha que é possivelmente o melhor jeito de recuperar nossos cérebros zumbis dos efeitos anestesiantes do mundo moderno, nos fazendo mais felizes e deixando nossas vidas com um pouco menos de sofrimento.

O CAMPO DOS CIENTISTAS DA NATUREZA COSTUMA SER CHEIO DE ABRAÇADORES DE ÁRVORE QUE eram bons no colégio. Dois que ganharam notoriedade, por exemplo, vivem um modo de vida entre cientista e recluso do século XIX. Eles não têm celulares e moram em casas fora da rede de telecomunicações. Sem internet.

Mas eu estava em Boston para conhecer uma que não se encaixava bem nesse molde: Rachel Hopman. Vestindo jeans, uma camiseta e tênis rosa de corrida, ela estava sentada em uma rocha, curvada sobre o celular e deslizando o dedo pela tela.

Na minha cabeça, ouvir de um conspiracionista tecnológico prestes a se aposentar que você precisa sair mais e usar o celular menos é uma coisa; outra coisa bem diferente é ouvir essa mensagem de Hopman, que nasceu em 1991, recebeu o primeiro celular aos quinze anos, não cresceu em uma família que saía muito e ama uma boa maratona no iPhone. "Eu nunca havia acampado até ser forçada a isso na graduação", ela me disse. Nós começamos caminhando pelo Arnold Arboretum, um parque de 114 hectares projetado por Frederick Law Olmsted a cerca de 8 quilômetros ao sudoeste de onde os revolucionários despejaram o chá no porto de Boston.

Sabemos que passar tempo na natureza é bom, mas a pesquisa de Hopman está examinando quais são as doses que precisamos ao longo dos dias, meses e anos para alcançar resultados ideais. E, tão importante quanto, se usar nossos dispositivos eletrônicos altera esses efeitos.

Ela percebeu que ainda segurava o celular e sorriu. "Atualmente, meu celular me notifica sempre que o pego mais de sessenta vezes ou tenho mais de duas horas e vinte minutos de tempo de tela", disse. "Isso é mais do que algumas pessoas esperam, dado o que eu pesquiso." Ela também admitiu que costuma atingir esse limite cedo no dia, mas diz "que se dane" ao continuar usando. Para ela, a questão não é negar o quanto aquele pequeno retângulo eletrônico é incrível, é sobre entender o que perdemos quando o usamos.

Caminhávamos entre árvores de bordo e abedo, com trinta metros de altura plantadas no final dos anos 1800, enquanto me contava sobre sua pesquisa. Em 2016, ela liderou um estudo que descobriu que algo tão inofensivo quanto uma caminhada de vinte minutos por um parque municipal, como o que estamos agora, pode causar mudanças profundas na estrutura neurológica dos nossos cérebros. Isso nos deixa mais calmos, com mentes mais afiadas, produtivas e criativas. "Mas...", disse ela, "descobrimos que pessoas que usam o celular durante a caminhada não viram nenhum desses benefícios".

Há um pouco de magia em vinte minutos. Isso foi confirmado pelos colegas de Hopman na Universidade de Michigan. Eles descobriram que vinte minutos do lado de fora, três vezes por semana, é a dose de natureza que diminuiu os níveis de cortisol, o hormônio do estresse, com mais eficiência nas pessoas. O porém desse estudo, claro, era que os participantes não podiam levar seus celulares.

Na natureza, o cérebro entra em um modo que Hopman chamou de "fascinação leve". É similar ao modo distraído — mas, com uma importante diferença. "Em vez de divagar e focar de leve o seu interior, você está focando de leve o *exterior*, a natureza ao redor", disse ela. "Você está absorvendo todas essas coisas no mundo externo que são agradáveis de ver, mas elas não o sobrecarregam. Sua rede de atenção está desligada, mas você está consciente do mundo externo."

Se esse tipo de consciência do momento presente se parece muito com algo que iogues buscam, é porque basicamente é isso. Exames de imagem cerebral mostram que essa fascinação leve se parece muito com a meditação. Hopman descreveu como um estado similar ao de atenção plena, que restaura e constrói os recursos que precisamos para pensar, criar, processar informação e executar tarefas. É atenção plena sem a meditação. Uma curta caminhada diária pela natureza é uma ótima opção para pessoas que não estão muito interessadas em sentar e focar a respiração. E, claro, uma caminhada na floresta apenas se torna medicinal quando o celular estiver longe, sem disparar informação para nossos ouvidos.

Na economia atual, na qual as pessoas não podem se desligar dos e-mails de trabalho, entre um quarto e metade de todos os funcionários dizem que estão esgotados. A natureza pode ser a melhor ferramenta de recuperação para essa condição, disse Hopman. Digamos que divagar em casa seja similar a tomar um banho quente depois de uma sessão dura de exercício físico, enquanto divagar na natureza pode ser tomar um banho quente, então beber um shake de proteína e receber uma massagem.

"Volta e meia, depois de uma palestra que dou, alguém vem até mim e pergunta: 'Como é que as pessoas que trabalham vão passar tempo do lado de fora? É, tipo, só mais uma coisa na longa lista de coisas que cientistas me dizem que preciso fazer pela minha saúde'", disse Hopman enquanto saíamos do caminho pavimentado para uma trilha de terra que cortava a mata pantanosa. "Digo a essas pessoas que não precisa ser algo complicado. Apenas caminhar por um parque ou perto de algumas árvores no caminho até uma cafeteria tem benefícios. Quase imediatamente, quando as pessoas estão na natureza ou até mesmo olham para a natureza, elas relatam se sentir melhor e o comportamento delas muda."

Uma dose rápida ideal é vinte minutos, três vezes por semana, disso que vamos chamar aqui de "natureza urbana", encontrada nas cidades, subúrbios e vilas. Mas podemos ser ainda mais preguiçosos do que isso e ainda conseguir benefícios. Hopman começou a disparar fatos sobre o quão pouco de natureza é preciso para nos sentirmos melhores.

"Ter plantas no escritório pode aumentar a produtividade", disse ela. Um estudo — conduzido em múltiplos escritórios com centenas de trabalhadores — descobriu que o aumento na conclusão de trabalhos era de 15%. Os funcionários também disseram que gostavam mais do trabalho.

"Há outra pesquisa que diz que até mesmo ter uma visão de natureza através da janela do hospital ajuda as pessoas a se recuperarem mais rápido", disse Hopman. Essa pesquisa, publicada na *Science*, em 1984, também descobriu que os pacientes em quartos com vista tinham menos complicações, reclamavam menos e não precisavam de tantas medicações para a dor.

"Até mesmo tomar o caminho até o trabalho no qual você vê mais verde é benéfico", disse ela. O estudo reuniu questionários de milhares de funcionários de cidades tanto minúsculas quanto gigantes. Foi descoberto que as pessoas que passam por caminhos com mais verde até o trabalho tinham uma saúde mental melhor.

"E pessoas que moram perto de espaços verdes têm menos risco de todo tipo de doença", disse ela. Uma revisão investigou 143 estudos nesse assunto. Foi mostrado que aquelas pessoas tinham menos chance de ter ataques do coração, derrames e diabetes, além de mais chances de sobrevivência se tivessem câncer.

É por isso que é importante parar de pensar que a natureza, como disse o professor de Yale, Steven Kellert, está "lá fora, em outro lugar". Como se fosse um lugar que existe apenas na *National Geographic* ou em viagens ao Alasca. A natureza costuma estar logo além da janela, no quintal, margeando o quarteirão e naquele parque na rua de baixo.

"As pessoas estão ocupadas...", disse Hopman, "eu entendo". Em alguns dias, você tem uma pilha de trabalho. Uma caminhada no parque parece inviável. Qualquer tempo longe do trabalho parece tempo demais longe do trabalho. "Eu falo com as pessoas sobre os benefícios da natureza para a produtividade e criatividade", disse ela. Pense naquela caminhada do lado de fora como um investimento de alto retorno em você mesmo. Aqueles vinte minutos no parque podem fazer com que você crie, digamos, vinte aplicativos em vez dos dezoito que teria criado se tivesse tentado atravessar o dia em modo de esgotamento. E talvez aqueles aplicativos sejam projetados com mais criatividade.

Vinte minutos, três vezes por semana. É ótimo. Está na base do que alguns cientistas apelidaram de "a pirâmide da natureza". Pense nisso como a pirâmide alimentar, só que, em vez de recomendar que você coma uma determinada quantidade de vegetais e outra de carne, ela recomenda a quantidade ideal de tempo que você deveria passar na natureza e com qual frequência. Amanhã subiríamos um degrau na pirâmide.

Hopman também prometeu revelar o que sua pesquisa descobriu sobre o topo da pirâmide. O ponto mais alto em que nossas mentes são completamente obliteradas, passando por um tipo de reconfiguração profunda.

NO DIA SEGUINTE, ME ENCONTREI COM ELA EM BLUE HILLS RESERVATION, UM PARQUE ESTADUAL de 7 mil acres no sul de Boston. Estávamos subindo uma trilha pedregosa e musgosa há uma hora. Próximos de chegar ao topo. Pense nesse tipo de natureza como "natureza rural". É mais selvagem do que os cenários projetados e lapidados que você encontra em um parque ou no seu quintal, mas não é tão distante. Você pode chegar até lá em uma rápida viagem de ônibus ou carro.

"Qualquer tempo na natureza é benéfico", disse Hopman enquanto chegávamos à crista da trilha. "Mas passar mais tempo em espaços mais selvagens parece trazer mais benefícios." Tempo nessas áreas semisselvagens abrange o segundo nível da pirâmide da natureza. A pesquisa, em parte graças à Finlândia, diz que devemos gastar um total de cerca de cinco horas por mês nesses lugares.

Cerca de 95% dos finlandeses passam tempo em ambientes externos. O país percebeu que os japoneses haviam descoberto algo importante. Então fizeram algumas pesquisas próprias sobre banho de floresta. O governo finlandês fez uma pesquisa com milhares de seus cidadãos, desejando saber qual dose de natureza parecia fazer o maior bem.

A maioria das pessoas na pesquisa disse que se sentia melhor a partir de cerca de cinco horas por mês. Com esse período, as pessoas tinham mais chances de evitar a depressão (é fácil ficar deprimido nos invernos longos e escuros da Finlândia) e ficar mais feliz no dia a dia.

Então o governo deu sequência àquela pesquisa com um estudo legítimo, contrastando um grupo de pessoas em um centro urbano, outro em um parque da cidade e outro em um parque rural. Eles descobriram que os grupos que passavam tempo nos parques da cidade e mais selvagens se sentiam mais tranquilas do que as pessoas largadas no meio da cidade. Nada de chocante nisso. Mas as pessoas em um espaço rural mais selvagem também tinham uma vantagem sobre as pessoas no parque da cidade. Elas se sentiam ainda mais relaxadas e restauradas. O resultado: quanto mais selvagem for a natureza, melhor.

Hopman e eu paramos no topo rochoso da colina, com as árvores atrás de nós e nas laterais. À nossa frente estava uma vista do oceano Atlântico, a quilômetros de distância. A cena era linda o suficiente para que eu parasse de questionar Hopman por um momento. Ficamos ali absorvendo tudo. "Está vendo? Você definitivamente não conseguiria isso em um parque da cidade", disse ela.

Podem existir muitos motivos pelos quais a natureza — principalmente espaços mais selvagens — tem esses efeitos na mente e no corpo. Pode ser porque, na natureza, você está engolfado por fractais, padrões complexos que se repetem várias vezes em tamanhos e escalas diferentes e compõem o desenho do universo. Pense nas árvores (galho grande para galho pequeno para galho ainda menor e assim por diante), sistemas fluviais (rio pequeno para rio maior para rio ainda maior e assim por diante), cadeias de montanhas, nuvens, conchas. "Cidades não têm fractais", disse Hopman. "Pense em um prédio comum. Costuma ser plano, com ângulos retos, pintado de alguma cor desinteressante." Fractais são o caos organizado que nossos cérebros parecem gostar. Na verdade, cientistas na Universidade de Oregon descobriram que as pinturas regadas a álcool e jazz de Jackson Pollock são feitas de fractais. Isso pode explicar por que elas se comunicam com humanos a um nível basal.

Ou podem ser os cheiros da natureza. Ou a luz do sol. Ou apenas o fato de que você está saindo do estresse de sua casa ou escritório. "Provavelmente é uma mistura de muitas coisas", disse Hopman. Coisas que cidades, com ritmo frenético, ângulos retos, barulhos altos, cheiros podres, celulares apitando e listas de tarefas, não oferecem.

Eu fiz as contas enquanto observávamos as águas. "Então... cinco horas. Isso é tipo uma ou duas caminhadas, piqueniques, passeios de pesca ou passeios de bicicleta pela montanha por mês?", perguntei.

"Sim, exato", respondeu Hopman. O que explica por que eu me senti tão relaxado treinando para a viagem ao Alasca. Aquelas caminhadas semanais não estavam apenas preparando meu corpo; também estavam medicando minha mente.

MINHA VIAGEM AO ALASCA ESTÁ NO TOPO DA PIRÂMIDE DA NATUREZA. E, NO FIM DAS CONTAS, O que encantou meu cérebro na viagem é um fenômeno científico verificável. Tem até mesmo um nome cativante: "o efeito dos três dias". Experimentar esse nível requer uma "natureza rural". Uma viagem até os lugares selvagens que começam onde a estrada de terra termina. Lugares caracterizados por sinal de celular ruim, animais selvagens e ausência de banheiros e de outros seres humanos.

Estou contando a Donnie sobre o efeito do meu encontro com Hopman quando chegamos ao acampamento. A tenda é uma grande base triangular preta contra o céu laranja. Nós tiramos as mochilas e as largamos no solo.

"Esse efeito de três dias que ela estuda diz, basicamente, que alguns dias na natureza mudam sua mente para o melhor", conto a ele enquanto vasculho minha mochila atrás da jaqueta. "Mais tempo na natureza parece deixar as pessoas mais calmas, mais em paz, mais presentes, mais apreciativas e mais felizes. Esse tipo de coisa. E o efeito parece durar depois que você vai embora."

"Você acha que é por isso que eu venho para cá?", pergunta ele.

"*Você* acha que é por isso que vem para cá?", respondo.

"Humm...", diz ele, "bem, eu sei que, quanto mais tempo você passa aqui, melhor. Isso com certeza. Mais tempo o beneficia mais como humano; eu vi isso em mim mesmo e nos outros. Eu me sinto mais em paz e começo a me tornar parte da terra, parte do ecossistema. Amo o nascer e o pôr do sol. Amo observar os animais. O que acabamos de ver com aqueles caribus. Isso preenche minha mente e alma. Pensarei naqueles caribus daqui a dez, vinte, trinta anos."

O vento assentou e o rebanho subiu para a segurança de um cume. Ficamos parados observando os pontos pretos no horizonte.

Donnie continua: "Estou sempre tão incrivelmente inspirado quando estou aqui e quando volto para casa", diz. Em seguida, ele se ajoelha, vasculhando a bolsa. Ele pega a própria jaqueta isotérmica. O frio está se estabelecendo agora que paramos de nos movimentar. "Também concordo que essa sensação continua por um tempo."

A pesquisa sobre o efeito de três dias foi estimulada por Ken Sanders, um ícone de Salt Lake City, negociante de livros raros e amigo de longa data do escritor, ambientalista e incrível Edward Abbey.

"Com décadas de rafting no rio desde os anos 1980, há muito tempo tenho ciência da metamorfose ou transformação que acontece no terceiro dia de excursões selvagens", me contou Sanders em sua livraria no centro de Salt Lake City.

Sanders mencionou suas experiências pessoais com o efeito de três dias para David Strayer. Strayer é um viciado extremo na natureza, neurocientista da Universidade de Utah e, acima de tudo, o maior especialista do mundo em como os celulares afetam a atenção e o cérebro.

Para Strayer, a frase era menos um slogan e mais uma lâmpada se acendendo.

Nos muitos anos de Stayer mochilando pelos cânions de rochas vermelhas do sul de Utah, ele próprio havia experienciado essa sensação, a calma, o espectro alterado de pensamento, que parece aumentar a percepção e a paz, bem como parece desacelerar o tempo e o espaço. Ele até mesmo teve conversas com amigos e outros acadêmicos que experimentaram a mesma coisa, mas nunca havia ouvido um período de tempo decretado. Ele se perguntou se o efeito de três dias era algo que poderia estudar.

Strayer tentou fazer isso em 2012. Ele e sua equipe conseguiram adquirir, por meio de conversas, algumas viagens de mochilão da Outward Bound. A regra: sem celulares na mata.

Metade dos estudantes da Outward Bound, na manhã anterior da viagem, fez o RAT de criatividade (o teste no qual três palavras são selecionadas e precisamos descobrir seu denominador comum). A outra metade fez o teste após o terceiro dia sem tecnologia na área rural. As pessoas testadas após a excursão selvagem tiveram um resultado 50% melhor. Strayer pensou que veria uma melhora no terceiro dia, mas 50%? Isso não é acaso.

Foi o suficiente para estabelecer o efeito de três dias como um conceito digno de seguir. A pesquisa tem se avolumado desde então. Outro estudo descobriu que pessoas que passam um punhado de dias remando nas águas da área rural de Minnesota têm um resultado muito maior no RAT comparado às pessoas que fizeram o teste sem sair. Outra parte da pesquisa descobriu que veteranos que passam seis dias em uma viagem rural perceberam seus sintomas de estresse despencarem.

Agora sabemos que o efeito de três dias não vai embora quando estamos de volta em casa. Cientistas na UC Berkeley descobriram que veteranos militares norte-americanos que passam quatro dias fazendo rafting no sul de Utah ainda estavam sentindo os efeitos da atividade uma semana depois. Seus sintomas de estresse pós-traumático e níveis de estresse haviam diminuído 29% e 21%, respectivamente. Seus relacionamentos, felicidade e satisfação geral com suas vidas também melhoraram.

John Muir, em 1901, disse: "Pessoas civilizadas em excesso e com nervos abalados estão começando a descobrir que ir às montanhas é ir para casa; que a mata é uma necessidade; e que parques e reservas montanhosos são úteis não apenas como fontes de madeira e rios irrigadores, mas como fontes da vida."

Três ou mais dias em áreas selvagens são como um retiro de meditação, só que falar é permitido, e a experiência é livre de custos e gurus.

A restauração selvagem do nosso corpo e cérebro costuma acontecer da seguinte maneira: no primeiro dia, os marcadores de estresse e saúde melhoram, mas ainda estamos nos ajustando ao desconforto da natureza. Estamos pensando como é ruim ficar com frio, sentindo falta do celular e ainda focando as ansiedades que deixamos para trás — o que está acontecendo no trabalho e se fechamos a porta da garagem. No segundo dia, nossa mente está se assentando e a consciência está aumentando. Preocupamo-nos menos com o que deixamos para trás e começando a perceber as vistas, os cheiros e os sons ao nosso redor. Então chega o terceiro dia.

Agora nossos sentidos estão completamente ligados e podemos alcançar um modo completamente meditativo de se sentir conectado à natureza. O desconforto não é tão ruim. Na verdade, ele se transformou em uma sensação agradável que sinaliza uma calma e um sentimento de satisfação com a vida.

O que nos traz de volta para Strayer e Hopman. Strayer começou uma turma que se aprofunda nos benefícios psicológicos da natureza. Hopman foi sua aluna de graduação na época. Para finalizar o curso, os dois levavam os alunos para acampar durante quatro dias em uma das regiões mais remotas dos estados norte-americanos conhecidos como Lower 48: Sand Island Campground, nos arredores Bluff, Utah.

Os jovens tinham permissão para levar celulares, mas, de maneira sádica, Hopman não mencionava que não havia sinal de celular em um raio de quilômetros dentro da área de acampamento. Então, os jovens de 18 a 22 anos chegavam, tentavam postar fotos ao ar livre no Instagram, empacavam e então passavam pelos cinco estágios do luto de estar sem sinal. Havia a negação, quando perambulavam com os braços para cima, tentando obter sinal; raiva, quando xingavam o provedor de serviço e jogavam os celulares na tenda; negociação, quando consideravam caminhar até um pico próximo para talvez conseguir sinal; depressão, quando sentiam uma vontade profunda de publicar uma atualização de status, e finalmente aceitação, quando percebiam "ei, eu consigo sobreviver, e esse negócio de ficar sem celular na natureza não é tão ruim assim, no fim das contas".

Em algum lugar entre a negação, a raiva e a negociação, no primeiro dia, Hopman teria amarrado dispositivos complicados de medição de ondas cerebrais nas cabeças dos estudantes. Três dias depois, assim que os estudantes atingiam a aceitação, ela os testava de novo.

As ondas cerebrais dos estudantes no primeiro dia eram ondas beta. Essas são ondas do tipo A, frenéticas e agitadas. Mas no terceiro dia eles estavam nadando no que são chamadas de ondas alfa e teta. Essas são as mesmas ondas encontradas em meditadores experientes e pessoas que caíram em um estado de fluxo sem esforço. Essas ondas raras reconfiguram o pensamento, reanimam o cérebro, amansam o esgotamento e simplesmente fazem com que você se sinta melhor.

"Você não vê as ondas alfa e teta aparecerem em curtas excursões ao ar livre", disse Hopman. "É por isso que fazer uma viagem rural todo ano é tão importante." Nós do mundo moderno estamos surfando ondas altas e violentas do tipo beta com mais frequência do que qualquer outro humano na história. Logo, a mensagem é clara: passar um tempo na natureza é uma maneira e tanto de acalmar o mar turbulento dentro de nossas mentes.

12 LUGARES

AS MANHÃS SÃO especiais. Agora são 7h45 do sexto dia. Eu acordo dentro do meu saco de dormir, que mais parece uma camisa de força para múmias, em cima de uma esteira de dormir inflada com 2,5 centímetros de altura. Minha cabeça está repousada em um travesseiro de roupas amassadas e malcheirosas. A tenda está congelante. Apesar dessas acomodações, tenho dormido de nove a dez horas perfeitas toda noite.

Estou trabalhando duro todo dia, mas meu padrão de sono estelar também tem a ver com a escuridão e o silêncio, de acordo com o médico Chris Winter, neurologista e pesquisador do sono. Um terço dos norte-americanos costuma dormir menos de sete horas por noite. Winter diz que os problemas modernos do sono são causados pelo fato de que raramente estamos em ambientes com escuridão e silêncio adequados — duas qualidades noturnas que evoluíram como necessidades humanas para dormir. O fato de que raramente ficamos exaustos fisicamente também é um fator.

Eu saio do saco de dormir sem fazer barulho, calço os sapatos de acampamento e vou na ponta dos pés até a entrada da tenda. Uma leve tempestade de neve cai das paredes enquanto puxo o zíper da porta. O solo musgoso está congelado, quebrando sob meus pés enquanto ando até o topo da planície acima do acampamento.

Os picos nevados da cordilheira de Brooks são iluminados ao norte. E o céu ao leste é alaranjado e marcado por radiantes nuvens cinza e brancas. Não há ventos.

Ouço apenas o burburinho baixo de um rio distante. E a minha própria respiração. Fico em pé ali por um longo tempo, escutando o nada. Por fim, eu percebo outro som. É meu coração batendo. Ele começa a bater em meus ouvidos. Então posso ouvir os mecanismos internos dos meus pulmões. Isso é, sem dúvida, o maior silêncio que eu já experimentei.

Eu poderia ficar o dia inteiro aqui. Esse silêncio permaneceria inalterado por viajantes, aviões, construções, zumbidos de dispositivos mecânicos e todos os outros ruídos do mundo moderno.

Então percebo outro som. Começa sutil, mas está ganhando volume acelerado. É um sibilo baixo. Eu me viro para encontrá-lo. Nada. Está ficando mais alto. *Whoosh, whoosh, whoosh.* Olho para cima. *WHOOSH, WHOOSH, WHOOSH.* Um corvo está voando diretamente acima da minha cabeça. As suas asas cor de carvão são capazes de, naquele silêncio, produzirem um som como o de um helicóptero Apache.

Não é que as asas dos pássaros em nossas cidades e vilas não façam esse barulho. Ou que os rios, ventos e a vida selvagem por todo canto não emitem seu próprio tipo de música. É apenas que boa parte do som é abafada por todo o barulho que nós, humanos, estamos fazendo. O silêncio do mundo natural é cada vez mais difícil de encontrar.

A QUESTÃO SOBRE O SILÊNCIO É QUE ELE NÃO ESTÁ EM LUGAR ALGUM. PELO MENOS É ISSO QUE A física teórica nos diz. Até mesmo os lugares mais silenciosos são inundados por ruído branco, o som que as ondas eletromagnéticas fazem quando viajam pelo espaço. O ruído branco pode existir mesmo no vácuo do espaço sideral. Você pode não ouvir, mas o ruído branco está inundando-o nesse momento.

No Alasca, estou nadando em ruído branco. E também no som do vento cortando os tussoks de tundra, do solo congelado quebrando sob os pés, do movimento de rios distantes, dos corvos batendo as asas, falando seu dialeto sempre em evolução, dos mecanismos internos do meu corpo e assim por diante.

É um alívio estar longe do barulho com o qual estou acostumado. Em uma manhã antes de chegar aqui, saí para meu pátio e configurei o temporizador para um minuto. Então me sentei em uma cadeira reclinada de madeira, ergui as pernas e apurei os ouvidos. Percebi passarinhos cantando e o vento soprando através das palmeiras. Então ouvi carros correndo, uma porta de carro batendo, uma buzina de carro soando, um avião rugindo, o zumbido da eletricidade, meu cachorro choramingando que era hora do café da manhã e eu deveria terminar esse experimento bobo para alimentá-lo. Pare e escute. O ruído está em todo lugar.

Ao longo do tempo, explica Daniel Lieberman, antropólogo de Harvard, os humanos retiraram do ambiente muitas entradas sensoriais. Por exemplo, sentimos menos mudanças de temperatura. Calçamos sapatos, então nossos pés sentem menos. Sentimos menos cheiros, porque raramente precisamos cheirar a comida para determinar se é segura (e o que cheiramos costuma ser agradável, como sabonete para as mãos) etc. Mas ele disse que essa regra não se aplica à nossa audição.

Os humanos quadruplicaram o ruído do mundo. Cientistas na Universidade de Michigan dizem que mais de 100 milhões de norte-americanos vivem com níveis de ruído maiores do que o que você escutaria ao lado de uma máquina de lavar ou lava-louças em funcionamento. Isso são setenta decibéis.

Na verdade, nós ficamos tão acostumados a viver com barulho que a maioria de nós agora acha confortável o barulho constante, de acordo com um cientista na Austrália. O pesquisador fez com que centenas de estudantes passassem um período em silêncio e escrevessem sobre sua experiência. Quase todos os estudantes disseram que o silêncio os deixou desconfortáveis. "A falta de barulho me deixou desconfortável; na verdade, trouxe uma sensação de apreensão", escreveu um estudante. "Talvez porque a mídia nos rodeia constantemente hoje em dia, temos medo da paz e do silêncio", escreveu outro.

Outra pesquisa descobriu que norte-americanos enxergam a TV cada vez menos como um dispositivo de entretenimento, e sim como uma companheira. Mais da metade de nós mantém a TV ligada enquanto trabalha, cozinha e faz as tarefas domésticas, porque nos sentimos desconfortáveis no silêncio. O desconforto induzido pelo silêncio é um comportamento novo e aprendido, pensam aqueles cientistas australianos.

Os humanos evoluíram em uma paisagem sonora como a que estou experienciando no Ártico. Nossos dias são quietos e qualquer barulho alto costuma sinalizar problema. Como o rugido de um predador ou inimigo, o estrondo de uma tempestade violenta ou o estouro de um deslizamento de rochas.

Nossos cérebros são programados para pensar que barulho alto equivale a perigo. Reagimos liberando adrenalina e cortisol, hormônios do estresse que deflagram a resposta de lutar ou fugir. Nossas doses de hormônios do estresse induzidas por barulho costumavam ser infrequentes, mas salvavam nossas vidas.

Os ruídos de fundo desagradáveis da atualidade induzem a mesma resposta de lutar ou fugir. A diferença é que esses ruídos são quase constantes, o que faz com que nossos hormônios se comportem como uma tortura a conta-gotas. Logo, o barulho constante é mais do que suficiente para nos estressar, de acordo com o Centro de Controle e Prevenção de Doenças dos Estados Unidos. Marinar no estresse traz consequências.

Na verdade, o assassino número um do mundo, a doença do coração, não é apenas uma consequência de excesso de sofá e carboidratos. A Organização Mundial da Saúde descobriu que o fluxo constante de decibéis no qual vivemos está, quase literalmente, tirando anos de nossas vidas. Barulho demais foi responsável por quase 2 mil mortes por ataques do coração na Europa. Isso acontece porque aumentos no estresse podem levar a doenças do coração.

Outra pesquisa mostra que o uso de medicação contra a ansiedade aumenta relativamente 28% para cada aumento de dez decibéis em um bairro. E as pessoas que moram próximas a estradas barulhentas têm 25% mais chances de ficarem deprimidas. Outros estudos mostram que o ruído de fundo também prejudica nossa atenção, memória, aprendizado e interações com os outros.

E a questão é que nós nem mesmo percebemos que o barulho está nos puxando para baixo, de acordo com cientistas da Universidade Cornell. Eles fizeram dois grupos de funcionários de escritório completarem um projeto. Um grupo trabalhou em um escritório silencioso. O outro trabalhou em um escritório em conceito aberto, sem divisórias. O escritório aberto era 50% mais barulhento, graças às perturbações de celulares tocando, ao barulho dos dedos batendo nas teclas, a pessoas falando sobre documentos financeiros etc.

Os funcionários no escritório barulhento disseram que não se sentiram mais estressados do que os funcionários no escritório silencioso, mas os dados dizem outra coisa. Seus corpos liberaram uma quantidade significativamente maior do hormônio do estresse adrenalina e eles completaram menos trabalhos. Eles também estavam menos motivados a trabalhar.

Vale a pena buscar o silêncio. Mesmo que seja desconfortável no início. Onde podemos encontrar o silêncio natural não adulterado? Um ecologista acústico (é um trabalho de verdade, pelo jeito) chamado Gordon Hempton viajou pelo país em busca do silêncio. Hoje ele acredita que existem apenas doze lugares no Lower 48 onde podemos sentar por quinze minutos e não ouvir nenhum ruído criado por humanos. Nenhum zumbido de avião, trem ou automóvel. Nenhuma TV, celulares ou rádios nas alturas; apenas a paisagem sonora natural. Alguns desses doze lugares são pontos em Boundary Waters Canoe Area Wilderness, em Minnesota; Haleakala National Park, no Havaí; e Hoh River Valley, em Washington.

Outros lugares consistentemente silenciosos da América do Norte estão bem ao norte, onde estou: Alasca, o Ártico, Yukon, territórios do Noroeste etc.

Mas só porque o silêncio é difícil de encontrar não significa que não deveríamos buscá-lo. Porque, conforme eu acabaria aprendendo de um velho nerd do som, coisas incríveis acontecem quanto mais as pessoas se aproximam do silêncio. E não precisamos, necessariamente, ir até o Norte para encontrá-lo.

O MAIS PRÓXIMO QUE CONSEGUIMOS CHEGAR DO SILÊNCIO É EM UM PRÉDIO CINZA SEM GRAÇA DO outro lado de um parque municipal. E uma antiga loja de bebidas na rua East Twenty-fifth, nº 2709, em Minneapolis, Minnesota.

Orfield Laboratories, dirigido por Steven Orfield, é uma pequena empresa da região Twin Cities que alavanca o poder da percepção para ajudar empresas a fazerem produtos melhores. A Harley-Davidson, por exemplo, já contratou Orfield para calcular os níveis exatos de decibéis e o tom do motor para dar aos motoqueiros a impressão de que suas motos eram potentes.

O laboratório tem uma longa história de som. Foi o primeiro estúdio de gravação digital do mundo. Prince começou na Orfield Labs. Bob Dylan até mesmo gravou metade de *Blood on the Tracks* lá. Mas certo dia, em 1992, Orfield recebeu uma ligação curiosa que faria com que seu laboratório se tornasse conhecido por outra coisa. O cara do outro lado da linha era outro nerd de áudio que tinha uma dica quente.

"Ele me disse que a corporação Sunbeam, fabricante de utensílios e eletrodomésticos, estava fechando seu laboratório de pesquisa nos EUA", Orfield me contou. "O CEO havia dito aos funcionários pesquisadores: 'Venda tudo que conseguirem se livrar para fazer dinheiro para nós.' Então a Sunbeam estava vendendo uma câmara anecoica com todo o equipamento incluso nela."

Uma câmara anecoica é uma sala completamente silenciosa. O interior contém uma plataforma para ficar em pé. As paredes, o teto e o piso são cobertos por cones de espuma aniquiladores de som. Mas Orfield enfrentaria uma competição dura. "Motorola e IBM também queriam comprar a câmara", ele disse.

Então lá estava Orfield, um fissurado por áudio de Minnesota, com seu sotaque de Minnesota, uma simpatia ingênua e um orçamento limitado. Ele estava lançando uma oferta contra duas das maiores corporações de tecnologia do mundo. Porém, Orfield tinha algo que as duas megaempresas não tinham: nenhuma burocracia e um talão de cheques bem ali em cima da mesa.

"Acho que o CEO da Sunbeam havia dito que a empresa precisava vender todo o equipamento em duas semanas", disse Orfield. "IBM e Motorola não podiam andar tão rápido, então comprei a câmara. Eu não tinha nem o prédio onde colocá-la."

Uma semana depois, três caminhões semirreboque carregados com a gigantesca sala de silêncio chegaram a uma instalação de armazenamento em Minneapolis. A sala ficou lá por sete anos até que Orfield conseguisse o dinheiro para adicionar uma ala ao seu laboratório.

Quando as pessoas entram na câmara pela primeira vez, elas se sentem desconfortáveis com o silêncio, disse Orfield. A falta de ruído é uma sensação diferente de tudo que já sentiram. "Mas então elas começam a se acalmar", contou. E se tornam progressivamente mais pacificadas, a sua percepção do som é recalibrada e começa a assentar. Então elas alcançam a marca de trinta minutos.

"É nessa hora que as pessoas começam a ouvir os sons que seus ouvidos fazem", disse Orfield. "Então, escutam a batida do coração e as articulações nos braços e nas pernas se movendo. Algumas pessoas escutam o fluxo em seus pulmões e o sangue da artéria carótida chegando ao cérebro. As pessoas entram na câmara achando que ouvirão o silêncio, mas o que recebem é o som delas mesmas." A questão sobre o silêncio é que ele não está mesmo em lugar algum.

Mas essa recalibração, esse aguçamento dos nossos níveis mais baixos de percepção, nos deixa calmos e menos ansiosos. Varre do cérebro o barulho estressante no qual vivemos, de acordo com Orfield. "As pessoas entram na câmara e saem dizendo coisas tipo 'meu cérebro não se sentia tão bem assim há anos'", diz ele. "Teve uma pessoa que esteve em um porta-aviões no Oriente Médio. Ele ainda podia ouvir o barulho dos aviões decolando. Ele entrou na câmara. Depois o barulho havia sumido. Ela reconfigurou sua audição de volta ao zero." A câmara anecoica de Orfield, desde então, foi nomeada como o lugar mais silencioso do planeta pelo Guinness World Records.

O silêncio extremo é um tratamento promissor para pessoas que passaram por traumas, especialmente veteranos de guerra que sofrem de estresse pós-traumático. Quando se aposentar, Orfield planeja transformar o laboratório em uma organização sem fins lucrativos que será usada para terapia e pesquisa.

Provavelmente não é prático ficar descansando no laboratório de Orfield. Mas deixar os sons da cidade para trás simplesmente tem benefícios enormes. "Você pega alguém que está em uma cidade e coloca a pessoa em meio aos sons de um parque e ela imediatamente fica mais calma", disse Orfield.

Ouvir os sons naturais com os quais evoluímos parece tocar uma nota calmante dentro de nós. Cientistas no Reino Unido, por exemplo, descobriram que pessoas que escutam sons da natureza, como a água e o vento, reduzem os níveis de estresse significativamente mais do que aquelas que escutam ruídos artificiais.

Também sabemos que buscar o silêncio do dia a dia que vem de desligar os dispositivos pode beneficiar nosso cérebro e corpo. Duas horas do tipo de silêncio que podemos encontrar em casa (talvez com fones de ouvido ou headphones com cancelamento de ruídos, se você mora em uma cidade) resultaram na produção de mais células na área do cérebro que luta contra a depressão. O estudo mostrou que o silêncio caseiro era mais calmante do que ouvir Mozart. Outra pesquisa descobriu que dois minutos de silêncio levou à maior queda nas medidas de relaxamento, como pressão do sangue, frequências cardíaca e respiratória, se comparado a um punhado de outras técnicas de relaxamento. Sim, o silêncio é mais relaxante do que a maioria dos produtos "relaxantes" que os comerciantes tentam nos vender.

OUÇO MINHAS ARTICULAÇÕES GEMEREM ENQUANTO ME VIRO E COMEÇO A CAMINHADA DE VOLTA À tenda. O sol está nascendo baixo e lento no horizonte.

Abro o zíper da tenda. Encontro William mumificado no saco de dormir. Donnie está sentado na beira da esteira. Ele ferve a água em nosso fogão portátil. O vapor se ergue da panela, saindo de sua boca quando ele fala "O que você estava fazendo lá fora?".

"Apenas escutando", digo. "Escutando o silêncio."

"É louco, não é?", diz. "Só o silêncio já vale o preço do ingresso."

PARTE TRÊS

SINTA FOME.

– 4 MIL CALORIAS

"ESTAMOS ENTRANDO NA época das vacas magras, cara!'", William declara enquanto aperta o cinto. O cós da calça se amontoa quando a tira de couro desliza pela fivela de latão.

O tempo ficou nevado na noite passada. Sete centímetros de talco recobrem o solo agora.

Depois de nossa perseguição malsucedida, nos demoramos no cume do acampamento por alguns dias, pensando que os animais viriam até nós. Nada. Ao longo dos dias seguintes, caminhamos quilômetros na direção oposta, pensando que aqueles vales pudessem revelar rebanhos em migração. Nada.

Mas, dois dias antes, em uma localização distante do acampamento, observamos uma mãe caribu e seu jovem filhote escaparem de uma matilha de lobos, por fim trotando apenas a noventa metros de nós. Era um sinal. Um sinal de que os caribus podiam estar a caminho. Hoje voltaremos àquela localização, mas estamos indo devagar até lá.

Após atravessar rios repetidas vezes ontem, todas as botas no acampamento estão duras de congeladas essa manhã. Calçá-las foi um processo de dez minutos. Eu enfiava meu pé o máximo que conseguia no bloco gelado, então esperava até que meu pé derretesse aquela parte da bota o suficiente para que eu avançasse mais alguns centímetros dentro do calçado. E assim por diante. Tempo, pressão e um pouco de calor. As mesmas forças que constroem montanhas e forjam diamantes.

Quando saí da tenda, minhas botas congeladas me fizeram andar como um caubói do faroeste, cheio de rebolado na cintura e nos joelhos.

"Comeremos como reis se o dia de hoje der certo", diz Donnie enquanto damos os primeiros passos para fora do acampamento. "Lembre-se de minhas palavras, rapazes. Comeremos um jantar de bife e Mountain House em dobro." O sol está nascendo com uma geada espessa que recobre tudo. Raios de sol ricocheteiam em bilhões de cristais congelados, deixando a terra um branco cintilante.

"Você acha que conseguiria terminar um bife e dois jantares Mountain House?", pergunto em um tom cético.

"Porra, com certeza eu conseguiria", diz William. "Depois que ficamos presos no Yukon sem comida por quatro dias, imediatamente fomos a um restaurante chinês e pedimos duzentos dólares de pratos de aperitivos que tinham todos os tipos de comida frita como wontons, enroladinhos de ovo, asas de frango, guioza e rangoon de caranguejo. Destruímos a porra toda. DESTRUÍMOS."

As conversas em grupo se concentram cada vez mais em comida. Papos sobre como estamos com pouca e o quanto teremos que racionar. Papos sobre bifes de caribu. Papos sobre nossa primeira parada depois de sair do Ártico: "Moose's Tooth Pub & Pizzeria para comer a melhor pizza do Alasca", declara Donnie. "E vamos nos sentar, pedir o cardápio inteiro e simplesmente *detonar* a pizza."

Estamos enfrentando o que eu chamaria de uma obsessão alimentar induzida pela fome. Agora estamos tão famintos que nossas energias mentais se resumem à comida e ao modo como obtê-la. Esse estado se intensifica quanto mais nos afundamos nesse buraco de fome.

E estamos mesmo nos afundando. Ontem, cada um de nós consumiu 2 mil calorias. Isso é granola para o café da manhã, duas barrinhas de energia para o almoço e um jantar Mountain House. Precisamos três vezes mais do que isso para permanecermos saudáveis. Um dia aqui fora queima cerca de 6 mil calorias, nos deixando com um buraco de 4 mil calorias todo dia. Nosso déficit total caindo cada vez mais no vermelho quanto mais dias passamos sem caribus.

Ontem à noite, no acampamento, nos reunimos ao redor do fogão como um bando de corvos sobre uma presa abatida, esperando juntos pela água ferver para poder despejá-la em nossos pacotes de jantar.

"É engraçado", diz Donnie enquanto estávamos sentados, devorando nossas refeições. "Estamos aqui em busca da proteína mais pura e deliciosa no planeta, e estamos pilhando essa merda ultraprocessada."

Lasanha com molho à bolonhesa era minha escolha de ultraprocessado. A carne moída liofilizada se hidrata em bolotinhas que parecem bosta de veado, enquanto o queijo desenvolve a consistência de uma massa corrida que gruda na colher de plástico e mais tarde precisa ser raspada com a unha.

Mas a fome forçada e profunda dessa caçada faz com que esse prato se torne algo comestível. Até mesmo saboroso.

"Depois de uma caçada de ovelhas muito árdua em Tok, eu saí da mata faminto, mas todos os estabelecimentos locais haviam fechado. Fui forçado a passar uma noite de merda em um contêiner Conex abandonado e infestado de ratos", contou Donnie enquanto comíamos. "Encontrei um pacote de biscoito saltine que estava lá há anos. Ponderei por cinco segundos e comi tudo. Naquele momento, eles estavam incrivelmente gostosos." A fome, pelo visto, é o melhor molho.

Cheguei ao final do meu pacote de jantar cedo demais. Ainda me sentia vazio quando voltei para a tenda.

Ali eu me agachei para conferir quantas barrinhas de proteína eu tinha, contando e recontando como se faz com a munição antes de um tiroteio. Meu ritmo de comer duas por dia é insustentável, então guardei uma barra no fundo da bolsa para o dia seguinte. Não queria que ela estivesse acessível, onde poderia me sentir tentado a comê-la mais cedo. Em seguida me deitei, ansioso pelo café da manhã dali a dez horas. Eu ia dormir cada vez mais faminto toda noite. A fome vem em ondas — fazendo a crista e quebrando ao longo do dia. Mas à noite, quando não tenho nada a fazer a não ser pensar em comida, a fome bate com força, se embrenhando fundo no estômago e na garganta.

ANTES DESSA VIAGEM AO ALASCA, ACHO QUE EU NUNCA TIVE UM PROBLEMA DE VERDADE COM A fome. A comida sempre esteve disponível. E eu costumava comer porque era hora do café da manhã, do almoço ou do jantar. Ou porque eu estava estres-

140 • A CRISE DO CONFORTO

sado ou entediado. Ou porque a comida simplesmente estava ali. Os japoneses chamam isso de *kuchisabishii*. Literalmente significa "boca solitária". A expressão descreve nosso ato constante e desatento de comer. Não conseguia me lembrar da última vez em que tive uma fome de afundar o estômago que durasse mais do que um dia.

A insegurança alimentar, definida como não ter acesso garantido à comida, é um problema nos Estados Unidos — particularmente entre crianças, que dependem dos outros para comer. Mas o problema maior parece ser uma epidemia de muitos de nós nunca sentir que estamos com fome. Como apontei no Capítulo 3, mais de 70% do país está acima do peso ou obeso — projetando alcançar 86,2% até 2030. E em média a obesidade tira de cinco a vinte anos da vida de uma pessoa, de acordo com um estudo na revista acadêmica *JAMA*.

Comer por razões além da fome combinado com o acesso sem esforço à comida ultraprocessada rica em calorias baratas está criando um país que se parece muito com os passageiros na espaçonave em *Wall-E* — inchados e letárgicos.

Ainda assim, as soluções apresentadas para esse problema são confusas e complicadas. Eu escrevi e fiz reportagens regulares sobre pesquisa em nutrição e cultura da dieta por anos. Por isso, até mesmo como um tipo de especialista nessa área, penso que é cada vez mais difícil saber qual informação é útil de verdade. Essa confusão se deve, em boa parte, ao lobbying, à pesquisa e ao dinheiro de marketing gasto pelas grandes empresas de nutrição.

Em um mês, um estudo científico mostra que carboidratos — ou gordura, ou carne ou açúcar — são bons para nós. No mês seguinte, outro estudo sugere que não, na verdade eles estão nos matando. Em um ano, uma dieta de nome esperto ganhará popularidade ao dizer que tem "O Segredo" que ninguém está nos contando. No ano seguinte, outra dieta tomará a dianteira ao pregar que toda dieta que veio antes está errada, sendo *ela* detentora de alguma fórmula cobiçada na perda de peso e na boa forma física.

E os chamados especialistas não esclarecem as coisas. Cientistas de nutrição são separados em facções de guerra. E podem estar tão enraizados em suas trincheiras ideológicas que é difícil descobrir quem está certo. Um vigilante de má conduta científica que entrevistei descreveu o mundo da ciência da nutrição como "os Hatfields e McCoys na guerra civil norte-americana, só que há umas cinco famílias e, se eles não se odiarem, são ótimos atores".

E o que esses cientistas estudam costuma ser vago, muito distante ou impraticável para uma pessoa real com problemas reais. Pesquisadores, afinal, não ajudam as pessoas a perder peso no mundo real.

Nutricionistas, é claro, trabalham com pessoas de verdade, mas muitos não compreendem a fundo as estruturas biológicas. Geralmente estão ocupados demais regurgitando pseudociência de dietas da moda: "dieta de pouca gordura: a gordura é o problema, não coma gordura"; "dieta cetogênica: carboidratos são o problema, não coma carboidratos"; "dieta paleolítica: alimentos de fora da era paleolítica são o problema, coma apenas o que um homem das cavernas comeria"; "dieta carnívora: comidas que não são carne são o problema, coma apenas carne"; "dieta do Mediterrâneo, de Okinawa ou nórdica: comida de outros lugares são o problema, então coma apenas comida do Mediterrâneo, de Okinawa ou da Escandinávia".

E esses nutricionistas costumam sugerir que, se não seguirmos seus planos de alimentação complicados e restritivos, então somos preguiçosos ou não temos força de vontade. Talvez ambos (como se as pessoas fossem robôs alienígenas que não fazem ideia do que é saudável e não é, por isso precisam apenas de uma lista nem um pouco prática de alimentos mágicos para serem bem-sucedidas).

Para completar, tanto cientistas quanto nutricionistas costumam receber financiamento de diferentes indústrias (que eles não costumam divulgar). Isso, como mostram as pesquisas repetidas vezes, leva a estudos e recomendações em favor da indústria (como a da carne, a de laticínios e a dos grãos) que assina o cheque.

E eis a questão: há cerca de 2.300 anos, os humanos descobriram que a quantidade de alimento que ingerimos tem algo a ver com o tamanho do nosso corpo. Poderíamos ter parado as pesquisas naquela época, mas desde então temos gastado bilhões de dólares provando repetidas vezes que os antigos estavam certos: consumir menos de alguma coisa — carboidratos, gordura, açúcar, etc. — nos faz comer menos e, portanto, perder peso.

E também sabemos que todas as dietas funcionam até pararem de funcionar. O que é, de acordo com uma grande pesquisa feita no Reino Unido, uma média de 5 semanas, 2 dias e 43 minutos. É nesse estágio que desistimos. E lentamente voltamos ao nosso estado prévio.

142 • A CRISE DO CONFORTO

Por quê? É nessa hora que o desconforto se estabelece. As pessoas costumam falhar depois de algumas semanas porque seus corpos lutam para trazê-las de volta ao ponto de partida. Quando a gordura do corpo diminui o suficiente, o cérebro responde, deixando-o com mais fome enquanto, ao mesmo tempo, diminui o quanto você se sente satisfeito com as refeições. Recentemente uma equipe no NIH descobriu que, para cada quilo que uma pessoa perde, por exemplo, seu cérebro aumenta de modo inconsciente a fome. Isso faz com que a pessoa coma cem calorias a mais. Se nossos corpos não tivessem desenvolvido esses mecanismos de defesa, nós provavelmente não teríamos sobrevivido a prova árdua da evolução.

É por isso que dietas da moda não estão resolvendo o problema de peso do país. Não é informação e conselho que fazem falta (afinal, dietas da moda funcionam quando são seguidas a longo prazo e de modo consistente). É nossa incapacidade de persistir frente ao desconforto da fome — um estado necessário para a perda de peso. Apenas 3% das pessoas que perdem peso em um dado ano conseguem se manter assim. O segredo delas não é nenhuma comida ou exercício especial que ninguém mais tem; é a sua capacidade de ficar confortável com o desconforto.

Alguns anos atrás, encontrei por acaso uma nova e inesperada voz no campo da nutrição. Ouvi sobre ele primeiro como se estivesse ouvindo sobre um clube da luta no submundo, porque foi descrito para mim como "um *forasteiro* que estava por dentro". Eu estava fazendo uma reportagem sobre uma história complexa de saúde e havia começado uma nova busca para encontrar uma resposta satisfatória sobre os efeitos de alimentos processados na saúde.

Depois de muitos telefonemas em vão, uma fonte PhD me passou um nome, Trevor Kashey. E também um endereço de e-mail comum. "Esse rapaz provavelmente lhe dará uma boa resposta", disse ela. "Ele entende a ciência em um nível muito profundo, mas está do lado de fora dela. Ele não foi incorporado na máquina do jeito que muitos especialistas em nutrição foram, que não conseguem enxergar fora dela."

Um forasteiro esclarecido. Alguém que, como a fonte descreveu, "é capaz de se embrenhar no buraco do coelho, tanto quanto for possível, mas que também é capaz de capturar as coisas de modo extremamente sucinto, elegante e belo, e sabe exatamente o que priorizar para as pessoas reais. E também aceita qualquer dieta ou modo de comer que você queira tentar". Nenhum viés ideológico. Nenhum financiamento de indústria.

Apenas, conforme eu aprenderia, um reconhecimento de que o desconforto é inerente à mudança física — seja perdendo peso ou alimentando um objetivo atlético — e um guia inovador para ajudar as pessoas a ganharem o jogo interno da fome.

E a abordagem estava funcionando. Os clientes de Kashey haviam perdido — e mantido essa perda — um total de 111.537kg em que trabalharam durante uma média de dois anos. Eles foram embora apenas porque Kashey ofereceu as ferramentas para tomar posse de seu desconforto e reconfigurar permanentemente seus hábitos alimentares. Enviei um e-mail a ele, solicitando uma conversa. Então recebi uma resposta às três horas da madrugada dizendo que a discussão aconteceria melhor via webcam. Mas, conforme explicou, ele estava no Azerbaijão, trabalhando com o time olímpico de lutas esportivas do país. Logo precisaríamos encontrar um horário que funcionasse para ambos os fusos.

O vídeo apareceu bastante pixelado. Já o homem do outro lado não combinava bem com os nutricionistas monótonos de jaleco branco e óculos com os quais eu estava acostumado. Ele tinha vinte e poucos anos, um moicano e barba. "Jesus! É ótimo ouvir inglês norte-americano", disse ele. "E como posso servi-lo hoje, senhor?"

Comecei com a mesma pergunta fácil que fazia a todas as fontes entrevistadas para a história: "Por que a comida processada não é saudável?"

Ele olhou para mim como você imaginaria alguém olhando para um terraplanista. "Mas será que não é?", perguntou ele e pausou.

Ergui as sobrancelhas ao dizer: "Hummm..." Enquanto isso, tentava descobrir como responder.

"Vamos voltar uns passos", ele continuou. "Você sabe *por que* nós processamos a comida?" "Bem...", eu disse. "Porque..." Não completei a frase. Aparentemente eu não sabia.

"Existem basicamente três motivos", disse ele. "A prioridade número um é manter a comida segura, a próxima é transportá-la para áreas que não podem cultivar o próprio alimento, e a terceira é manter a textura, o sabor e o conteúdo de minerais e vitaminas. Por exemplo, a carne começa a apodrecer se não a resfriamos, não a cozinhamos ou não a salgamos imediatamente, o que são todas maneiras de processá-la. Vegetais e grãos costumam ser tratados com pesticidas, limpos, cortados, passar por congelamento instantâneo, branqueados ou enlatados para manter o frescor. Então se você acha que comida processada é ruim, bem, me diga: o que você acha que aconteceria se não processássemos o alimento?"

Fiquei sentado ali, com os olhos espremidos, processando a informação enquanto ele continuava.

"Processar a comida é verdadeiramente o pilar da civilização humana. Caçar, buscar provisões e plantar conseguem resolver até certo ponto. *Guardar* a comida é a parte difícil. Antigamente, você só poderia plantar o alimento em alguns meses do ano e, então, rezava para qualquer entidade que idolatrava para que a comida não estragasse ou fosse devorada por insetos até a próxima estação de cultivo."

Ele continuou enquanto homens arzebaijanos gigantescos e suados arrastavam-se ocasionalmente por atrás dele na tela. "Ninguém nunca tem essas conversas porque as pessoas estão muito desconectadas da comida e da cadeia de abastecimento de alimentos", disse ele. "As pessoas acham que carne e pepinos frescos apenas aparecem magicamente. E, sejamos sinceros, os nutricionistas pop conseguem muito mais cliques e vendem muito mais livros ao convencer as pessoas que a comida é tóxica.

"Mas...", ele continuou, "eu *acho* que você está perguntando mesmo sobre *fast-food*. Não é isso? As pessoas costumam misturar 'processado' com 'fast-food'".

"Sim!", disse aliviado de não estar mais com a batata quente.

"A comida processada nem sempre é porcaria, mas a porcaria costuma ser processada. Eu acho, sim, que o fast-food não é saudável, mas não é porque o açúcar é 'tóxico' ou qualquer besteira dessas", disse ele. "É principalmente porque ela é mais densa em calorias, satisfaz menos e tende a levar a pessoa a comer além da conta e ganhar peso. E estar acima do peso ou obeso é um dos maiores fatores de risco para doenças."

O resto da conversa se desenrolou desta maneira: ele me levou a descobrir onde estavam minhas suposições e como eu dependia de narrativas populares e sensacionalistas sobre comida para obter informação legítima. Então ele cortava ao meio o que eu pensava que sabia, dando uma resposta prática, mas com nuances, pintada em tons de cinza, em vez do preto ou branco que eu costumava ouvir.

Eu terminei a chamada me sentindo mais inteligente e mais burro ao mesmo tempo. Mais burro porque as falhas em meu pensamento antigo haviam sido expostas. Mais inteligente porque aprendi a pensar sobre comida de um jeito mais atento aos detalhes.

Começamos a conversar regularmente. Por fim, aprendi que Kashey é um tipo de prodígio da dieta. Ele obteve o diploma de graduação aos 17. Aos 23, obteve doutorado em transdução celular de energia (basicamente como a energia se move através dos seres vivos, uma base para entender a nutrição humana e a performance atlética). Seu QI gira em torno de 160. Nível de gênio.

Uma especialista — Dra. Krista Scott Dixon, diretora na Precision Nutrition, a maior empresa de coaching de nutrição online do mundo, que trabalha com times profissionais de esporte como o San Antonio Spurs, Houston Rockets, e Seattle Seahawks — se referiu a ele como um "gênio excêntrico, incrível e com uma mente brilhante". Apesar de seus anos de treinamento e trabalho com nutrição, ela contratou pessoalmente Kashey. "Perdi 4,5kg em seis meses, em um corpo de 1,5m de altura, que já era razoavelmente saudável e com bons hábitos", disse Scott Dixon. "E eu me mantenho assim desde então."

Kashey fez um serviço conduzindo pesquisa no Translational Genomics Research Institute de Phoenix. Porém ele nunca foi muito um cara de laboratório. Ele está mais preocupado em ajudar pessoas reais a alcançar objetivos radicais. Preocupa-se com isso desde os treze anos.

Quando era adolescente, ele se enfiava no canto da biblioteca para ler periódicos acadêmicos e livros científicos. Então, levava aquela sabedoria para aplicar à nutrição e à performance humanas. Isso ajudou ele e seu pai a ganharem competições de fisiculturismo e strongman.

Rumores sobre esse adolescente sábio e bombado logo circularam. Não demorou até Kashey se tornar um recurso. Além de consultor para a comunidade underground de treinamento de Phoenix.

A palavra se espalhou além do deserto de Sonora. Ele se tornou popular em círculos nacionais da elite do mundo fitness — fisiculturistas, strongmen, ultracorredores, triatletas, Navy SEALs etc. "Eu estava pegando as pessoas que tinham relativamente uma boa forma e transformando-as em verdadeiros monstros", disse ele. Essas pessoas passaram de competidores de nível médio para mutantes: os vencedores de suas respectivas categorias. Quando estava chegando ao final do doutorado, ele precisava lidar com telefonemas de times olímpicos (ele ajudou um time a ganhar dezesseis medalhas nos Jogos Olímpicos de 2016), atletas de alto calibre e CEOs.

Após anos de conversas regulares com o cara, eu precisava finalmente viajar para sua base em Austin, no Texas, conhecê-lo pessoalmente para descobrir o que mais poderia absorver dele. Então eu me encontrei em pé na sua porta de entrada com a bagagem e muitas questões. E lá estava ele: 1,80 metros de altura, 117 quilos de músculo, com a cabeça raspada e uma barba densa de viking. Ele estendeu a mão enorme. Veias grossas subiam seus braços. Ele sempre aparentava ser meio intimidador em nossas chamadas por vídeo, mas pessoalmente ele era como um brutamontes do Hell's Angels.

"O CIENTISTA EM MIM SEMPRE DIZIA 'OK, PARA DESCOBRIR COMO LEVÁ-LO AO PONTO B, precisamos encontrar o ponto A'", disse Kashey depois de nos acomodarmos em seu escritório e eu perguntar como ele começou a desenvolver seus métodos. Os mesmos métodos que ele ainda usa. "Eu nunca acreditei que as pessoas deveriam estar fazendo mais coisas ou coisas novas. Tentar continuamente adicionar mais coisas em cima do que você já está fazendo para sempre experimentar coisas novas brilhantes quase nunca é a resposta. Isso só adiciona mais uma camada de estresse e complicação. Acredito que as pessoas deveriam estar fazendo menos, eliminando limitadores de progresso. É mais eficaz modificar os padrões de comportamento e pensamento que estão impedindo-o de progredir", disse Kashey. "Porque o seu progresso só é tão bom quanto o seu limitador mais óbvio, certo?"

Com isso em mente, Kashey abordou a nutrição de uma pessoa como ele abordaria qualquer outro experimento científico: reunindo dados. Cada pessoa rastreou estes relatos:

- O quanto comeram e o que comeram. Isso envolveu pesar toda a comida que a pessoa comeu para saber o tamanho verdadeiro das porções e, portanto, das calorias.
- Sua rotina típica.

- Seus horários de sono.
- Seus níveis de estresse e energia.
- Seu peso diário.
- Seus exercícios físicos e a contagem de passos.

"Eu rapidamente 'resolvi' centenas de problemas apenas ao melhorar a consciência da pessoa sobre seu próprio comportamento", disse ele. "Tive a ideia de fazer isso pelo efeito Hawthorne." Um fenômeno comportamental descoberto em 1958 que descreve como as pessoas transformam o modo como agem quando sabem que estão sendo observadas. "É um aborrecimento para cientistas acadêmicos que buscam um controle completo, mas é parte integral da minha ciência empírica, com a qual busco devolver o controle às pessoas", disse Kashey.

Sua abordagem rapidamente destacou um dos maiores obstáculos para a perda de peso: a lacuna entre o quanto uma pessoa pensa que está comendo e o quanto ela realmente está comendo.

Achamos que entendemos como e por que fazemos as coisas que fazemos, especialmente nossas decisões diárias, como comer. O que você comeu ontem? Quanto, exatamente? Você tem *certeza*? A pesquisa mostra, consistentemente, que as pessoas são péssimas em estimar o tamanho das porções — particularmente quem têm dificuldades com o peso. Pesquisadores associados com a Clínica Mayo atestaram recentemente que nossa lembrança do que comemos "tem pouca relação" com o que comemos de verdade. Mas cálculos errados feitos por pessoas acima do peso são, em média, 300% maiores do que os de pessoas magras. Uma análise descobriu que pessoas com peso saudável subestimaram seu consumo diário de calorias por 281 calorias, enquanto pessoas obesas subestimaram por 717, o equivalente a uma refeição combo da Taco Bell.

Um estudo, hoje famoso, de 1992, no qual pessoas acima do peso se declaravam incapazes de perder peso apesar de estarem inteiramente convencidas de que estavam comendo "apenas mil calorias por dia" descobriu, via mensurações precisas, que aquelas pessoas na verdade estavam consumindo o dobro disso. O que é como dizer "opa, comi metade de uma pizza e esqueci".

Tive que perguntar a Kashey: "As pessoas não acham estranho pesar e registrar cada grama de comida?"

Ele respondeu dando de ombros. "Nasci um cientista. Comecei a reunir dados por meio de medições porque estava acostumado a fazer experimentos — é isso que você faz quando está tentando aprender algo novo. Nunca passou pela minha cabeça que as pessoas achariam estranho", disse ele. "Mas pense no seguinte: todo mundo mede a comida de algum jeito. De que outra forma você determinaria uma porção? Mas elas fazem isso de modo subconsciente, sem precisão. Ok, muitas pessoas acham estranho medir as coisas. Muitas pessoas também são doentes, gordas, pobres, lentas e ignorantes por não medir."

Em 2017, assumi consciência da minha própria ignorância quando revelei minha alimentação a Kashey para uma história. Eu estava com 84 quilos há uma década, apesar de tentar praticamente todo tipo de abordagem para reduzir meu peso. Minha boa condição física era consistente — terminei entre os melhores 2% de algumas meias maratonas grandes, e era forte, mas também não era tão esguio quanto queria ser (e quem é?). Além disso, meu IMC estava no limiar entre o saudável e a obesidade. E meus quadris costumavam doer depois de longas corridas.

Na época, eu estava comendo o mesmo almoço todo dia: um shake de proteína e uma maçã cortada com uma porção de pasta de amendoim. Era barato, gostoso e levava zero esforço para preparar. Eu sempre achei que era uma escolha esperta, entregar quase quinhentas calorias e um bom equilíbrio de carboidratos, gordura e proteína. Então eu pesei minha pasta de amendoim pela primeira vez.

O que eu pensei ser uma porção de pasta de amendoim era na verdade três porções, ou 600 calorias. O "almoço leve" que estive comendo por anos entregava o equivalente calórico de um Big Mac com fritas média. "Quando você aprende o quanto uma porção de pasta de amendoim é de verdade", disse Kashey, "é de esmagar o espírito".

Nossa ignorância combinada ao acesso a infinitas quantidades de comida barata e ultraprocessada se acumula. Uma equipe de cientistas do NIH descobriu que aumentar cem calorias extra por dia — ao queimar menos ou comer mais — por três anos adicionam 4,5 quilos à pessoa média. A mesma equipe do NIH recentemente descobriu que a obesidade começou a decolar em 1978, quando norte-americanos adicionaram uma média de 218 calorias extras por dia (em grande parte porque fizemos mais lanches e nos movimentamos menos). Apenas esse número — o equivalente a treze tortillas — é, eles acreditam, o suficiente para explicar o boom da obesidade.

ENTENDER UMA PORÇÃO DE VERDADE – E NÃO AS PORÇÕES QUE INDUZEM AO COMA DIABÉTICO COM as quais nos acostumamos no mundo moderno — foi um primeiro passo crítico e esclarecedor para os clientes de Kashey. Então chegou a hora de descascar mais camadas para mergulhar nos outros dados que foram rastreados: aqueles fatores do estilo de vida como sono, estresse e níveis de atividade.

Kashey sabia que, mesmo que o ganho ou a perda de peso sejam movidos principalmente pela quantidade de comida consumida, essa quantidade é movida por tudo que está acontecendo em sua vida. Pense nisto: as pessoas comem 550 calorias — uma refeição extra inteira — após noites em que dormiram apenas cinco horas em vez de oito, de acordo com a pesquisa conduzida pela Clínica Mayo.

Outro experimento descobriu que 40% das pessoas come significativamente mais quando estão estressadas. E elas não estão se esbaldando com suco de clorofila. Pessoas estressadas eram mais propensas a lanchar M&Ms em vez de uvas. Isso é graças a outro mecanismo evolutivo de sobrevivência.

Kashey explicou que os humanos têm, fundamentalmente, dois motivos para comer. Em nome da simplicidade, vamos chamá-los de fome verdadeira e fome de recompensa. A primeira é ativada quando o corpo exige comida para funcionar. Ela preenche uma necessidade fisiológica. É como se o corpo estivesse com o tanque de gasolina vazio.

A segunda é impulsionada por um gatilho psicológico ou ambiental. A fome de recompensa é ativada quando o corpo precisa mesmo de comida e está passando por uma fome verdadeira, senão não comeríamos. (Isso é como sexo. Se o sexo não fosse prazeroso, não seríamos levados a procriar.) Mas a fome de recompensa também aparece com mais frequência sozinha, na ausência da fome verdadeira. Ela aparece porque um relógio disse que era hora, porque comer diminui o estresse, porque estamos celebrando ou porque a comida simplesmente está ali, então por que não comê-la? Por isso ela preenche uma vontade psicológica.

A fome verdadeira é um diálogo honesto entre o cérebro e o estômago. Nossos estômagos são revestidos por mecanorreceptores que se comunicam com o cérebro para sinalizar que estamos satisfeitos. Quando o mecanorreceptor registra que o estômago está com pouca comida, o estômago produz um hormônio que induz a fome, chamado grelina. Enquanto isso, outro hormônio cai, chamado leptina, que exerce o papel oposto ao da grelina, sinalizando que estamos satisfeitos. Então nosso corpo e nossa mente nos assolam com o desconforto — nosso estômago parece vazio e costumamos ficar irritáveis, com a cabeça nebulosa por sentir uma fome raivosa. Nosso corpo também libera os hormônios do estresse cortisol e adrenalina, que deflagram uma resposta de lutar ou correr. Isso foca nosso cérebro na busca por comida.

Assim que comemos, nosso cérebro libera dopamina, nos recompensando pelo comportamento. Isso cria um circuito que associa a comida com a dopamina.

Mas muita vezes o diálogo complexo não é tão honesto. Grelina, o hormônio da fome, também tem o hábito de surgir quando nosso estômago está cheio. Especialmente quando alimentos deliciosos repletos de calorias estão por perto. Isso é a fome de recompensa sem a fome verdadeira: um impulso para comer quando não *precisamos* de verdade nos alimentar. Essa fome é o motivo de podermos comer um jantar grande, nos sentir satisfeitos e então, repentinamente, ter espaço para mais ao ver a sobremesa.

A fome de recompensa exerceu um papel fundamental na evolução humana por nos compelir comer além da saciedade. Nossos corpos poderiam, então, pegar essas calorias extras e adicioná-las como gordura. Isso significa que, se precisássemos ficar sem comida, algo que acontecia com frequência antes de nos encontrarmos rodeados por despensas cheias e restaurantes, nosso corpo queimaria aquela gordura para se manter vivo. Nesse sentido, *nós* éramos a despensa — apenas comendo mais do que precisávamos durante o dia é que a encheríamos.* Você vê esse comportamento na maioria dos mamíferos: "Dada a oportunidade, um urso-pardo comerá até não conseguir se mexer", Donnie me contou. Assim como humanos modernos em um bufê.

---

* É por isso que programas populares de "alimentação intuitiva" costumam falhar. Nossa intuição programada nos diz para comer de modo que engordemos. "Humanos são programados para se preparar para o futuro. Mais de qualquer recurso, ao invés de menos, é sempre favorável", disse Kashey. "Superar isso, portanto, significa agir e pensar propositadamente na direção oposta da intuição." Isso explica por que Kashey faz os clientes registrarem a alimentação com dados, e não com sentimentos.

- 4 MIL CALORIAS • 151

Nossos cérebros evoluíram para liberar mais dopamina quando comemos alimentos cheios de calorias (pense no prazer de comer uma torta de nozes versus algo como um pedaço de brócolis cru). É por isso que humanos desejam comidas que são doces, gordurosas e/ou salgadas. Essas qualidades sinalizam que a comida é um modo eficiente de encher nossa despensa interna.

Ao longo do tempo, a fome de recompensa na ausência da fome verdadeira foi extremamente saudável para humanos. Ela nos manteve vivos. Isso acontecia porque os primeiros humanos não tinham como guardar a comida. Sinto muito, não havia geladeiras, congeladores ou resfriadores Yeti. Os primeiros humanos também raramente sabiam de onde a próxima refeição viria. E os alimentos que comiam não costumavam ser "comida de conforto". Aqueles alimentos cheios de calorias que causam um aumento de dopamina, tendo um gosto melhor do que qualquer coisa que poderíamos encontrar na natureza.*

E atualmente estamos nadando nesses alimentos densos em caloria e saborosos que nossos ancestrais não tiveram. Como alimentos formulados, prontos para comer, com múltiplos ingredientes que passaram por centenas de iterações, baseados em testes de laboratório e feedback de consumidores para serem deliciosos, despertando a vontade de comer muito. Essas são comidas que misturam carboidrato e gordura, como sorvete, assados, cheeseburgers, chips, pizza etc. As vendas de fast-food e comida embalada cresceram cerca de 25% e 10% nos Estados Unidos ao longo dos últimos cinco anos.

O combo de carboidrato e gordura não existe naturalmente, mas é algo pelo qual os humanos clamam, dizem cientistas em Yale. Pesquisadores na NIH explicam nosso novo problema com a fome de recompensa da seguinte maneira: "Em termos evolutivos, essa propriedade de comidas saborosas costumava ser vantajosa em ambientes onde fontes de comida eram escassas e/ou instáveis, porque garantia que a comida fosse ingerida quando disponível, permitindo que a energia fosse armazenada no corpo (como gordura) para uso futuro. Porém, em sociedades como a nossa, em que comida é abundante e está em toda parte, essa adaptação se tornou um risco."[†]

---

* Por outro lado, talvez toda comida fosse comida de conforto, no sentido de que é confortável não passar fome e morrer.

† Antes da Revolução Industrial, estar significativamente acima do peso era um risco ainda maior, porque você não podia trabalhar, produzir ou contribuir.

O AUMENTO DA DOPAMINA CONFORTANTE CAUSADO PELA COMIDA TAMBÉM EXPLICA POR QUE podemos comer para aliviar desconfortos que vão do estresse à tristeza e ao tédio. Termos como "comfort food" [comida de conforto] e "stress eating" [comer por estresse] são comuns no vernáculo norte-americano. Estudos mostram que a fome verdadeira hoje é responsável por apenas 20% do ato de comer. A taxa pela qual as pessoas no estudo comiam foi tão impressionante que levou a equipe de pesquisa a se perguntar se as pessoas chegam a comer quando estão com fome de verdade ou se isso não existe mais.

Pense nas quarentenas de Covid-19. Muitos passaram por um ganho de peso significativo enquanto estavam isolados dentro de casa por meses. Não apenas por estarem menos ativos, mas também por buscar calma e conforto — e a comida foi um jeito fácil e barato de lidar com o estresse.

Os "15 da Quarentena", termo referente ao ganho de peso durante o período, e boa parte do nosso ganho de peso moderno, são guiados por um fenômeno descoberto por cientistas na Universidade da Pensilvânia. Os pesquisadores descobriram que, quando as pessoas comem por motivos que não são a fome verdadeira, elas estão muito mais propensas a comer além do ponto de saciedade até um estado de sedação psíquica.

Sabe o clichê da pessoa que devora um pote inteiro de sorvete depois de um término de relacionamento? É real. Mas o fenômeno também acontece todo dia, de maneiras muito menores. Alguns pedaços de doce do pote do escritório quando temos um prazo. Um segundo prato de comida no jantar (mesmo de algo que pensamos ser saudável ou que se encaixa em nossa dieta da moda) depois de um longo dia de trabalho. Comida e bebida abundantes para celebrar uma vitória.

"É por isso que eu preferiria lidar com a questão 'por que você está comendo?' no lugar de 'coma essa comida nessa hora'", disse Kashey.

"Todos fomos ensinados a comer quando sentimos fome", disse Ashley Bunge, uma cliente bem-sucedida de Kashey de 49 anos. Ela chegou até ele em um estado de obesidade mórbida, diabética e incapaz de andar por mais de um quarteirão, mesmo depois de tentar todo tipo de dieta. Sua próxima opção era a cirurgia bariátrica. "Eu sempre lanchava porque achava que estava *faminta* o tempo inteiro. Kashey me ensinou que a fome pode ser enganosa. Aprendi que, na maioria das vezes, eu tinha apenas uma necessidade psicológica de comer. Ele me ensinou que está tudo bem em sentir fome. Minha resposta foi 'QUÊ???' Ele me disse para 'abraçar a dor'. Atualmente, sim, fico com fome às vezes. É o que é. Estou bem em estar desconfortável hoje em dia. Eu me lembro de que estou segura, tenho comida e comerei quando for a hora de comer."

Ela já perdeu 68 quilos. E continua perdendo mais. "Eu nado, levanto peso, faço trilha, caminho por quilômetros e não preciso tomar mais meus remédios", disse Bunge.

Kashey me contou que a história de Bunge é uma que ele viu milhares de vezes. Seja em vendedoras de meia-idade, atletas profissionais, soldados das Forças Especiais, CEOs. Tudo o que você imaginar.

"Pessoas que mantêm um peso saudável com consistência não têm uma genética melhor ou um metabolismo mais rápido, e elas não queimam mais calorias de forma mágica", disse ele. "Elas apenas são mais propensas a lidar com o estresse indo caminhar em vez de comer, por exemplo. Essa é a verdadeira diferença." Mais pesquisas têm sustentado essa declaração, descobrindo que fatores incontroláveis, como disfunção metabólica, são incrivelmente raros. A ciência sugere que os genes podem exercer um papel na obesidade, mas esses genes parecem mover os ponteiros apenas quando se deparam com nosso novo ambiente, repleto de comida que induz a preguiça. Nós não costumávamos engordar e nossos genes não mudaram desde então.*

"Se você tem esses estressores de nível baixo sempre que precisa pegar o doce do pote, isso se torna cumulativo. Ou talvez você tenha um evento superestressante por mês, com o qual lida comendo uma porção enorme de hambúrguer com batata frita e milkshake", disse ele. "Dez anos mais tarde você provavelmente perceberá que está cinco ou dez quilos mais pesado. Muitas pessoas hoje em dia não sabem como lidar com o estresse. Elas não são robustas ou resilientes. E não há uma escassez de comida de conforto para distraí-las do estresse."

---

* Kashey explicou seus pensamentos sobre genes da obesidade da seguinte maneira: "Quer você tenha ou não algum gene da obesidade, você trata a condição exatamente do mesmo jeito que trataria se não tivesse o gene. Você se alimenta melhor e se movimenta mais. Então por que estamos falando sobre isso? Talvez seja mais difícil para algumas pessoas perder peso do que é para outras? Talvez. Essas pessoas terão que se esforçar mais? Talvez. Mas, a vida não é justa e, ao insistir em genes, as pessoas estão apenas se dando uma desculpa para fracassar."

Quando trabalhei com Kashey, por exemplo, percebi que eu chegava em casa do trabalho na sexta-feira e era atraído para a despensa por causa da embalagem gigantesca de pipoca doce ou de M&Ms de amendoim da minha esposa. Quando mencionei isso a Kashey, ele não tinha nenhum conselho, apenas uma pergunta: "O que acontece na sexta?"

"Bem, eu chego em casa do trabalho mais cedo... e normalmente sento na cozinha e envio alguns últimos e-mails, então sinto que a semana acabou e..." Bingo. Eu estava usando a comida para me recompensar e descarregar o estresse da semana.

Ele recomendou que eu distraísse o desconforto da fome de recompensa com outra forma de desconforto: exercício físico leve. "Encontre maneiras de reduzir calorias ao lidar com o estresse", disse ele. "Caminhar é a minha maneira número um. Isso alivia mais estresse e promove a saúde. Faz você queimar calorias em vez de acumulá-las, o retira da situação e adiciona tempo para refletir que não estava com fome de verdade."

MAIS PESQUISAS ESTÃO DANDO CRÉDITO CIENTÍFICO AO QUE KASHEY TEM PROVADO REPETIDAS vezes no mundo real. O Dr. Marc Potenza é médico, tem doutorado e é professor de psiquiatria em Yale. Atualmente, ele está no conselho editorial de 15 periódicos acadêmicos, assinou mais de 600 estudos e foi citado mais de 40 mil vezes. Ele é o tipo de cientista meticuloso que você quer pesquisando o que poderia ser a próxima grande descoberta no assunto da obesidade.

"Estou interessado em compreender os comportamentos que podem ser potencialmente prejudiciais para as pessoas", ele me contou. "E há muito tempo tenho interessado em hábitos alimentares. Então, se alguém pensa sobre os impactos de determinados comportamentos na saúde pública, quais são os mais impactantes? Obesidade e fumar competem pelo que é mais associado à morbidade e à mortalidade na população em geral."

Potenza é considerado um dos principais especialistas do mundo em por que as pessoas se envolvem em comportamentos prejudiciais, como a aposta patológica. E nessa pesquisa — que abrange centenas de estudos — ele descobriu que o estresse é um gatilho importante para levar as pessoas a puxar a alavanca da máquina, fazer a aposta esportiva ou comprar o bilhete de raspar.

Ele se perguntou se o estresse funcionava do mesmo jeito com a comida, nos levando a enfiar porcarias na boca.

Para descobrir, ele leu centenas de estudos no assunto do estresse para saber se ele muda como e o que comemos e de que forma isso pode explicar nossa habilidade atual e coletiva de virar a balança de um jeito diferente de qualquer outro em nossa história de 2,5 milhões de anos. A resposta: sem dúvida, sim.

Enfrentamos dois tipos de estresse: agudo e crônico. Estresse agudo é uma resposta de alarme, como um "pulo de susto" em um filme de terror. Nosso coração dispara, a pressão sanguínea aumenta e a adrenalina é liberada. O sangue é transportado para nossos membros, coração e cérebro, para que possamos lutar ou fugir. O estresse crônico é menos intenso, mas dura mais tempo, resultando no gotejamento lento e continuado de um hormônio diferente, chamado cortisol.

Humanos e outros primatas são unicamente predispostos ao estresse crônico. Isso acontece porque somos criaturas sociais e espertas, com bastante tempo inativo para sermos "horríveis uns com os outros e nos estressarmos", de acordo com Robert Sapolsky, o neuroendocrinologista de Stanford nomeado para a Bolsa "dos gênios" MacArthur.

Nosso mundo moderno não tem estressores agudos convencionais. Por exemplo, como diz Sapolsky, "ser liquidado por predadores". Em vez disso, criamos e propagamos estressores crônicos — ficar para trás em aspectos socioeconômicos ou culturais, dramas profissionais, contas a pagar, fofoca, esse tipo de coisa. É por isso que agora, disse Sapolsky, estamos sendo liquidados por nós mesmos; pelas histórias que contamos sobre o que precisamos para alcançar, quando, por que e em relação a quem.

O gotejamento lento de cortisol do estresse crônico não só deflagra a fome de recompensa em muitas pessoas, mas também corrói o comedimento. Isso cria "uma fórmula potente para a obesidade", escreveu Potenza. "Já que a comida é uma fonte barata para fornecer... prazer e alívio para o desconforto em curto prazo."

Um estudo descobriu que pessoas acima do peso são mais propensas a comer quando enfrentam o estresse comparadas a pessoas magras. Outro estudo descobriu que, quando não estavam com fome, pessoas acima do peso relataram sentir mais desejos por comida e comeram mais porcarias. Potenza escreveu em sua pesquisa que "dadas as propriedades recompensadoras da comida, é traçada a hipótese de que comidas hiperpalatáveis podem servir como 'comida de conforto', agindo como uma forma de se automedicar" para distrair as pessoas do estresse não desejado.

Comidas ultraprocessadas são como Xanax barato, onipresente e de venda livre. Mas, como o remédio, assim que o efeito passa, o estresse ainda está lá. Então a pessoa precisa tomar outro comprimido ou comer mais porcaria. Os efeitos colaterais? Ganho de peso, doenças do coração, derrame, câncer, pressão sanguínea alta, colesterol LDL alto, diabetes tipo 2, fadiga, depressão, artrite, dor, morte precoce etc.

Comer por estresse, de acordo com Potenza, também é o motivo de muitas dietas da moda falharem. Potenza aponta para um estudo muito influente, conduzido por cientistas no Reino Unido. Esse estudo descobriu que pessoas que faziam dietas da moda e que enfrentavam altos níveis de estresse no trabalho cediam e comiam os alimentos proibidos, enquanto seus colegas de trabalho que não faziam dietas da moda não comiam de modo diferente quando estressados. A abordagem de tudo ou nada parece deixar as comidas proibidas mais atraentes e recompensadoras. Outra pesquisa mostra que as pessoas são menos propensas a seguir programas de saúde quanto mais estresse elas enfrentam.

Dietas da moda, de acordo com um estudo seminal de 1989, também mexem com a habilidade da pessoa de medir sua fome. Os pesquisadores descobriram que as pessoas que têm regras rígidas de alimentação estão menos conectadas com os sinais de fome e satisfação do corpo, o que as leva a comer muito além do nível de saciedade. Por outro lado, pessoas que fazem dieta, são mais flexíveis e não proíbem alimentos, são menos propensas a sair dos trilhos e comer em excesso, de acordo com outra pesquisa.*

Os gatilhos que levam a pessoa a comer por estresse — os estressores — são inevitáveis, mas a pessoa *pode* aprimorar o comportamento resultante deles. Cientistas de Harvard apontaram para a mudança de comportamento

---

* Mais fatores podem ser responsáveis por isso. Talvez o mesmo tipo de pessoa que pula de uma dieta da moda a outra também tenha menos controle de impulso. E talvez as pessoas que não estão conectadas com a fome sintam uma necessidade maior de tentar exercer controle sobre isso com regras rígidas. De qualquer modo, o problema está em como lidamos.

pessoal como a forma número um de prevenção da obesidade. Isso significa nos fortalecer para lidar com o desconforto de um jeito diferente.

ALÉM DA QUANTIDADE E DA RAZÃO DE ALGUÉM COMER, KASHEY TAMBÉM USA A FOME PARA GUIAR

a comida que a pessoa está comendo de um jeito não convencional. Primeiro, ele ensina que nenhuma comida é proibida.

"Kashey me ajudou a remover a moralidade, a culpa e a emoção da minha tomada de decisões nutricionais", disse um Navy SEAL que é cliente de Kashey. O cliente precisava ser incrivelmente forte, mas também leve o suficiente para se movimentar com rapidez até os alvos. O problema era que ele havia estabelecido regras de comidas boas e ruins, e costumava ceder à intensa fome de recompensa que brotava do estresse e da emoção. Nessas situações, ele comia porcarias em excesso, atrasando significativamente seu desenvolvimento. Esse é um fenômeno comum chamado de efeito de desinibição. Pesquisadores no NIH descobriram que ele fez com que um grupo de pessoas em dieta muito restritiva passassem por uma montanha-russa de ganhos e perdas ao longo de seis anos, terminando mais pesadas do que haviam iniciado.

Mas, no plano de Kashey, o SEAL podia comer qualquer coisa, incluindo porcarias, contanto que permanecesse dentro dos objetivos diários de calorias.[*] "Aprendi a remover a emoção e a moralidade da tomada de decisões e, em vez disso, deixar os dados me guiarem", disse ele. "Acumulei muitas melhoras. Kashey me iniciou nesse caminho com a nutrição, mas logo eu estava aplicando essas lições a todas as áreas da minha vida e observando os ganhos se acumularem."

Kashey, de fato, não tem uma ideologia da comida. "Eu não ligo para o que as pessoas comem...", disse ele, "contanto que mantenham um registro". Ele está utilizando consistentemente o efeito Hawthorne.

---

[*] Durante a primeira semana de trabalho com Kashey, um cliente registraria tudo que normalmente faz e come. Assim que tivesse os dados da pessoa, Kashey compararia com a literatura acadêmica estabelecida e calcularia as necessidades alimentares da pessoa com base em seu tamanho, nível de atividade e peso atual, dando à pessoa um número específico de calorias e proteínas a serem consumidas. Clientes também precisavam registrar tudo que faziam e comiam e enviar, semanalmente, os dados a ele. "De que outra maneira saberiam se estão seguindo o plano?", ele diz. Então, ele faz alterações sutis semanais, batizadas de "ajuste dinâmico", diferentemente de outras dietas nas quais o plano é o plano e não muda.

É claro, ele disse, porcarias vêm com uma troca de vantagens e desvantagens. Nem todas as comidas são iguais quando o assunto é mitigar a fome de recompensa para rechaçar o ato de comer por desinibição. "Muitos clientes novos se aproveitam do fato de que todas as comidas são aceitáveis e o que importa é moderar a quantidade. Então eles comem, por exemplo, pizza para o café da manhã, o almoço e o jantar, mas percebem que 2.000 ou 2.500 calorias de pizza não os está deixando satisfeitos. A pizza tem uma grande densidade calórica, então eles não conseguem comer o suficiente para ficarem satisfeitos enquanto mantêm a restrição de calorias. Assim, eles ficam miseravelmente famintos."

"Então por que você apenas não diz para as pessoas não comerem porcarias?", perguntei.

"Porque se eu disser 'ei, você não deveria comer pizza', a pessoa ficará ressentida e se transformará em uma bomba-relógio de pizza", disse ele, ecoando a pesquisa de Potenza que mostra as pessoas com regras rígidas de tudo ou nada em relação à comida sendo mais propensas a, como o SEAL, largar uma dieta saudável e comer muito além da satisfação. Isso geralmente as atrasa ainda mais do que quando começaram a dieta. "Mas, se eu disser 'coma o que você quiser, cara. Vá em frente, se esbalde — mas permaneça dentro do seu plano', então isso vira uma oportunidade de aprendizado. Então as pessoas voltam para mim e dizem 'Dr. Kashey, segui o plano só comendo pizza e estou faminto'. Minha resposta é 'ótimo. Conte-me quais outras comidas você gosta e acha que vão mantê-lo satisfeito por mais tempo'."

A fome é necessária para a perda de peso em longo prazo. Mas, há um reconhecimento crescente de que mitigá-la poderia melhorar nosso sucesso. E fazer uma caminhada para afugentar a fome só funciona até certo ponto. Cientistas na Austrália se perguntaram como os alimentos difeririam na habilidade de fazer uma pessoa se sentir satisfeita. A hipótese deles era a de que comer alimentos que enchem mais por caloria saciaria uma pessoa antes de ela comer acidentalmente além da conta.

Para testar a teoria, os pesquisadores escolheram 38 alimentos comuns. Havia quatro tipos diferentes de frutas, cinco assados diferentes, sete lanches diferentes, seis alimentos diferentes com grande quantidade de proteína e sete tipos diferentes de cereais matinais.

- 4 MIL CALORIAS • 159

Os participantes chegaram de manhã, antes do café da manhã, então comeram uma porção de 240 calorias de um dos 38 alimentos e relataram os níveis de fome a cada quinze minutos durante duas horas. Depois disso, eles foram a um bufê de café da manhã, onde os pesquisadores rastrearam cada bocado de alimento que os participantes comeram. O experimento foi repetido com frequência, com os mesmos participantes experimentando uma variedade de alimentos. (Os cientistas não incluíram vegetais porque vegetais não são um alimento básico, significando que 240 calorias de brócolis, por exemplo, seria equivalente a doze porções de brócolis, uma quantidade que ninguém come de verdade em uma refeição.)

Os alimentos diferiam em até 700% na sua capacidade de combater a fome. Cada pessoa comeu a mesma quantidade de calorias inicialmente, mas os que comeram alimentos que enchiam mais primeiro, comeram menos no bufê — suas calorias aumentaram ou diminuíram dependendo do alimento de antes.

O alimento que menos enchia eram os croissants, enquanto o que mais enchia eram batatas inglesas puras. O Departamento de Agricultura dos Estados Unidos relata que um pequeno croissant e uma batata média têm em torno de 170 calorias. Esse estudo sugere que você teria que comer cerca de sete croissants, 1.190 calorias, para conseguir a mesma saciedade de comer uma única batata. A característica principal que fez um alimento ser satisfatório: o peso da porção de 240 calorias.

Kashey pensa nisso como a "densidade energética" de um alimento. E a usa para ajudar seus clientes a transcender a fome. Essa densidade energética se aproveita de nossos padrões alimentares ancestrais para nos ajudar a entender a fome verdadeira, mitigar a fome de recompensa, melhorar a saúde e aumentar a performance. É o mesmo método que ele usou para alimentar os atletas olímpicos ganhadores de medalhas que aconselhou.

É mais fácil pensar sobre esse conceito como a quantidade de energia ou calorias por quilo de um dado alimento. "Então, por exemplo, no fim do espectro há algo como alface-americana. Há 60 calorias em 450 gramas de alface-americana. No extremo oposto do espectro estão os óleos, como azeite de oliva ou óleo de canola. Há 4 mil calorias em 450 gramas de óleo", explicou Kashey. "Quando você está fazendo uma comparação direta desses alimentos, há cerca de 6.500% de diferença em quantas calorias há em 450 gramas dos dois." Todos os outros alimentos que comemos se encaixam entre esses dois.

160 • A CRISE DO CONFORTO

Porcarias como chips, doces em barra, sobremesas e até barrinhas energéticas, por exemplo, têm cerca de 2 mil calorias a cada 450 gramas. Grãos processados, como pão e biscoitos salgados, têm cerca de 1.500 calorias, enquanto grãos não processados como arroz cozido e aveia têm 500 calorias. Tubérculos, frutas e vegetais têm cerca de 400, 300 e 120 calorias respectivamente.

"O motivo pelo qual insisto nesse conceito com meus clientes é por causa daqueles mecanorreceptores em nossos estômagos, que se comunicam com o cérebro para sinalizar a satisfação", disse Kashey. "Finja que, em um mundo perfeito, são necessários 450 gramas de alimento para deixar esses mecanorreceptores felizes. Você pode ver como uma pessoa se aproveitaria disso para se sentir cheia com menos calorias."

"Digamos que uma pessoa quer comer 2 mil calorias ao longo de quatro refeições. Isso são 500 calorias por refeição", disse Kashey. Por exemplo, se uma pessoa comesse apenas azeite de oliva em uma refeição, seria apenas um copo de shot de óleo. "Isso é energia suficiente para abastecer seu corpo", disse ele. "Mas, por esse óleo ocupar tão pouco espaço em seu estômago, você sentirá fome. É claro, ninguém bebe azeite para o almoço, mas você entendeu a questão."

"Então muitas pessoas pensarão 'OK, vou apenas comer os itens de menor densidade, bastante vegetais e frutas frescas, e ficarei cheio e perderei peso'", disse Kashey. "Mas o corpo não é estúpido. Lembre-se: o cérebro se comunica com o estômago. O corpo sabe que algo está em nosso estômago, mas esse algo tem energia o suficiente para abastecê-lo? Seu cérebro por fim descobre que seu estômago está cheio de coisas que não estão dando energia suficiente para fazê-lo funcionar adequadamente." Esse é outro mecanismo de defesa que manteve nossa espécie viva. Sem ele, toda vez que ficássemos com fome, poderíamos ter comido, digamos, lama e nos sentido saciados — enquanto estaríamos morrendo de fome.

"Então você perde peso — até seu cérebro responder enviando desejos intensos por itens repletos de calorias", disse Kashey. "E isso o leva a comer em excesso, o que leva ao ganho de peso, paradoxalmente." Mais uma vez, o efeito de desinibição.

"Então a questão se torna 'o que uma pessoa *deve* comer? Quais combinações de alimentos são ideais?' Você não pode comer apenas um alimen-

- 4 MIL CALORIAS • 161

to, e as pessoas raramente têm apenas um grupo de alimentos no prato", disse Kashey.

O Fundo Mundial de Pesquisa em Câncer/Instituto Norte-Americano de Pesquisa em Câncer (WCRF/AICR) passou três décadas analisando todos os dados sobre prevenção do câncer. Eles publicam um relatório enorme a cada década. O mais recente declarou que "câncer é uma doença multifatorial alimentada por um metabolismo desarranjado". É por isso que eles concluíram que ter um peso saudável era a coisa número um que uma pessoa podia fazer para prevenir o câncer.

Naturalmente, o WCRF/AICR passou a se perguntar quais tipos de alimentos as pessoas podiam comer para manter um peso corporal saudável e resistente à doença. A instituição analisou os dados dietéticos de dezenas de milhares de pessoas. "Eu li o relatório", disse Kashey. "O número que eles tabularam era de alimentos que tinham cerca de 567 calorias por 450 gramas. O número exato não importa, mas a conclusão prática é importante: uma pessoa deveria estar comendo, em maioria, grãos inteiros não processados*, tubérculos, frutas e vegetais, além de proteína animal de baixa gordura." Esses alimentos nos levam ao ponto ideal em que encontramos um peso saudável e mantemos uma boa saciedade, ele disse. "Um prato médio poderia ser um quarto de proteína animal, um quarto de grãos inteiros ou tubérculos e metade de vegetais ou frutas. Pessoas muito ativas podem querer metade de grãos ou tubérculos e um quarto de vegetais ou frutas." (Alguns clientes de Kashey disseram que eles também adicionam alimentos de pouca caloria, como repolho ou espinafre, às refeições, para melhorar a capacidade de saciedade.)

É um combo de alimentos que médicos, governos e grandes organizações de saúde têm defendido há anos. Também é algo que vai contra a maioria das dietas da moda: não tem um baixo valor de carboidratos ou gordura, não é vegan nem paleo. "É comer que nem a porra de um adulto", disse Kashey. E, mais importante, não comer em busca do conforto supremo a cada refeição.

A lógica de Kashey por trás do porquê de isso funcionar é o que faz a sua abordagem inovadora. Uma vez que a comida é tão saudável e saciável, o corpo confere melhor a fome de recompensa e naturalmente encontra a quan-

---

*   Grãos inteiros não processados são grãos que precisam ser cozinhados na água antes que possamos comê-los. Pense em arroz, aveia, quinoa etc. Sua densidade energética (calorias por 450 gramas) é considerada após o cozimento.

tidade certa para comer. E uma pessoa pode encaixar porcarias deliciosas e disparadoras de dopamina nesse método sem sentir culpa ou medo de ganho de peso. Elas precisam apenas aceitar que ficarão com fome mais tarde. Essa abordagem respeita a ideia de que alimentos, afinal, não são apenas veículos para entregar energia. Alimentos costumam ser uma conexão com a família, a cultura, a identidade e nunca deveriam ser proibidos.

O método foi validado no laboratório. Uma equipe de pesquisadores importantes no NIH, por exemplo, descobriu que as pessoas em uma dieta de alta densidade energética naturalmente aumentaram quinhentas calorias a cada dia para ganharem peso. Enquanto aquelas na dieta de baixa densidade, como a de Kashey, perderam peso.

O fenômeno também acontece no mundo real há milhares de anos. Pensemos nos kitavanos.

No começo dos anos 1990, o antropólogo sueco Staffan Lindeberg viajou à ilha de Kitava, em Papua Nova Guiné. Ele estava estudando o povo kitavano, uma sociedade tradicional largamente não influenciada pelo modo de vida ocidental. Essas pessoas vivem em algum ponto entre os caçadores-coletores e os agricultores de subsistência. Lindeberg escreveu: "Tubérculos cultivados (principalmente inhame, batata-doce e taro) são o básico, complementados por frutas, folhas, cocos, peixe, milho, tapioca e feijões." Todas são comidas com menos densidade calórica, exceto pelo coco de vez em quando. Cerca de 70% de suas calorias vêm de carboidratos — então você pode dizer que os kitavanos têm uma dieta alta em carboidratos —, e eles comem cerca de 2.200 calorias por dia, apesar de ter comida suficiente armazenada.

Mais importante, relatou Lindeberg, os kitavanos comem alimentos não processados de alta densidade. Ele não encontrou nenhum kitavano acima do peso e zero indicações de doenças cardíacas ou evidência de que algum kitavano havia tido um ataque do coração ou derrame. A maioria das pessoas que ele testou tinha mais de cinquenta anos. Algumas até mesmo ultrapassavam noventa anos — um feito e tanto sem a medicina moderna. Enquanto isso, em seu país natal, a Suécia, quase metade das pessoas estava acima do peso ou obesa. E doenças do coração e derrames eram os principais assassinos. A dieta, aparentemente, era a resposta.

A descoberta de Lindeberg foi repetida várias vezes: pessoas que se alimentam com uma dieta que foca alimentos naturais são acometidas por menos doenças. O povo tsimane, da Bolívia, come arroz, banana-da-terra, tubérculos e milho; carne e peixe que eles mesmos caçam e pegam dos cursos de água; frutas; e ocasionalmente nozes selvagens. Os corações mais saudáveis já registrados são deles, de acordo com uma equipe global de cientistas. Os hadza, povo livre de doenças crônicas, na Tanzânia, comem em maioria tubérculos selvagens, frutas e carnes. Essas regras gerais também se aplicam a sociedades industriais modernas que comem menos alimentos de alta densidade. As pessoas do Japão são algumas das que vivem mais. Também são menos propensas a morrer de doenças cardíacas e câncer no mundo desenvolvido. Um fato que pesquisadores creditam em parte à dieta tradicional de arroz, proteínas magras e vegetais.

O fato de que uma dieta baseada primariamente em tubérculos e grãos inteiros é "boa para você" vai contra o conselho de todas as dietas com baixos níveis de carboidratos — de paleo a keto e Atkins —, histórias nutricionais populares e até mesmo instituições acadêmicas como Harvard. Bunge me contou que "chorou algumas vezes quando Kashey sugeriu que ela comesse mais carboidratos, porque o passado dela com dieta tinha feito com que ela pensasse que isso era o que a estava deixando gorda".

Pensemos na batata-inglesa comum. O departamento de nutrição de Harvard recomenda que as pessoas fiquem longe de batatas, citando estudos que mostram pessoas que aumentam o consumo de batatas fritas ganharam 1,5 quilo ao longo de quatro anos.

Contei isso a Kashey e ele riu. "Apenas alguém com vários diplomas avançados poderia dizer algo tão estúpido", disse ele. "Isso é como proibir chaves de fenda porque armas têm parafusos."

De fato, o problema — o que vale para todas as comidas que vêm da terra — está em nós. Do nosso impulso de transformar comidas naturais em comidas de conforto disparadoras de dopamina. Pense em como arruinamos a nutrição das batatas. Nós as cortamos em pequenos bastões ou fatias finas, como papel, então as banhamos em óleo aquecido (50% das batatas norte-americanas viram batata frita, chips ou outro "produto de batata"). Ou as cozinhamos, então as amassamos com manteiga e creme. Assamos, então passamos mais manteiga, sour cream e — dependendo de onde a pessoa esteja no Sul dos Estados Unidos — queijo e carnes gordurosas cheias de molho. Esses tratamentos fazem a densidade energética do alimento disparar. "Em outras palavras", disse Kashey, "não é mais uma batata. É um receptáculo para a gula". Meio quilo de batata frita, por exemplo, tem uma densidade energética de mais de 1.500, diferentemente dos 400 contidos em meio quilo de batatas simples assadas.

Em meus quatro meses trabalhando com Kashey, o efeito Hawthorne entrou em efeito completo. Eu me tornei consciente de como, por que e o que estava comendo. Perdi 6,8 quilos, ficando com 77 quilos. Meus tempos de corrida despencaram. Eu estava tão forte quanto antes (o que significa que estava mais forte a cada meio quilo de peso). Eu tinha mais energia. E minha dor no quadril foi embora. Quando enviei fotos do progresso para Kashey, ele disse que eu parecia "uma arma humana atuando como um agente secreto".

Eu estava com fome, claro, mas implementei os métodos de Kashey. Por fim, a fome se dissipou. As substâncias químicas da fome no corpo não só normalizam depois do choque interno da perda de peso inicial, mas também expandimos nossa zona de conforto. Percebemos que a fome não é uma emergência. "A fome verdadeira quase nunca é o problema verdadeiro comparado ao desejo de comer", disse Kashey.

Antes de ir embora de Austin, pensei na minha conversa com Potenza. Perguntei a Kashey se ele achava que as pessoas eram mais estressadas hoje em dia do que no passado.

"É, não sei. Provavelmente? Parece que sim", disse ele. "Apesar de que eu penso que depende do tipo de estresse que estamos falando, porque há um estresse que enfrentamos muito menos."

"Qual?", perguntei.

"Estresse do tempo das vacas magras", disse ele. "Não passamos mais por períodos nos quais ficamos sem comida, o que nos faria ter um período no qual perderíamos peso naturalmente."

12 A 16 HORAS

HUMANOS EVOLUÍRAM EM um cenário de banquete e fome extrema. Nosso peso vacilava de acordo com as estações e com o que a natureza nos oferecia. Felizmente, perdemos, em grande parte, a carestia alimentar forçada. Mas, hoje em dia, parece que temos apenas duas variações de banquete. Ou estamos praticamente nos regalando, quando mantemos nosso peso, ou definitivamente nos esbaldando, quando ganhamos peso. A fome está em falta na nossa prescrição diária, semanal, mensal e anual de bem-estar.

Raramente sentir fome verdadeira é um forte sinal de que a pessoa está sofrendo dos efeitos maléficos do conforto persistente, de acordo com o surgimento de novas evidências científicas.

Os dados mostram que, normalmente, não ganhamos peso de modo linear, como 100 gramas por mês até um total de 1,36 quilo no fim do ano. A maioria de nós mantém o peso por boa parte do ano, passando por períodos de ganho, de acordo com um estudo no *New England Journal of Medicine*. Cientistas identificaram estressores grandes, tipo se casar, se mudar e os feriados, como períodos em que as pessoas estão mais propensas a ganhar peso.* Por exemplo, os indivíduos do estudo não ganharam muito peso no outono antes do Dia de Ação de Graças ou nos meses após o Ano-novo. Porém, ganharam de 450g a 2,26kg nos feriados. E a grande questão é que os participantes nunca chegaram a perder esse peso.

---

* Costumamos tratar o estresse como algo inerentemente negativo, mas o estresse também pode ser positivo, como celebrações.

166 • A CRISE DO CONFORTO

Antropólogos e historiadores sabem que nossos ancestrais experimentaram a fome persistente. Mas, apesar do que alguns livros de dieta paleo querem fazê-lo acreditar, os primeiros humanos provavelmente não passavam longos períodos sem uma única caloria. Um dia no máximo. E isso era raro, de acordo com historiadores da comida em Yale.

Mas *é* de comum acordo que essas pessoas não estavam comendo o tempo inteiro. A pesquisa sugere que elas comiam provavelmente uma ou duas refeições por dia. E, entre refeições, com certeza não estavam beliscando comidas de máquinas de venda ou bebendo frappuccinos.

A maioria das pessoas modernas, por outro lado, começa a enfiar calorias na boca assim que acorda sem parar até o momento anterior à hora de ir dormir, explicou Satchin Panda, doutor que atua como cientista no Instituto Salk de Estudos Biológicos. Um dos estudos de Panda descobriu que na atualidade a pessoa média come ao longo de uma janela de quinze horas. Uma pesquisa da Universidade da Carolina do Norte descobriu que estamos lanchando 75% mais do que lanchávamos antes de 1978. Nossos lanches também estão 60% maiores, com mais chances de serem ultraprocessados.

Os efeitos desse fluxo consistente de açúcar, sal e gordura nas nossas duas versões de banquete se acumulam com o tempo, escreveram os pesquisadores no estudo do *New England Journal of Medicine*. "Como isso não é revertido durante os meses de primavera e verão...", concluíram, "esse ganho de peso parece contribuir com o aumento de peso corporal que frequentemente acontece na vida adulta." Nossa desconexão crescente com a fome é um dos motivos mais importantes pelos quais a obesidade começou a decolar no fim dos anos 1970.

Além do peso, o problema de raramente sentir fome verdadeira é que nossos corpos evoluíram de forma a se aproveitar de tempos de vacas magras. Esses períodos são, na verdade, um estado necessário para otimizar a saúde em longo prazo. Isso acontece porque um corpo humano com fome passa por um tipo de seleção natural celular.

Metabolizamos completamente nossa última refeição depois de doze a dezesseis horas, dependendo de quanto comemos. É nessa hora que nosso corpo libera testosterona, adrenalina e cortisol: uma sinfonia de hormônios que agem como sinais para queimar tecidos armazenados por energia. Mas não queimamos os tecidos melhores. "Nós nos livramos de muitas células mortas e danificadas", disse Panda.

Os humanos têm experimentado a fome, visando um modo de entrar em uma nova dimensão de experiência religiosa, revisão biológica e metamorfose física, há milhares de anos, disse Adrienne Rose Bitar, historiadora doutora em Cornell. Mentes médicas desde Hipócrates, em 500 a.C., até médicos norte-americanos nos anos 1800, por exemplo, teorizaram que períodos sem comida podem ajudar a prevenir, e até mesmo combater, doenças como o câncer. No começo dos anos 1990, descobrimos que pode existir um núcleo de verdade nessas declarações antigas.

Em 1992, David Sabatini, doutor, médico e biólogo no MIT, descobriu o que é chamado de caminho mTOR. Ele me disse para pensar nisso como um empreiteiro sinalizando ao corpo para demolir suas células antigas e substituí-las com células novas e mais saudáveis. As células mais antigas do corpo têm todo tipo de problema e estão envolvidas em muitas das doenças que acabam nos matando.

"Você não poderia reformar a casa velha levando apenas um encanador ou apenas um eletricista, carpinteiro ou o cara do drywall", disse ele. "Você precisaria contratar um empreiteiro, que contrataria todos esses especialistas para consertar todos os problemas que precisam ser consertados."

O caminho mTOR sente se o corpo está alimentado ou não. Quando você não se alimenta, o empreiteiro chama todos os trabalhadores. "É um modo pelo qual você pode deflagrar toda uma série de eventos que são rejuvenescedores e antienvelhecimento", disse Sabatini. Seu corpo é implacavelmente eficaz, pois abate o rebanho ao consumir suas células mais velhas e fracas. Um pesquisador no Centro Médico Cedars-Sinai chama esse processo de um jeito do seu corpo "levar o lixo para fora".

Essas "células-lixo" são as que não se dividem mais. Por isso, se acredita que impulsionem o envelhecimento e a doença. Um estudo na *Nature* disse que essas células "perturbam a função normal do tecido". Elas causam inflamação, matam células saudáveis, induzem fibrose e inibem a função de células benéficas do crescimento. Essas células-lixo "prejudicam de maneira ativa os tecidos nos quais residem, e podem estar diretamente ligadas a características de envelhecimento natural", disseram os cientistas. Elas também são associadas a câncer, Alzheimer, infecções, artrite, excesso de açúcar e níveis de lipídio no sangue, entre outros.

O processo de "levar o lixo para fora" do corpo é oficialmente chamado de autofagia, traduzido do grego antigo "autodevorar". Autofagia é, de muitas formas, uma metáfora para o que acontece com todas as coisas sob o desconforto: nossas ligações fracas — sejam físicas ou psicológicas — são dolorosamente sacrificadas para o nosso bem.

Humanos provavelmente desenvolveram a autofagia em conjunto com os ciclos da noite e do dia, gerando o que Panda chama de ritmos circadianos. A pesquisa sugere que o corpo tem programado em si um código de intensificação da autofagia para se consertar e rejuvenescer à noite, enquanto queima a comida do dia.

Mas nossas janelas alimentares de quinze horas por dia perturbam o processo, disse Panda. Elas roubam de doze a dezesseis horas necessárias pelo nosso corpo para metabolizar por completo a comida e entrar em modo de autofagia. Ou como o cientista do Cedars-Sinai disse: "Se você comer antes de ir dormir, não terá nenhuma autofagia. Isso significa que você não vai levar o lixo para fora, então as células começam a acumular mais e mais entulho."

Uma equipe de cientistas de dezesseis instituições diferentes, incluindo Harvard e Johns Hopkins, que estudaram o assunto, escreveu: "Para muitos de nossos ancestrais, a comida era provavelmente escassa e consumida primariamente durante as horas de luz do sol, deixando as longas horas ao longo da noite para o jejum. Com o surgimento da luz artificial acessível e a industrialização, humanos modernos começaram a ter horas prolongadas de iluminação diárias e o consumo estendido de comida resultante disso."

Maratonas alimentares diárias também podem ter feito com que déssemos um passo para trás em nosso desempenho mental. De um jeito meio paradoxal, a falta de comida geralmente leva a um aumento de energia. "A habilidade de funcionar a um alto nível, tanto fisicamente quanto mentalmente, durante períodos extensos sem comida pode ter sido de importância fundamental em nossa história evolutiva", escreveu a equipe de cientistas. Provavelmente é por isso que costumamos definir a palavra "fome" não como apenas um desconforto oriundo da falta de comida, mas também como um impulso ambicioso. É um impulso que atravessa distinções animalescas.

"Durante esse tempo estendido sem comida, o corpo não desliga, acelera", me contou o Dr. Jason Fung, nefrologista e autor de *O Código da Obesidade*. "Pense em um lobo faminto versus um leão que acabou de comer. Qual dos dois está mais focado? O lobo faminto."

De acordo com pesquisadores da Universidade da Carolina do Sul, essas respostas vantajosas à fome apareceram primeiro há bilhões de anos em procariontes, organismos unicelulares microscópicos que foram a primeira vida na Terra.

Lembre-se da resposta de fome humana na liberação dos hormônios e queima de gordura. Isso dá ao corpo energia da gordura e adrenalina. E já foi mostrado que a adrenalina aumenta o nível de alerta e foco, disse Fung.

Hoje em dia, não precisamos nos preocupar em precisar da energia e da acuidade mental para, digamos, perseguir e matar um dik-dik. Mas ainda podemos aproveitar as vantagens químicas evolutivas da fome para conquistar nossos objetivos mais modernos. A fome pode ajudar os humanos a serem mais focados e produtivos nas tarefas da vida moderna, de acordo com Panda e Fung. Outra pesquisa mostra que as pessoas que param de comer algumas horas antes de ir para a cama, dormem melhor, disse Panda. "Então, se você dormir melhor e por mais tempo, provavelmente estará mais focado no dia seguinte."

Toda essa pesquisa vai contra o marketing das dietas da moda, que nos programou para fazermos a pergunta "o que eu deveria comer?" quando queremos melhorar nossa saúde. Ficar sem comer e sentir um pouco de fome costuma ser muito mais poderoso.

Ouvimos, por exemplo, que o café da manhã é a refeição mais importante do dia (muitas vezes em estudos financiados por, digamos, empresas de cereais). Ainda assim, há pouca evidência científica mostrando que ele tenha qualquer benefício sobre outras refeições, de acordo com uma pesquisa na *American Journal of Clinical Nutrition*. E simplesmente rejeitar o café da manhã atinge o "ponto ideal para a praticidade" em reaproximar a pessoa da fome, diz Panda. O ato de evitar o café da manhã permite que o corpo fique de doze a dezesseis horas sem calorias, o que "faz muito para prevenir doenças, aumentar os níveis de alerta e energia", disse Panda. E, se uma pessoa comer um almoço razoável, poderá aproveitar um jantar de bom tamanho sem se preocupar muito em ganhar peso. Dispensar o café da manhã pode ser ruim no começo, mas apenas porque o corpo e a mente levam tempo para se adaptar à mudança, pois inicialmente sente falta de ingerir comida depois de acordar.

Outra pesquisa mostra que programar dois "dias de fome" por semana nos quais comemos cerca de quinhentas calorias resulta em benefícios. Um estudo no *International Journal of Obesity* descobriu que seis meses desse método levou a uma perda de peso superior a 4,5 quilos. Além de melhoras na saúde de pessoas obesas. A questão é que a pessoa não pode comer adoidado nos dias de alimentação regular.

Outra opção é unir cinco "dias de fome" em sequência, uma vez por mês, comendo apenas um total de setecentas calorias. Um estudo em *Cell Metabolism* descobriu que essa abordagem ajudou a rejuvenescer órgãos envelhecidos e aumentar a expectativa de vida de camundongos.

E pesquisadores em Harvard relataram que restrições ocasionais de 24 horas sem comida podem ajudar a reduzir nosso apetite durante as horas normais de alimentação. Isso diminui os níveis médios de insulina, um hormônio que pode determinar o "peso-padrão" do corpo. Os pesquisadores também dizem que esses jejuns maiores podem estimular melhor a limpeza de nossas células velhas.

Restaurar nossos hábitos alimentares não será fácil. Isso exige dar um passo para trás e se tornar consciente da razão para comer e da quantidade daquilo que estamos comendo. Exige de nós favorecer as comidas que humanos têm comido há milhares de anos, mas não sentir medo ou culpa pela comida de conforto ocasional.

O mais importante de tudo: isso exige que abracemos o desconforto da fome. Precisamos reconhecer que ocasionalmente ficar sem comer até 24 horas é um estado humano normal. E até mesmo benéfico. Também precisamos entender e nos adaptar ao fato de que boa parte de nossa fome não é fome fisiológica verdadeira. Em vez disso, costuma ser um mecanismo de conforto barato para nos confortar contra os desconfortos da vida moderna.

WILLIAM ERA UMA AVE DE RAPINA ENQUANTO CAMINHÁVAMOS. SEMPRE PROCURANDO POR lascas microscópicas de um peito branco de caribu em meio à neve e à terra silenciosa. Agora, paramos em uma colina a alguns quilômetros do acampamento. Seus olhos estão inteiramente em observação. Nenhum papo furado.

Donnie está sentado no solo úmido com as pernas abertas e os binóculos no rosto.

O tempo está uma merda. Se não está nevando ou chuviscando, então está um frio congelante. Se eu quiser sentar, é no solo meio congelado. O frio tem um jeito de me deixar ainda mais faminto. Por isso, meu corpo queima calorias para abastecer as fornalhas internas.

O sofrimento induzido pelo Ártico tem sido onipresente de um jeito ou de outro desde que tocamos as botas no chão. Porém, nessa manhã, eu me lembrei de uma frase que me ajudou a permanecer sóbrio — "E a aceitação é a resposta para todos os meus problemas hoje" — e a apliquei à minha condição atual. Desisti de combater os elementos, a fome, a paisagem etc.

"Como você está?", pergunta Donnie.

"Estou bem!", respondo, surpreendendo a mim mesmo com minha positividade.

Donnie sorri e balança a cabeça com aprovação. "Tenho muitos amigos que proclamam amar a natureza selvagem e passar tempo nela", diz ele. "Mas o que eles consideram selvagem é esquiar em um resort o dia todo, então ir ao alojamento para beber vodka e comer um cheeseburguer. Ou caçar em um retiro com cabanas de luxo. Não há nenhuma vergonha nisso, mas acho que há um charme a mais no que estamos fazendo. E acho que as experiências aqui fora nos afetam mais profundamente e de modo diferente."

Ele continua. "Recentemente eu li um livro... está provado que, quanto mais você se esforça por algo, mais feliz ficará com isso", diz ele. Ele está se referindo à obra do pesquisador da NYU, Jonathan Haidt, *The Happiness Hypothesis*. E eu achando que era o nerd da viagem.

Williams localiza um rebanho do outro lado do vale.

"O quanto está longe?", pergunta Donnie.

"Longe."

Vemos caribus com frequência, mas quase nunca de perto. E aí reside o problema.

O tempo se desdobra mais. Essa área é caracterizada por acessos de sol e tempestade. Às vezes, nossa visão é clara. Outra vez, as nuvens estão sobre nós, abaixo de nós, ao nosso lado ou nos submergindo. E assim também acontece com os caribus, que usam esse tempo a seu favor. O pequeno rebanho que William vê é engolido pela bruma. E quando ela se dissipa, vinte minutos depois — abracadabra —, os animais não estão à vista em lugar nenhum.

Apesar dos momentos de miséria, estou me divertindo. Porém, de fato, a parte de caçar está começando a parecer um trabalho de tolo. Os animais são espertos demais, paranoicos demais e aguçados demais a tudo que acontece a algumas centenas de metros deles. E nós, ao que parece, somos ignorantes demais para perceber isso.

Gastamos mais tempo observando, mudando de posição e observando mais um pouco. "Nenhum desgraçado", diz William, dobrando o telescópio.

Em um último esforço para encontrar caribus, escalamos o penhasco de xisto até o topo de uma colina de 305 metros de altura. As pedras deslizam das laterais em um dilúvio de pedaços de um centímetro de espessura que escorregam para baixo enquanto escalamos. No topo, podemos ver em todas as direções. Um falcão peregrino voa lentamente no alto de nossas cabeças, esperando para fazer o seu mergulho de ataque de 321km/h em direção a uma presa desavisada.

Contornamos o topo da colina, procurando por pontos brancos nos vales ao redor. Nada. Sentamos sobre os flocos soltos de xisto e cal, entremeados por flores marrons, líquen néon e musgo de caribu. A vida persiste.

Quando o sol começa a se pôr, cruzamos o caminho de volta, descendo o penhasco. Primeiro William, eu em segundo e, então, Donnie, que pausa por alguns minutos no meio do caminho da encosta.

Ele menciona essa pausa quando nos reunimos lá embaixo. "Sabe, rapazes, eu parei naquela colina traiçoeira por um momento. Pensei em nosso fracasso. Pensei em tudo que há de errado com o mundo. Pensei em como a entropia estava levando a mim e a tudo que eu amo para mais perto da morte e do apodrecimento a cada segundo. E era tudo muito pesado." Ele faz uma pausa. "Mas então eu pensei… bem…" — um sorriso pretensioso se abre em seu rosto — "a boa notícia é que temos jantares Moutain House de volta na tenda. Então tenho isso de bom".

William sacode a cabeça. Eu me curvo de tanto rir.

Estou com fome enquanto caminhamos de volta ao acampamento. Não apenas com fome de comida, mas também de vida. Minha visão de mundo encontrou uma mudança radical. Achei uma consciência tranquila do mundo ao meu redor e redescobri sensações perdidas. Uma das minhas partes favoritas dos últimos dias é quando andamos em silêncio de volta ao acampamento com o sol se pondo. É experimentar o Ártico enquanto ele passa por seus próprios ritmos circadianos, entrando em si mesmo pelo resto da noite. Pássaros se aninhando, animais se recolhendo em seus abrigos, um silêncio frio e a calmaria se estabelecendo.

PARTE QUATRO

PENSE NA SUA MORTE TODOS OS DIAS.

3 PERNAS BOAS

NA NOITE SEGUINTE à nossa caminhada até o topo da colina, sentamos na tenda. Então concluímos que talvez o grande tráfego de caribus houvesse nos despistado.

Na manhã seguinte, recolhemos o acampamento, incitando uma nova energia em nosso grupo. *"Time for a move! Ti-i-ime for a fuuh-uuh-uuh-ckin' moo-oo-oove!"*, cantou William enquanto enrolava sua esteira e o saco de dormir ao enfiar o equipamento na mochila. Andamos uns bons 32 quilômetros em direção ao norte, até um vale fluvial flanqueado por duas colinas antigas. Montamos o acampamento por lá, em uma encosta do lado oposto àquele vale, para que pudéssemos ficar longe da vista e do odor das manadas se movimentando por ali.

Nosso novo acampamento exige uma caminhada íngreme até o topo do cume de arder os músculos da coxa. Tem uma extensão de cerca de 150 metros, coberto por xisto, depois passa para tussoks de tundra e mato pedregoso, descendo colina abaixo em um ângulo de quinze graus. Agora, estamos sentados abaixo do topo do espinhaço. Essa posição nos mantém altos o suficiente para ver o vale inteiro e a colina oposta. Mas também nos camufla na terra, fora da vista dos caribus. Eles têm receio de pequenos pontos pretos no horizonte.

O vale e as colinas que o circundam são uma larga tigela com poucos ângulos ou superfícies agudas, como um Grand Canyon aparado e suavizado pelo tempo. Depois de 1,6 quilômetro, nossa colina se achata, tornando-se um vale de 3,2 quilômetros de largura que mistura rio, tundra, pântano gélido e matagais de salgueiros de 1,5 metro de altura. Caminhos cortam o matagal, rotas de escape criadas por animais ao longo de milênios. Então, a terra se ergue em outra colina.

E agora tem "uma porrada de caribus naquela colina", diz William, sentado em um trecho de xisto. O telescópio de observação está apoiado entre suas pernas abertas. "Um deles parece um shooter."

Uma leve brisa empurra o cheiro suave e leitoso do vale colina acima para dentro do meu nariz. Estou usando um tussok avantajado como banco. Donnie está usando outro como um descanso para as costas. "Deixe-me ver", diz Donnie, erguendo-se do assento.

William inclina a cabeça para trás. Donnie se aproxima, agachando e encaixando o olho no telescópio. "Aaaah, garoto", ele diz. "Tem *dois* shooters lá. Eles provavelmente dormiram em cima daquela colina para evitar predadores, e acho que eles vão comer pelo caminho descendo o vale."

Donnie se afasta. William se aproxima, ajustando o telescópio. "Ah, sim, definitivamente dois shooters."

"Deixe-me ver esses binóculos", digo a Donnie, que os joga para mim.

William me guia até o caribu. "OK, está vendo aquele trecho preto de rochas no meio da coluna, lá embaixo? Agora, caminhe para cima até encontrar a seção de marrom claro, então vá um pouco para a direita...", ele diz. Eu estreito os olhos por cerca de trinta segundos, até que os pontos brancos aparecem. "Achei!", digo. Há em torno de 25 na manada. Dois parecem mais parrudos do que os outros — as galhadas mais largas, mais altas e mais sinuosas.

"Não parece que eles estão descendo a colina com pressa", digo.

"É, e eles ainda podem voltar para o topo", responde Donnie. Da atual posição, eles vão nos detectar e sair em disparada se tentarmos nos aproximar pelo vale. Então sentamos, esperamos e observamos.

Para matar o tempo, começamos a conversar sobre a ética da tecnologia na caçada. "Aqui temos esse rifle que poderia facilmente atirar em um caribu a uma distância de 456 metros ou mais", diz Donnie. "Mas não faremos isso, porque eu não acho que isso seja uma perseguição justa. Alguns caras estão até mesmo usando rifles e tecnologias para atirar a 914 metros de distância. Isso não é caçar. Isso é um videogame. Esses caras estão tão longe que, mesmo se o animal pudesse enxergá-los, provavelmente não os consideraria uma ameaça."

Tecnologia de menos, por outro lado, também pode ser questionável. "Têm pessoas que estão usando arcos longos que elas mesmas fizeram e pontas de flecha que esculpiram da pedra", diz Donnie. "É admirável, mas essas armas são pouco tecnológicas e ineficientes. Elas reduzem as chances de uma morte rápida e costumam apenas machucar o animal. Com qual ferramenta você é mais mortal, e como você pode usá-la de modo que fique em pé de igualdade com o animal?" Para Donnie, a resposta está em algum lugar entre atirar a muitos campos de futebol de distância e atirar galhos com pedras amarradas na ponta.

Ele não vê nenhuma diferença ética real entre arcos e rifles, contanto que a pessoa atire perto o suficiente para o animal ter mais chances de percebê-lo na perseguição. "Prefiro arcos porque são silenciosos", ele diz.

"Duas cabeças mortas descendo ao longo do rio", diz William, se referindo a um par de crânios de caribu, com as galhadas desbotadas pelo sol.

"Isso é um bom sinal", diz Donnie. "Lobos e ursos estão caçando nessa área também. É mais do que provável que muitos caribus se movimentem por aqui". Outra hora se passa.

Eu me levanto e marcho sem sair do lugar. É a única coisa que posso fazer para permanecer aquecido sem atrair a atenção do animal. Mais uma hora passa.

"A manada está se movendo", diz William.

Donnie se levanta e encosta o olho no telescópio. Ele observa por meio minuto. Depois explica que os animais parecem estar fazendo o que ele esperava: andando em direção ao norte, no ponto baixo da colina e descendo o vale.

O vale, por fim, sobe até um ponto de sela que desce em outro vale largo. "Se conseguirmos chegar ao outro lado daquela depressão antes deles...", diz Donnie, "estaremos em uma boa posição quando chegarem. Uma posição boa demais. Mas precisamos nos mover logo".

Reunimos nosso equipamento em um frenesi. Então arqueamos as costas, partindo em caminhada ao longo do cume. Estamos em silêncio, exceto por nossas respirações pesadas e as ocasionais lascas de xisto que se partem sob nossas botas.

Depois de trinta minutos de caminhada, descemos até a depressão. Entramos em um vale aberto e ondulante. O cheiro é de cedro, grama e água limpa e gelada. A terra faz um declive quase imperceptível em direção ao Forte, um *butte*

180 • A CRISE DO CONFORTO

de xisto de topo achatado que se ergue a 609 metros de altura em meio à tundra, com poucos pontos de subida. Suas laterais são penhascos verticais. Se a temperatura não estivesse congelante e a rocha fosse vermelha em vez de marrom, chocolate e dourada, seria possível confundir a estrutura por algo que você encontraria no deserto no sul de Utah em vez da tundra no norte do Alasca. Mais altos do que são largos, os buttes são criados pelo trabalho da água, do vento, do gelo e do tempo. O Forte domina o horizonte, estabelecendo-se de maneira imponente na frente do céu azul com poucas nuvens estratos-cúmulos de guarda no flanco.

Agora fora do campo de visão da manada, podemos ficar em pé para mandar ver. Donnie é como um oficial do exército querendo provar algo para seus homens incompetentes: caminhando, caminhando, caminhando. A cabeça fixa com o olhar à frente em uma caminhada silenciosa, nos levando ao nosso destino pela tundra, lama e pelas nascentes. Estou escalando a terra, tentando fazer o meu melhor para manter o ritmo sem torcer o tornozelo em um daqueles tussoks desgraçados. Assustamos um bando de *Lagopus*. As aves se desfizeram de suas penas amarronzadas do verão, mudando para o branco do inverno. A gangue de passarinhos arrebata em sequência sobre nossas cabeças. O branco contrasta com as colinas desbotadas.

As mesmas camadas que 45 minutos antes não eram suficiente para impedir que o frio me congelasse até a medula, agora estão me fazendo torrar. Não há tempo para pausar e retirá-las, então abro todos os fechos de zíper, convidando o ar frio do Ártico.

Depois de trinta minutos de caminhada, Donnie para, posiciona o antebraço e a mão paralelos ao chão e, com a palma estendida, empurra o ar gelado em direção à terra, sinalizando para nos abaixarmos. "Fiquem aí", ele diz para mim e William. "Vou conferir se consigo vê-los."

Ele anda na ponta dos pés na direção em que a manada estaria, teoricamente, caso seguisse o caminho que antecipamos. Assim que Donnie se aproxima da crista do monte, ele imediatamente se vira para trás. Ele bate as palmas no solo e corre agachado. "Estão passando pela depressão e vindo em nossa direção", ele diz quando nos alcança.

Ele se vira para mim. "Preciso que você escute e faça tudo que eu disser."

Balanço a cabeça em concordância.

"Pega o rifle."

Eu o desamarro da minha mochila enquanto Donnie retira de sua bolsa três cartuchos de rifle Hornady Outfitter 30-06 de 3,3 polegadas, guardando-os em um bolso. Essas munições são construídas especificamente para caçar nas condições mais extremas — os estojos são à prova de água e projetados para resistir à corrosão. Então ele explica que os caribus estão agora às onze horas do nosso ponto de vista. E que devem passar pela gente se nos arrastarmos uns duzentos metros em direção às sete horas.

Donnie larga tudo, menos a jaqueta e as calças, de sua mochila. E depois a joga nas costas. Eu seguro o rifle em meus braços enquanto me deito de barriga para baixo na terra.

Nós nos arrastamos pela grama, xisto, líquen e gravetos, soltando a geada da terra enquanto deslizamos nossos braços e torso sobre ela. Os únicos ruídos são nossas respirações, as jaquetas de chuva e calças cargo ralando no solo. Em seguida estamos na lama, o barro molhado nos pintando. Arrastamo-nos assim por cerca de 91 metros. Então nos 182 metros, Donnie para. "Fiquem abaixados", ele diz erguendo-se lentamente com os binóculos.

Nada. Ajustamos o caminho para cobrirmos mais 182 metros.

Galhadas aparecem no ápice da depressão. Elas são como galhos grossos de carvalho em contraste com o céu azul. Primeiro aparece um único par. Então há dois pares, três e quatro. Em seguida, o rosto e os peitos musculosos e brancos da manada inteira aparecem. A névoa sai de suas narinas enquanto respiram e se arrastam em nossa direção.

Eu fiz a transição para um caçador, inspecionando a manada em busca dos mais velhos. Mas, originalmente, eu não havia planejado caçar nesse lugar. Como jornalista — alguém que observa e relata em vez de participar —, eu tinha reservas sobre me envolver demais.

Donnie não me forçou, mas disse que eu entenderia melhor nossa distância moderna do ciclo da vida ao caçar. "Sem pressão", falou. "É uma decisão muito importante. Mas eu acho que você entenderia por que estamos aqui se caçasse." Eu confiei nele e me dispus a atravessar o que eu presumi que seria uma barreira emocional pesada.

Cerca de 11,5 milhões de norte-americanos caçam. Uma pesquisa nacional conduzida por cientistas da Universidade Purdue descobriu que 87% de nós acha que caçar é aceitável, contanto que o animal seja usado como alimento. O presidente Jimmy Carter, caçador e pescador de longa data, ao explicar seus pensamentos em relação à "inquietação" que é sentida quando se mata um animal para comer, escreveu: "Para as pessoas que acham esses sentimentos esmagadores, meu conselho seria 'não cace ou pesque'. De fato, se alguém tem uma objeção moral ou ética sobre tirar a vida de um animal para uso humano, é lógico que ele seja um vegetariano dedicado e não exija que outros, talvez em uma peixaria ou açougue, acabem com vidas para benefício próprio; muitos tomam essa decisão."

Os pesquisadores da Universidade Purdue descobriram que as pessoas que enxergavam a caça de modo favorável eram mais propensas a terem contato com animais de fazenda e morar em áreas rurais. Eram as pessoas mais distantes da fonte do alimento — em maioria, os urbanos que experimentaram apenas a carne perfeitamente bem tratada e alinhada nas prateleiras da mercearia — que tinham a opinião mais dura sobre matar para consumo próprio.

Também não sou contra a posse responsável de algumas armas. Tenho duas: uma espingarda de calibre doze com sistema por ação deslizante para tiro ao alvo e uma pistola de nove milímetros que comprei para fazer um treinamento intenso depois de um dependente químico tentar invadir minha casa.

Desde então, descobri que atirar com a pistola sozinho no deserto é uma própria forma paradoxal de meditação. Eu me perco no exercício de tentar relaxar para focar inteiramente minha respiração enquanto explosões repetidas estouram na ponta de minhas mãos.

Mas eu não tinha um histórico com disparos de longo alcance, então, quando decidi caçar nessa viagem, chamei um amigo militar franco-atirador, que mexeu os pauzinhos para me colocar em contato com um atirador competitivo local, marechal dos EUA.

Nós nos encontramos em um campo no deserto de Mojave. Ele pegou dois longos estojos da caçamba de sua picape F-150. Falamos sobre segurança, posicionamento do corpo, balística e como mirar em objetos e interpretar padrões climáticos. Após um longo dia no deserto, eu estava atingindo alvos a 914 metros de distância.

3 PERNAS BOAS • 183

"Até qual distância você estará atirando por lá?", ele me perguntou.

"Talvez um pouco mais de 91 metros."

"Se você consegue atingir um alvo a 914 metros...", disse ele, "será capaz de enfiar a bala em um músculo a 91 metros".

Donnie pega os três cartuchos do bolso para que eu os encaixe no pente do rifle. Eu espero para girar o ferrolho e colocar um cartucho na câmara. Apoio o rifle na mochila de Donnie, que forma um descanso de arma improvisado. E encosto a coronha em meu ombro direito. A mão esquerda no cano e a direita no punho da arma. Enquanto Donnie vasculha a manada através dos binóculos, eu inclino a cabeça para observar pelo telescópio.

Eles estão trotando empertigados pelo vale à nossa direita. Meus braços, pernas e peito estão cheios com uma energia nervosa de alta frequência que parece 1 milhão de alfinetes dançando por meu corpo.

"Os dois shooters estão lá", diz Donnie, respirando pesadamente. "O primeiro está à esquerda, e o segundo...", ele pausa. Então sua intensidade aumenta. "O segundo está..."

Ele está ali, trazendo o meio da manada. Percebo primeiro sua galhada. Ela é compacta, mas inteiramente complexa — uma peça extravagante de arte abstrata natural.

Uma pá chata com minúsculos pontos, como uma lâmina serrilhada, divide seu rosto. Uma ramificação acima da primeira divisão da galhada emerge de cada base. Ela faz um ângulo de 45 graus acima do rosto, terminando em avassaladoras formas de chamas. O feixe principal se ergue da cabeça e se curva verticalmente, como longas pinceladas delgadas. Conforme se esticam, pontos cônicos se sobressaem de seu pescoço e dorso. Após alguns metros de viagem, os feixes delgados principais se bifurcam em vários caminhos, e cada bifurcação se curva dividindo-se mais uma vez, como longos dedos demoníacos. Fractais. O corpo por trás da galhada é rotundo, branco no peito e no pescoço, além de marrom-acastanhado no torso.

Suas galhadas puxam levemente para a esquerda com cada passo. Ele está mancando em uma perna traseira.

"Esse é o seu macho. O que está mancando", diz Donnie. "Ele é velho. Velho. É ele. É ele."

184 • A CRISE DO CONFORTO

Um jovem espécime chega perto demais. O macho mais velho logo se vira para a direita, abaixa o pescoço e espeta o mais jovem. Um aviso de valentão para que o outro se renda. Enquanto se movimenta, ele revela uma cicatriz grossa ao longo do quadril, à esquerda.

"Está vendo?!", Donnie sussurra. "Está vendo?!"

"Eu o vejo", digo. Minha veia da jugular está pulsando.

Conforme a manada se aproxima, giro de encontro ao solo, mantendo meu corpo e o cano do rifle em uma linha reta perfeita apontada para os animais. O musgo acolchoado da tundra amortece meu peso.

Finalmente, eu o vejo pelo telescópio. Quando ele aparecer, começarei a posicionar a mira. Então ele vai balançar e se mexer entre outros caribus. O andar manco faz com que cada movimento seja exagerado e errático. Assim que ele reaparece, volta a sumir no grupo.

"Está vendo agora?!"

"Não, eu o perdi na manada."

Mantenho o olho no telescópio. Foco minha respiração. Inspirando por três segundos, expirando por cinco segundos. Repetidamente, um tipo de zen na arte da balística. A manada está a cerca de noventa metros de nós agora. "Se você não quiser atirar, não atire", diz Donnie. "Mas, se vai atirar, terá que fazer isso em breve."

Eles atravessaram o ponto mais próximo. Estão andando a favor do vento, aumentando a distância. Estão a 100 metros, então 109 e 118 metros. Ele sumiu completamente do telescópio. Ergo o olhar, vasculhando a manada.

Agora estão a 146 metros de distância. Retorno o olho para o telescópio. Foco o grupo onde eu o vi pela última vez. Duas fêmeas mudam de posição, criando uma abertura. Primeiro eu enxergo a galhada.

Então lá está ele. Sem animal algum dentro de um raio de 1,5 metro. Sua cabeça está abaixada. Ele está comendo. Porém, para, levantando a cabeça para olhar em direção ao horizonte. Talvez ele tenha capturado nosso cheiro. Encho os pulmões de ar. Então começo a lentamente soltar todo aquele ar de volta ao Ártico enquanto ajeito a mira logo acima da parte frontal do seu ombro.

31/12, 23:59:33

EU ESTAVA SÓBRIO há dezoito meses. Achava que não teria mais grandes oscilações emocionais. Mas então um podcast estúpido que eu estava ouvindo a caminho do trabalho me derrotou completamente. O apresentador estava explicando um conceito chamado calendário cósmico. Ele coloca todo o tempo — os 13,8 bilhões de anos do universo — em uma escala de um ano. Então, no calendário cósmico, o Big Bang aconteceu em 1º de janeiro à meia-noite. A galáxia Via Láctea se formou em 16 de março. Nosso sistema solar assumiu seu formato em 2 de setembro. E a Terra seguiu em 6 de setembro, há cerca de 4,4 bilhões de anos. As primeiras células complexas emergiram na Terra no dia 9 de novembro. Os dinossauros apareceram no Natal e foram extintos no dia 30 de dezembro. E então o apresentador disse que, nesse calendário, toda a história registrada da humanidade — 12 mil anos e 480 gerações de pessoas — aparece na noite de 31 de dezembro, em torno de 23h59m33.

Quando ouvi isso, me senti insignificante de um jeito incomensurável no grande esquema do tempo e espaço. Eu podia ver que morreria em breve. E que todas as pessoas com quem eu me importo também morreriam em breve. Percebi que todos seríamos esquecidos pouco depois disso. Eu vi que não havia nada que eu pudesse fazer sobre isso. E tive um colapso.

Mas naquele momento eu não tinha a noção de uma realidade maior. Não reconhecia o quanto tenho sorte por estar vivo. Nem o milagre de ter nascido em uma era de lugar com saúde e prosperidade. Em vez disso, eu estava me

186 • A CRISE DO CONFORTO

acabando de chorar em minha picape V8 refrigerada de meia tonelada, que estava transmitindo vozes que vinham da porra do espaço sideral.

Um cientista fez as contas para descobrir que as chances de uma pessoa estar viva são de 1 em 10 elevado à 2.685.000 potência. O cientista explica que essas probabilidades são as mesmas de ter um grupo de 2 milhões de pessoas jogarem um dado com *1 trilhão de lados*, e cada um desses dados cair no mesmo número. Tipo 550.343.279.007.

Esse número também não leva em consideração a minha sorte de ter nascido em um país desenvolvido em tempos recentes. Até mesmo um século atrás, por exemplo, entre 30% e 40% das crianças europeias morriam antes de fazer cinco anos. É por isso que em 1900 a expectativa de vida média no mundo era de 31 anos. Agora, a expectativa de vida média no mundo é 72.

Ainda assim, enquanto os confortos e as conveniências do mundo moderno deram mais anos aos humanos, parece que nos tornamos menos confortáveis com a morte. A única certeza da vida. Oito entre cada dez pessoas ocidentais dizem se sentir desconfortáveis com a morte. Apenas metade das pessoas acima de 65 anos já pensaram em como querem morrer.

Depois que alguém morre, somos encorajados a nos "manter ocupados"; "tirar isso da cabeça". O corpo de uma pessoa morta é imediatamente coberto e enviado a um agente funerário, onde será cremado e colocado em uma nova urna reluzente. Ou preparado para aparentar ser tão viçoso e vívido quanto possível antes de uma última hora de velório, após o qual é colocado no solo de um cemitério perfeitamente bem tratado.

Ignorar a morte nem sempre foi o estilo norte-americano, disse Gary Laderman, doutor e historiador da morte na Universidade Emory. "No século XIX e antes dele, norte-americanos eram muito mais íntimos com a morte e ela fazia parte do dia a dia — a morte era baseada na família e na comunidade. Era feita em casa e cultivada em casa. Quando alguém morria, o cadáver estava logo ali."

"O ponto de virada essencial foi a morte e o funeral de Abraham Lincoln. Ele se tornou a figura mais pública a ser embalsamada. E o processo foi descrito nos jornais", Laderman me contou. "Então o embalsamamento se torna comum, a indústria funerária cresce e se expande. Para alguns, é um modo de manter a morte distante, um modo de não ver ou enfrentar a morte."

Isso coincidiu com "o surgimento do hospital moderno. Funerais e hospitais começaram a dominar o processo de morte e o corpo morto", disse Laderman. Uma pessoa doente vai para o hospital, então à casa funerária, então para a terra — o processo não está em nossas mãos. "Hospitais usaram o conhecimento e a expertise para tirar a morte de sua antiga condição de intimidade."

Com o crescimento da medicina, também começamos a acreditar que a ciência sempre nos salvaria, disse Laderman. Atualmente, nós tomamos remédios em excesso, passando por mais dor e sofrimento no fim da vida pela possibilidade de atrasar a morte. O professor de cirurgia da Escola de Medicina de Harvard e nomeado para a bolsa MacArthur, Dr. Atul Gawande, observa que 25% de todo o gasto do Medicare vai para os 5% de pacientes em seu último ano de vida. Boa parte desse dinheiro vai para tratamentos que não ajudam muito a salvar vidas. Apenas costumam fazer a pessoa passar por mais sofrimento desnecessário.

Tomamos suplementos estranhos. Acreditamos em coisas impossíveis. E passamos por procedimentos bizarros para tentar empurrar a morte alguns dias a mais para longe. Em minha carreira, escrevi sobre homens que, em nome de viver mais tempo, adquiriram ilegalmente farmacêuticos perigosos de laboratórios de outro continente, pagaram milhares de dólares para ter o sangue de homens mais jovens injetado em seus corpos e gastaram milhões financiando equipes de cientistas que, como eles acreditam, descobrirão a fonte da juventude em formato de pílula.

No fim das contas, muitos de nós estão tão inconscientes de nossa morte iminente que esquecemos de viver sendo honestos com a gente mesmo. O que é um dos arrependimentos mais comuns de norte-americanos no leito de morte. Há, de fato, um motivo pelo qual as pessoas que passam por uma experiência de quase morte costumam se demitir de seus empregos mundanos ou terminar relacionamentos tóxicos para ir atrás de seus sonhos.

O filósofo existencialista Martin Heidegger disse: "Se eu tomar a morte em minha vida, reconhecê-la e enfrentá-la diretamente, eu me libertarei da ansiedade da morte e da mesquinhez da vida — e somente assim serei livre para me tornar eu mesmo."

Recentemente, cientistas da Universidade de Kentucky testaram se havia alguma sabedoria nessas palavras. Eles fizeram um grupo de pessoas pensar em uma visita dolorosa ao dentista e o outro contemplar a própria morte. Mais tarde, os pensadores da morte encontraram uma nova perspectiva. Eles relataram se sentirem mais felizes e satisfeitos com a vida. Os cientistas concluíram: "A morte é um fato psicologicamente ameaçador, mas, quando as pessoas a contemplam, parece que o sistema automaticamente começa a procurar por pensamentos felizes."

O país do Butão — o qual as pessoas costumam conhecer provavelmente porque normalmente aparece em segundo lugar, depois da Disneylândia, na lista de "lugares mais felizes do mundo" — fez com que fosse parte do currículo nacional pensar sobre a morte de uma a três vezes por dia. O entendimento de que todos vamos morrer é martelado na consciência coletiva do Butão. A morte é parte do dia a dia. Cinzas dos mortos são misturadas com argila e moldadas em pequenas pirâmides, chamadas *tsha-tshas*, e colocadas em áreas públicas visíveis — ao longo de estradas com alto tráfego, no peitoril de janelas e em praças e parques públicos. A arte butanesa costuma centrar a morte com pinturas de abutres bicando a carne de cadáveres e danças que reconstituem o ato de morrer. Os funerais são eventos de 21 dias nos quais o corpo morto "vive" em sua casa antes de ser cremado lentamente sobre arbustos perfumados de zimbro na frente de centenas de amigos e parentes.

Toda essa morte não corta o ânimo dos butaneses — e sim faz o oposto. Apesar de ocupar o lugar 134 na lista de nações mais desenvolvidas no mundo, estudos extensivos conduzidos por pesquisadores japoneses descobriram que o Butão está entre os vinte países mais felizes do mundo. Mas o que muitas pessoas não sabem é como o interesse mórbido dos butaneses pela morte contribui com seus sentimentos de felicidade. Nem eu sabia.

E então, depois de quatro voos ao longo de 48 horas, 14 fusos horários e 9.465 milhas, eu desci de um 737 envelhecido para uma pista a 2.235 metros acima do nível do mar no Aeroporto Internacional Paro do Butão. Um ar rarefeito encheu meus pulmões enquanto o sol iluminava o sopé dos Himalaias nevados ao redor.

PLANEJEI PRIMEIRO CONHECER DASHO KARMA URA. A IDEIA DE QUE PENSAR SOBRE A MORTE poderia ter algo a ver com a alegria butanesa era atraente, mas também transmitia uma aura de misticismo.

Eu queria começar com números, fatos e cálculos exatos. Esse conhecimento, com um acompanhamento de filosofia, é exatamente o que Karma Ura oferece. Pensar sobre a morte não é o seu emprego primário, mas é um subproduto de liderar o Centro de Pesquisa do Butão e da FIB (Felicidade Interna Bruta), um instituto de pesquisa de ciência social financiado pelo governo e localizado em Timbu, capital do Butão. *Dasho* é um título butanês especial para um oficial do governo de alto escalão, como um secretário de (insira o departamento, como "Estado", "Defesa" ou "Saúde e Serviços Humanos").

O dasho é essencialmente o secretário da Felicidade do Butão. Ele tem estudado a felicidade há duas décadas — o que faz as pessoas felizes e o que o governo pode fazer para promover a felicidade. O *New York Times* se referiu a ele recentemente como "um dos maiores especialistas em felicidade do mundo".

Ele conduz estudos extensivos sobre felicidade pelo país e faz recomendações de legislação sobre felicidade para o governo real. É um trabalho apropriado. O homem é um analista sério. "Nossos dados coletados de mais de 8 mil butaneses com mais de 15 anos escolhidos aleatoriamente a cada 4 anos mostra, consistentemente, uma média nacional alta de satisfação com a vida", afirmou. "Em geral, isso coloca o Butão entre os vinte primeiros no ranking da felicidade." Um dos estudos recentes da sua equipe descobriu que apenas 8,8% dos butaneses se dizem infelizes. Os restantes 91,2% relatam serem "estreitamente", "extensivamente" ou "profundamente" felizes.

Em 1972, o rei do Butão, Jigme Singye Wangchuck, percebeu que a maioria dos países se esforça para construir um produto interno bruto alto. Mas, ao fazer isso, eles costumam criar classes média e alta esgotadas de trabalho, e uma classe baixa miserável. Mais do que isso, os países costumam ter que destruir o meio ambiente na caça por recursos e dinheiro, métricas que guiam o PIB.

O rei disse a um repórter: "A felicidade interna bruta é mais importante do que o produto interno bruto." Ele estava adotando a ideia de que o crescimento econômico não é um fim em si mesmo, mas um meio de alcançar um fim melhor, que é a felicidade. Então por que não descobrir o que faz as pessoas felizes e ir atrás disso?

Então, o governo butanês se organizou para melhorar em seu país as nove qualidades que, segundo mostra a pesquisa, geram a felicidade. Qualidades como bem-estar psicológico, saúde física, padrões ideais de trabalho, diversidade e resiliência culturais, comunidade forte, resiliência ecológica e padrões adequados de vida.

Dorji, meu motorista (a lei no Butão exige que todos os turistas contratem um guia e um motorista), me levou à casa do dasho na encosta. Estávamos sentados com um fogão a lenha aceso entre nós. O dasho — minúsculo, de óculos e demonstrando erudição — estava vestindo um *gho* simples e escuro. Sua voz era um sussurro lento que eu me esforcei para compreender sobre as brasas que estouravam no fogão.

O dasho era parte de um programa dos anos 1980 que selecionou os jovens mais brilhantes de nações muito subdesenvolvidas e os enviou para estudar em graduações avançadas na Universidade de Oxford. Foi lá que ele estudou economia e filosofia, o que explica seu lado filosófico. Um lado que parece entender as deficiências dos números e como muitos aspectos da experiência humana não podem ser mensurados.

"No Ocidente é comum ver uma redução de mensurar tudo com dinheiro", ele disse enquanto se recostava, as mãos unidas sobre o estômago. "Existem tantas coisas que não podem e não devem ser substituídas por dinheiro e métricas econômicas."

Sua esposa entrou no cômodo com canecas de *suja*, um chá butanês tradicional misturado com manteiga e sal. Contei a ele como, apesar do nosso PIB gigantesco, os Estados Unidos haviam passado por um extenso período recente no qual a expectativa de vida diminuiu. Ele tomou um gole do chá. O vapor embaçou seus óculos. Então parou para pensar.

"A redução da expectativa de vida é um indicador muito sério de que há muitos fatores subjacentes que estão minando o bem-estar", ele disse. "Acho que condições externas podem estar melhorando nos Estados Unidos."

Ele observou que nossa economia é forte e que temos muitas oportunidades e confortos. "Mas as condições internas nos Estados Unidos podem não estar melhorando. Porque o bem-estar é, na verdade, um subproduto da interação entre as condições externas e internas da pessoa. Você pode se tornar muito frágil e tomar decisões fatalistas sem as suas condições internas bem cuidadas."

Seu trabalho mostra que a felicidade tem menos a ver com confortos externos do que muitos ocidentais pensam. E acadêmicos ocidentais concordam. Os pesquisadores em Stanford observaram que "uma descoberta extraordinária replicada repetidas vezes é que, assim que você ultrapassa os 25% de países mais pobres no mundo, onde a única questão é a sobrevivência e a subsistência, não há relação entre o produto interno bruto, a renda per capita, qualquer uma dessas coisas, com os níveis de felicidade".

O Butão está bem atrás no departamento financeiro. A pessoa média no Butão ganha apenas US$225 por mês. O Fundo Monetário Internacional classifica o país na posição 161 de 185 no produto interno bruto, a medida de tudo o que se produz. Muitas das estradas do país não são pavimentadas. Timbu é a única capital do mundo sem semáforos. Até 2017, menos de metade do país tinha acesso à internet. Não há nenhum McDonald's, Burger King ou Starbucks.

Perguntei a ele por que a maioria dos butaneses parecia estar tão feliz, apesar de o país não ser classificado nas primeiras posições em desenvolvimento.

"Provavelmente há muitos motivos para isso", ele disse. "Temos conexões profundas nas comunidades por aqui, mas também conexões profundas com a paisagem." Cerca de 70% dos butaneses moram em áreas rurais, em pequenas comunidades de cerca de 200 pessoas (lembre-se da teoria da felicidade da savana). A maioria das pessoas é dona de terras.

"Essa paisagem… a mesma encosta da montanha… é o local de nascimento de uma pessoa, o local de trabalho, o local de crescimento e é o local de morte. Então, nesse sentido, elas podem ter uma sensação de pertencimento a uma comunidade e uma paisagem familiar", disse o dasho. "Essa ideia maior de se enxergar inserido em um lugar provavelmente não existe nos Estados Unidos. As pessoas se mudam com tanta frequência e a maioria mora em cidades. O pertencimento provavelmente é mais abstrato, como pertencer a marcas como a Nike ou algo assim." A Fast Company relatou recentemente que um número maior de grandes corporações norte-americanas está investindo no desenvolvimento de uma noção de "pertencimento à marca". Um tipo de mudança publicitária do "compre" para "seja".

As pesquisas do dasho descobriram que os butaneses classificam a saúde física e mental como a fonte mais importante da felicidade. A taxa de obesidade no Butão é de apenas 6%. "As provisões de assistência médica no Butão não são ótimas", contou. "Mas são gratuitas. Cada procedimento é pago pelo governo. E se os hospitais daqui não puderem fazer um procedimento bem o suficiente, então todas as despesas para fazer o procedimento fora do Butão serão cobertas."

O que leva o dasho ao próximo ponto: "Os butaneses também têm menos dívidas. Todos os butaneses são donos das próprias casas. Os norte-americanos não. Talvez a qualidade das casas butanesas não seja tão boa, mas elas têm janelas que dão para o vale e a floresta no quintal. A sensação de liberdade que você sente ao não estar preso a dívidas é significativa."

O dasho está vendo que a influência de tecnologia móvel está fazendo com que mais butaneses jovens migrem para cidades como Timbu e Paro. Mas até mesmo essas "cidades" são o que nós, nos Estados Unidos, poderíamos considerar como pitorescas vilas montanhosas de esqui. E seus cidadãos essencialmente vivem e trabalham na natureza.

"Sabemos que o acesso à natureza é fundamental", ele continuou. "Ela envolve todos os cinco sentidos e você precisa vivê-la diariamente para ser impactado por isso. Isso pode ajudá-lo a se enxergar a partir de uma perspectiva diferente. Talvez você veja um javali selvagem na floresta, se pergunte como é a existência dele e perceba que a vida dele é muito mais difícil. E a natureza tem tanto a beleza quanto a mortalidade. Você vê os ciclos pelos quais ela passa e se lembra de que você mesmo está passando por ciclos."

Parecia o momento certo para mudar de assunto para o motivo da minha viagem. Perguntei a ele como acredita que a relação dos butaneses com a morte é um fator na felicidade.

"A morte não pode ser apenas um assunto de hospitais, casas funerárias, seguros e transações financeiras", ele disse. "Você precisa de algum tipo de pedagogia. No Butão, aprendemos que nos enxergar nem sempre como uma pessoa viva, mas também como uma pessoa em processo de morte, é uma pedagogia de vida muito importante. A morte por aqui é parte da cultura e da comunicação."

É difícil medir exatamente como a consciência de morte do país melhora a felicidade, mas suas pesquisas medem a espiritualidade. Ele disse que a morte está inserida nas fundações do budismo, a principal fé do país. E a variante butanesa do budismo parece colocar uma ênfase maior do que outras nações majoritariamente budistas em estar consciente da morte. Mas ele disse que deixaria as lições profundamente teológicas da morte para o homem que encontrarei em seguida.

EU ME ACOMODEI DE VOLTA NO HATCHBACK SUPERCOMPACTO DE DORJI. ELE VESTIA UM GHO butanês tradicional e mascava *rajnigandha,* que é casca de noz-de-areca e folha de betel cobertos por um sabor que parece incenso aceso. Ele dirigiu trinta minutos por uma autoestrada pavimentada, então desviou de um bando de cinco vira-latas enquanto virava para uma estrada de terra íngreme. Os pneus do carro ricocheteavam na estrada pedregosa. Levantamos poeira quando passamos por crianças brincando na frente de casas tradicionais de madeira, uma fileira de rodas de oração budistas e um grupo de mulheres mais velhas andando colina acima com fardos de feno amarrados nas costas.

A estrada piorava com a altitude. Dorji estava percorrendo uma trilha 4x4 no que era essencialmente um carro smart com um banco traseiro. Nós fomos sacudidos para todo lado enquanto ele girava loucamente o volante e acelerava livremente o motor, forçando o carro a se arrastar por elevações no solo. A estrutura do carro produzia um ruído grave de moagem enquanto arranhava na terra acidentada. A estrada subiu e se contorceu ao longo de plantações de arroz em camadas e penhascos.

Após trinta minutos de uma viagem ao estilo Baja 500, paramos na lateral da estrada. "Duas horas", eu disse, mostrando dois dedos. Dorji sorriu assentindo. Desligou o motor, puxou o freio de mão, abriu as janelas e reclinou o assento por completo. Um vento frio balançou os galhos dos pinheiros ao redor enquanto eu começava a caminhada de dez minutos ao longo da trilha da encosta. Agora que eu havia ouvido as estatísticas, era hora de falar com os místicos.

O primeiro foi khenpo Phuntsho Tashi. Ele sabe tanto sobre a morte quanto um ser humano pode saber. Ele é um dos principais pensadores budistas do Butão que encontrou um nicho no estudo da morte e dos mortos. O *khenpo* é autor de um livro de 250 páginas chamado *The Fine Art of Living and Manifesting a Peaceful Death* [A Arte de Viver e Manifestar uma Morte Pacífica, em tradução livre]. E, diferentemente de muitos monges do Butão, ele conhece intimamente as aflições que as pessoas têm no Ocidente. Antes de se dedicar à prática espiritual, o khenpo morava em Atlanta com uma namorada que era a tradutora do Dalai Lama. Pensei que ele seria capaz de chegar ao coração e às consequências do medo da morte do Ocidente.

Minhas botas chutaram a poeira baixa enquanto a cabana do khenpo surgia ao lado do penhasco. Era de madeira, com teto de estanho e na sombra do Dakarpo, um antigo monastério budista construído em um afloramento com vista para o vale Shaba. Mais ou menos quinze pessoas andavam no sentido horário ao redor do monastério branco semelhante a uma fortaleza. Elas cantavam enquanto pisavam com cuidado ao longo do terreno pedregoso. A mitologia butanesa diz que uma pessoa será limpa de todos os seus pecados ao fazer a circunavegação do Dakarpo 108 vezes. Cada volta leva em torno de 25 minutos. Completar as 108 voltas leva, para a maioria dos peregrinos, cerca de quatro dias, um preço relativamente pequeno a ser pago pela absolvição absoluta.

Uma mulher me cumprimentou na porta da cabana. Ela apontou para um balde de ferro fundido cheio de areia, do qual saíam algumas varetas de incenso acesos. Eu trouxe a fumaça para meu rosto. Então, ela pegou uma chaleira dourada impressa com sânscrito e despejou água em minhas mãos. Eu bebi metade e joguei o resto no topo da cabeça. Agora, purificado, retirei as botas. E entrei na cabana.

O primeiro cômodo estava vazio, a não ser por um gato malhado encolhido sobre uma almofada de meditação. Meus passos fizeram as tábuas do piso rangerem quando entrei no próximo cômodo, que era uma simples cozinha com utensílios básicos para cozinhar — facas, tigelas e um fogão elétrico. À direita estava uma última entrada coberta.

O cheiro de incenso queimando rastejou até meu nariz enquanto eu afastava a pesada cortina de seda laranja bordada. A luz entrava na sala através de uma janela nebulosa, iluminando a fumaça que obscurecia um pequeno altar ancorado por uma estátua de quase um metro do Buda. Ao redor, estavam estátuas budistas menores, fotografias e varetas acesas de *champa*. Através da fumaça eu vi o perfil de um rosto. Era o khenpo.

Vestido com um manto bordô e dourado, ele estava sentado em uma posição meditativa de lótus sobre uma almofada ornamentada em cima de uma pequena plataforma. Ele virou a cabeça lentamente. Sorriu quando nos olhamos. Se eu tinha qualquer ideia preconcebida sobre que tipo de cenário eu encontraria depois de viajar para uma Shangri-la da vida real para me consultar com um importante monge em seu monastério na cabana na beira de um penhasco, essa cena era... bem, exatamente o que eu teria imaginado. Olhando para ele, eu não conseguia evitar pensar em Bill Murray como o zelador Carl Spackler em *Clube dos Pilantras* descrevendo o Dalai Lama: "O manto esvoaçante... a graça... careca... impressionante."

"Bem-vindo", disse o khenpo, sua voz suave e com forte sotaque. Eu me curvei e sentei em seguida. "Você quer falar sobre a morte?"

Assenti. "Humm...", ele disse. Seu peito inflou e desinflou lentamente no silêncio.

"Vocês norte-americanos geralmente são ignorantes", falou, usando uma palavra que costuma ser vista como insulto nos Estados Unidos, mas que por definição significa "não ter conhecimento". No Butão e outros países budistas, "ignorância" é a tradução básica para o inglês de *Avidyā*. Uma palavra em sânscrito que significa ter um entendimento equivocado da verdadeira natureza da sua realidade e da verdade da sua impermanência. "A maioria dos norte-americanos desconhece como as coisas são boas para eles e, portanto, muitos de vocês são infelizes e buscam as coisas erradas", arrematou.

"Quais são essas coisas erradas?", eu perguntei, buscando a pose e o tom que se deve assumir ao falar com uma autoridade religiosa.

"Vocês agem como se viver fosse preencher uma lista de tarefas. 'Preciso conseguir uma boa esposa ou marido, então um bom carro, então uma boa casa, então uma promoção, então um carro melhor e uma casa melhor e faço meu nome ser reconhecido e então...'" Ele citou mais conquistas que compõem o Sonho Americano. "Mas esse plano nunca irá se materializar perfeitamente. E mesmo se isso acontecer, o que vem depois? Vocês não sossegam, apenas adicionam mais itens à lista. É da natureza do desejo obter uma coisa e imediatamente querer a próxima coisa, e esse ciclo de conquistas e aquisições não o deixará necessariamente feliz — se você tiver dez pares de sapato, vai querer onze pares."

Ele não está errado. A coleção de coisas tem crescido nos Estados Unidos ao longo dos últimos cem anos. A mulher norte-americana média nos anos 1930, por exemplo, tinha 36 peças de roupa no armário. Atualmente, pessoas que consultaram um serviço de organização tinham 120. E a maioria das peças raramente era utilizada. De acordo com cientistas na Universidade de Califórnia em Riverside, bens materiais são objeto de um fenômeno "persistente" similar. Eles nos dão uma explosão de alegria. Isso é, até possuirmos eles por um momento, que é quando perdemos interesse. Depois o próximo desejo material consome nossa mente.

Pesquisadores na Universidade Estadual de São Francisco descobriram que títulos, riqueza e posses melhoram nosso bem-estar apenas na medida em que preenchem nossas necessidades básicas. Por exemplo, ter dinheiro o suficiente para comprar uma casa segura, comida suficiente e um carro que funciona pode aumentar nossa felicidade. Porém, não há muita diferença em longo prazo no bem-estar de alguém que consegue, digamos, morar em uma casa modesta ou em uma mansão. Ou fazer o trajeto até o trabalho em um Mazda básico ou um Maserati. Os pesquisadores, na verdade, descobriram um paradoxo: ser materialista em excesso leva à infelicidade.

Talvez seja por isso que o minimalismo e a "magia transformadora" de se livrar das coisas seja popular nos Estados Unidos atualmente. Tudo parece bom na teoria, mas alguns estudiosos têm discutido que as tentativas dos norte-americanos de se desmaterializar são apenas outra forma de materialismo. Como diz a antropóloga da Universidade de Iowa, Meena Khandelwal, agora nós simplificamos não porque estamos "nos rendendo a uma realidade superior", como o khenpo, mas porque o minimalismo é atraente no Instagram.

Então, o khenpo observou que, ao perseguir cegamente essa lista de tarefas, costumamos ser forçados a agir de maneira que nos afasta daquela realidade superior e da felicidade. Ele estava ecoando um sentimento compartilhado entre muitos líderes na tradição do budismo Vajrayana. Sogral Rinpoche, em sua obra de 1992, *O Livro Tibetano do Viver e do Morrer*, chama esse fenômeno da lista de tarefas de "preguiça ocidental". Tal fenômeno consiste em "atulhar nossas vidas com atividades compulsivas para que não sobre tempo algum para confrontar os verdadeiros problemas. Se olharmos para nossas vidas, veremos claramente quantas tarefas desimportantes, as chamadas "responsabilidades", se acumulam para enchê-las. Nossa forma de agir, a busca de melhorar nossas condições de maneira obsessiva, pode se tornar um fim em si mesmo e uma distração sem sentido."

O norte-americano médio trabalha 47 horas por semana. Nossos empreendedores e "gurus da produtividade" pregam que a mentalidade do "corre" e do "cale a boca e trabalhe mais" é o segredo da satisfação. O estado de estar sempre ocupado é algo que aumentou radicalmente nos Estados Unidos desde os anos 1960. E cientistas na Escola de Negócios de Columbia mostraram, em uma série de estudos, que cada vez mais vemos essa ocupação exagerada como um modo de obter status. Essa mentalidade pode ser uma substituta moderna para preencher um vazio deixado quando paramos de fazer coisas fisicamente difíceis. Por exemplo, Elon Musk se gaba sobre trabalhar 120 horas por semana, e Chris Cuomo se referiu a si mesmo como "guerreiro" por trabalhar enquanto estava doente com o coronavírus.

Essa perturbação no equilíbrio entre trabalho e vida — ou, talvez, nosso problema em integrar o trabalho à vida, e não o contrário — entra na equação do motivo de outras pesquisas mostrarem que os Estados Unidos são, na verdade, menos felizes do que eram décadas atrás.

"Então esse plano da lista de tarefas não o faz feliz de verdade. E aí?", disse o khenpo. Ele estava em silêncio. Deixou que eu ponderasse.

"Não sei. Sou um norte-americano ignorante", eu disse e sorri.

"Então você poderia ser mais feliz!", respondeu com uma risada. "Visto que, se entende esse ciclo e a natureza da mente e prioriza a atenção plena, então tudo ficará bem. Mesmo se você não ficar rico, tudo bem, você está consciente. Mesmo se não encontrar uma esposa perfeita? Tudo bem, você está consciente."

Ah, sim. "Atenção plena." Aquela expressão vaga e de "o que diabos isso significa" que está tão em voga nos Estados Unidos hoje em dia. Mas, na verdade, tem sido parte das tradições orientais desde antes de Cristo. Ela é definida, grosso modo, como prestar atenção com propósito ao que está acontecendo no momento presente, sem julgamento, de acordo com Jon Kabat Zinn, professor na Escola de Medicina da Universidade de Massachusetts, pioneiro da atenção plena no mundo ocidental. Em outras palavras, é estar consciente do que está acontecendo na cabeça.

Sendo tão esclarecido quanto as tábuas do piso sobre as quais eu estava sentado na cabana do khenpo, tive problemas com a atenção plena. Tenho meditado todo dia na sobriedade; eu tenho dificuldades na maioria das vezes, mas a prática costuma diminuir o furacão da minha cabeça de uma categoria cinco para uma categoria quatro. Isso me dá momentos efêmeros nos quais posso ver a maquinaria mental pelo que ela é de verdade, o que me parece um progresso.

Mas, o khenpo fez com que a atenção plena soasse como enfiar uma vara nas rodas da lista de tarefas para desenvolver um estado de tranquilidade. Em outras palavras, sendo rico ou pobre, ou famoso ou um ninguém, eu deveria evitar me perder nas narrativas que minha mente cospe. Apenas aceitar a direção das coisas. Isso me ajudará a ir além da lista de tarefas e simplesmente ficar bem.

Ocorreu-me que esse tipo de pensamento, de certo modo, é o que me manteve sóbrio. Toda vez que acontecia algo de ruim comigo, eu apenas lembrava que as coisas seriam muito piores se ainda estivesse enchendo a cara.

A mulher que havia me guiado pelo ritual de limpeza entrou na sala. Ela colocou um prato de pepinos e pedaços de tangerina no piso entre mim e o khenpo. "Tudo orgânico!", ele disse, pegando uma lasca de pepino que fez um ruído crocante quando ele mordeu.

"OK, então como você faz um ocidental como eu, que foi condicionado a dominar a lista de tarefas, viver com mais consciência?", perguntei.

"Bem, nós, butaneses, também temos ignorância, raiva e apego. Temos os mesmos problemas da lista de tarefas, mas acho que menos. Isso porque aplicamos o que chamamos de atenção plena do corpo. Lembramos que todos estão morrendo nesse momento", disse o khenpo. "Todo mundo vai morrer. Você não é o único. Você *sabe* disso? Não pensar na morte e nem se preparar para ela é a raiz da ignorância."

Imagine que você está caminhando por uma trilha, ele explicou, e há um penhasco a 450 metros de distância. A questão é que o penhasco é a morte, todos nós andaremos além da beirada. E estamos, de fato, andando em direção a ela neste exato momento. "Buda morreu. Jesus morreu. Você morrerá. Eu morrerei. Eu gostaria de morrer naquela cama", disse o khenpo, apontando para um colchão de solteiro no chão.

"Você não gostaria de saber que há um penhasco?", ele perguntou. Só assim podemos mudar nosso curso. Podemos ir pelo caminho mais deslumbrante, perceber a beleza da trilha antes de ela acabar, dizer as coisas que realmente queremos dizer para as pessoas que estão andando conosco.

"Quando você começa a entender que a morte está chegando, que o penhasco está se aproximando, você enxerga as coisas de modo diferente. Você pode mudar seu curso mental — você naturalmente se torna mais compassivo e atento", disse o khenpo. "Mas norte-americanos não querem ouvir sobre o penhasco. Eles não pensam na morte. Depois de um funeral, eles querem distrair a mente da morte e comer bolo. Os butaneses querem saber sobre o penhasco e eles ficarão felizes em falar sobre a morte para arruinar a comilança de bolo.

"Então lembre-se...", ele continuou, capaz de sustentar a perfeita posição ereta do lótus enquanto eu estava curvado e não conseguia sentir minhas pernas, "estamos todos morrendo nesse exato momento. Para desenvolver essa atenção plena da morte, é preciso pensar em *mitakpa*".

"Mitakpa?", perguntei.

"Sim", ele disse. "Mitakpa."

Antes que eu pudesse questionar o khenpo o que era mitakpa, e o que isso seria capaz de fazer, meu tempo havia acabado. Eu estava de volta no hatchback de Dorji. Nós éramos como bolas saltitantes nos assentos enquanto a gravidade puxava agressivamente o carro sobre todas as pedras e barrancos que haviam nos atrasado. Enquanto descíamos, perguntei "Dorji, o que é 'mitakpa'?" Ele olhou para mim e sacudiu a cabeça. "Mi-tak-pa", eu disse.

"Ah. *Mitakpa*", ele respondeu, pronunciando a palavra menos como um norte-americano ignorante. "Takpa, 'permanente'", ele disse. "Mi, 'não'. Mitakpa, 'sem permanência'."

Comecei a pedir que ele explicasse mais a fundo, mas um engarrafamento butanês me interrompeu. Uma manada de sete bois e vacas andou devagar pela estrada de uma única via. Dorji pisou no freio para desacelerar o carro até ele se arrastar. Os animais de meia tonelada se dividiram lentamente ao nosso redor. Seus sinos tocavam enquanto andavam pelas laterais do hatchback.

Ele me deixou no meu hotel. Eu estava planejando trabalhar um pouco antes do jantar. Coisas da lista de tarefas. Mas minha conversa com o khenpo estava fresca em minha mente. Então decidi sair para caminhar em Timbu. Passando por fileiras de lojas, pensei sobre a morte e minha própria relação com a lista de tarefas.

Eu havia experimentado aquele fenômeno "persistente" com frequência, quando um aumento, que eu achei que melhoraria radicalmente minha felicidade, me deu apenas um momento efêmero de alegria. Ou quando pensei que uma compra poderia mudar o modo como as pessoas me viam e, portanto, me deixaria mais feliz. Mas, na busca pela sobriedade, percebi que há aproximadamente cinco criaturas que se importam profundamente comigo. Duas delas são cachorros. E todas elas se importam comigo por motivos que não têm nada a ver com meus hábitos de compra.

O intelectual público, filósofo e neurocientista Sam Harris escreve que o fenômeno da lista de tarefas é, no fim das contas, guiado pela nossa busca por "finalmente relaxar e aproveitar o presente". Mas geralmente não entendemos o propósito subjacente dessa busca. E então seguimos a lista como um fim em si mesmo, o que é "uma falsa esperança", ele escreve.

As transformações duradouras na felicidade que eu experimentei não vieram de nada socialmente imposto. Não por dinheiro, diplomas, títulos, empregos, coisas em geral. Elas vieram de transformações em meu estado mental. Como quando fiquei sóbrio e podia ser alguém melhor com os outros. Ou quando entendi que não sou tão importante assim, estabelecendo um relacionamento com um poder maior do que eu ao perceber que esse poder, como disse o poeta do oeste do Texas, Terry Allen, "não está em algum lugar suspenso no ar, está alojado bem aqui dentro de você". O entendimento de que a felicidade está, sim, alojada bem aqui dentro de mim, acho, é uma forma de atenção plena.

Um cachorro branco desgrenhado me escolheu ao pular na minha perna. Ele devia estar com fome. Entrei em uma barraca do mercado que estava vendendo assados. Comprei muitos sel roti, um tipo de rosquinha butanesa. "Ninguém é dono dos cachorros", Dorji me contou. "Todos nós tomamos conta deles." Pelo resto da noite, caminhei por Timbu alimentando vira-latas.

DORJI ESTAVA DE VOLTA ÀS NOVE HORAS. ELE NOS LEVOU DE CARRO ATÉ O CENTRO DE TIMBU, passando pelo único "semáforo", que é um policial direcionando artisticamente o tráfego no meio de uma rotatória. Estacionamos na lateral da estrada, sob um prédio residencial de três andares.

Eu estava lá para conhecer o lama Damcho Gyeltshen. Ele não pondera sobre a morte em nenhum sentido abstrato — ele a experiencia todo dia. Ele é o lama-chefe no Hospital de Referência Nacional Jigme Dorji Wangchuck, o principal hospital no Butão. Lá, ele aconselha os que estão morrendo. Depois de o khenpo elucidar o problema e sugerir um tipo de solução, pensei que o lama pudesse ser capaz de desenvolvê-la.

Jigme Thinley estava esperando por mim quando saí do carro. Ele é um tipo de faz-tudo para o dasho Karma Ura. O dasho pensou que seria sensato conhecer o lama e enviou Jigme junto para ajudar a fazer uma ponte entre os idiomas. Jigme estava vestindo um gho completo. E era dono de um rosto largo e cinzelado, com um avantajado corpo robusto. Se não fosse pelos óculos de arame meio nerd, ele pareceria mais adequado para o trabalho rural ou a primeira divisão de luta do que um intelectual que trabalha sentado.

Jigme e eu subimos os degraus abertos de concreto do prédio residencial até o segundo andar. Um cachorro sujo estava encolhido no capacho de boas-vindas. Jigme bateu na porta. Depois fomos guiados até uma sala de espera, onde um punhado de mulheres conversava animadamente em butanês. Sapatos formavam uma linha na entrada, a parte de trás achatada como tamancos improvisados. Os butaneses aperfeiçoaram a arte de retirar os sapatos, que é uma exigência para entrar em casas e lugares de adoração. Eu estava com botas de couro com cadarços complicados. Todo mundo observou e riu enquanto eu me curvava e desamarrava arduamente e retirava as botas desajeitadas. "Não são os melhores sapatos para o Butão", disse Jigme com um sorriso.

Avançamos para a próxima sala. O lama estava sentado sobre uma plataforma coberta por esteiras de meditação em seda. Ele ergueu-se da esteira quando entramos. Eu e ele demos um aperto de mão. Também trocamos muitos sorrisos e acenos de cabeça. Ele era careca, baixo e rechonchudo, com óculos de armação de arame. Seu sorriso branco brilhante destacava-se contra o manto de um laranja vívido. Ele se sentou de volta em cima da plataforma, na posição de lótus, enquanto eu e Jigme nos sentamos no chão. Jigme explicou sobre o que eu vim conversar. Morte, morrer e o complexo de morte butanês.

"Bem, primeiro eu gostaria de agradecer por vir e me relembrar da morte, porque é importante para a mente", disse o lama. Suas palavras, naturalmente, me prepararam para indagar o porquê.

"Quando as pessoas vêm ao meu hospital, há uma chance de elas saíram", ele disse. "Mas, também há uma chance alta de que não saiam. Meu trabalho é ajudar a prepará-las para a morte. Descobri que as pessoas que não pensam na morte são as que têm arrependimentos no leito de morte, porque não usaram uma ferramente necessária que poderia ter feito com que vivessem uma vida mais plena." Um estudo norte-americano conduzido em vários hospitais, como o Centro de Câncer de Yale, o Instituto do Câncer Dana-Farber e o Hospital Geral de Massachusetts, apoia essa ideia. Foi descoberto que pacientes que estão morrendo e tiveram conversas abertas sobre sua morte experimentaram uma qualidade de vida melhor nas semanas e nos meses anteriores à morte, de acordo com o julgamento de familiares e enfermeiros.

"A mente é afligida por muitas ilusões, mas que se resumem a três", continuou o lama. "E elas são a ganância, a raiva e a ignorância. Quando a mente não é bem cuidada, essas três coisas têm uma vantagem. As pessoas no leito de morte que eu aconselho de repente não se importam mais em ficarem famosas, ou com o carro ou o relógio, ou com trabalhar mais. Elas não se importam com as coisas que antes as deixavam com raiva." Em outras palavras: quando uma pessoa percebe que a morte é iminente, sua lista de tarefas e as besteiras do dia a dia se tornam irrelevantes e suas mentes começam a se concentrar naquilo que as faz feliz. Uma pesquisa da Austrália descobriu que os maiores arrependimentos dos que estão morrendo inclui não viver no presente, trabalhar demais e viver a vida que acham que ela deve viver em vez daquela que ela quer viver de verdade.

"Enquanto aqueles que pensaram em sua morte e se prepararam para ela não têm esses arrependimentos", disse o lama. "Isso ocorre porque eles costumavam não cair naquelas ilusões. Eles viveram no presente. Talvez tenham conquistado muitas coisas, talvez não. Mas, independentemente disso, a felicidade deles não foi afetada." Ele se estendeu sobre esse fenômeno, explicando que um tipo de transformação cósmica acontece com frequência naqueles que estão morrendo, trazendo-os para mais perto daquilo que importa no final. Uma pessoa viva que pensa na morte irá, sim, enfrentar um desconforto mental inicial, mas emergirá do outro lado com um pedacinho dessa magia do fim de vida.

"O que é mitakpa?", perguntei. "Alguém me contou que a tradução é 'sem permanência'."

"Quase. Mitakpa é 'impermanência'", disse o lama. Ele ergueu um braço e um dedo, como um professor destacando uma questão. "Impermanência, impermanência, impermanência." Isso, ele disse, é o pilar dos ensinamentos budistas. É a ideia de que tudo é, bem... impermanente. Nada dura. Portanto, nada pode ser apreendido.* Ao tentar segurar o que está em mudança, como nossa própria vida, nós acabamos sofrendo. As últimas palavras do Buda foram sobre impermanência, um lembrete de que todas as coisas morrem. "Todas as coisas mudam. O que nasce está sujeito à decadência...", ele disse. "Todas as coisas individuais se vão."

Conforme o calendário cósmico avança, até mesmo nosso planeta morrerá. Cientistas teorizaram alguns modos pelos quais a Terra poderia ser destruída no próximo um bilhão de anos — asteroides, o Sol esquentando enquanto queima seu combustível etc. O Universo inteiro pode sofrer a morte. A teoria do Big Rip sugere que uma força peculiar chamada energia escura irá por fim rasgar todos os 10^{80} átomos em uma autoimolação intergaláctica completa e espetacular.

"É importante preservar esse entendimento precioso de mitakpa em sua mente. Isso vai contribuir de maneira significativa para a sua felicidade", disse o lama. Ele ecoou o sentimento do khenpo, explicando que ignorar mitakpa costuma levar uma pessoa a acreditar que "as coisas serão melhores quando eu fizer x". Uma sensação falsa de permanência pode causar uma pessoa a adiar as coisas que ela quer fazer de verdade, pensando: "Posso fazer isso quando me aposentar."

"Mas quando você entende que nada é permanente, **não** consegue evitar de seguir um caminho melhor e mais feliz", ele disse. "Isso acalma a sua mente. Você tende a não ficar animado, com raiva ou crítico em excesso. Com esse princípio, as pessoas interagem com outras e melhoram suas relações. Elas se tornam mais agradecidas e voluntárias porque percebem que toda a riqueza material e o status não importarão no final." E não só no Butão. Um

---

* Os budistas eram, na verdade, conscientes da morte centenas de anos antes dos estoicos.

estudo no *Psychological Science* descobriu que as pessoas que pensaram sobre a própria morte tinham mais chances de mostrar preocupação pelas pessoas ao redor. Elas fizeram coisas como doar dinheiro, tempo e o próprio sangue para bancos de sangue.

Isso funciona até na pessoa mais severa dentre nós. Outro estudo descobriu que, quando fundamentalistas religiosos norte-americanos e iranianos pensaram sobre a morte, se tornaram mais pacíficos e compassivos com grupos opostos.

Uma equipe de pesquisadores na Universidade do Leste de Washington descobriu que pensar sobre a morte melhora a gratidão. Os cientistas escreveram que, quando as pessoas pensam sobre a morte, elas "tendem a reconhecer 'o que pode não ser' e se tornam mais agradecidas pela vida que levam agora. Reconhecer por completo a própria mortalidade pode ser um aspecto importante de uma pessoa humilde e grata. Talvez, quando reconhecermos que a morte é uma realidade que todos precisamos enfrentar, então possamos perceber que a 'vida não é apenas um prazer, mas um tipo excêntrico de privilégio'" (como disse o escritor da virada do século, G. K. Chesterton). Foi mostrado que a gratidão reduz a ansiedade e até mesmo certos males, como doenças do coração.

"Com qual frequência eu deveria pensar sobre mitakpa?", perguntei.

"Você deve pensar em mitakpa três vezes por dia. Uma vez de manhã, uma vez de tarde e uma vez à noite. Você deve ser curioso sobre sua morte. Você precisa entender que não sabe como morrerá ou onde morrerá, apenas sabe que morrerá. E essa morte pode chegar a qualquer hora", ele disse. "Os antigos monges se lembravam disso toda vez que deixavam a caverna de meditação. Eu também me lembro disso toda vez que saio pela porta da frente."

Conversamos por mais meia hora sobre morte e seu trabalho no hospital. Então era hora de ir embora.

"Lembre-se...", disse o lama enquanto nos despedíamos, "a morte pode chegar a qualquer hora. Qualquer hora".

20 MINUTOS, 11 SEGUNDOS

EU APERTO O gatilho do rifle. Uma ação que faz o percussor atingir a espoleta, acendendo a pólvora. Isso resulta em uma liberação violenta de energia, que empurra a bala pelos 55 centímetros do cano a uma velocidade de 2.851km/h.

A manada se retrai coletivamente enquanto a pressão é liberada da arma, interrompendo o silêncio do Ártico. Eles congelam. Depois vasculham em diferentes direções. O velho macho não reage.

"Você atingiu ele?!"

"Não sei", digo. "Não sei." Eu puxo o ferrolho com força para trás, ejetando o cartucho usado.

"Acho que sim. Atira de novo. Atira de novo", diz Donnie.

Assim que aquela primeira bala acerta o alvo, não há mais volta para o caçador. Não há tempo para conferir se o tiro foi mortal, apenas para atirar mais balas. Cada segundo é mais tempo de sofrimento para o animal.

Empurro o ferrolho com firmeza de volta à posição, colocando outro cartucho na câmara. Então procuro mais uma vez, através da mira, o ombro frontal do macho. Eu fixo o alvo. Expiro. Aperto o gatilho, reiniciando o processo balístico. O estouro do rifle é seguido imediatamente por um *thwap* agudo. Retiro o olhar do telescópio.

O segundo tiro faz com que a manada inteira saia em disparada para terrenos mais altos, com exceção de um. Eles são como humanos em uma situação semelhante de perigo. O primeiro estouro incita olhares nervosos e curiosos. O segundo nos faz sair correndo.

O velho macho permanece. Então ele sai de vista. Aproximo o telescópio do olho, mas não posso vê-lo. *Ai, Deus, o que eu fiz?* Penso enquanto me levanto para marchar em direção a ele.

Primeiro, enxergo uma de suas pernas chutando em espasmos. Começo a correr com o rifle nas mãos. "Ei, ei", diz Donnie, correndo atrás de mim. "Calma. Ele está morto. Esse movimento é natural." O fenômeno se aplica a humanos recém-mortos também. É causado pelo sistema nervoso descarregando a energia armazenada.

Sua galhada no corpo de pelagem acastanhada e branca ficou à vista por completo. Ele está deitado de lado na tundra musgosa e verde, como um cavalo adormecido. Eu paro a cerca de três metros dele. "William e eu voltaremos para pegar nosso equipamento", diz Donnie.

O sangue está saindo do pescoço do caribu. Uma gota por segundo. O sangue deixa um filete vermelho através da pesada juba branca, que está tremendo na fria brisa ártica. Eu pensaria que ele estava descansando se não fosse por aquela minúscula evidência.

Seu corpo robusto contém histórias. A cicatriz grande na perna traseira. Os cascos gastos de centenas de milhares de quilômetros perambulando por essa paisagem. Os dentes que mastigaram até se tornarem discos achatados de tantos dias comendo plantas. Sua galhada se ergue em espinhos, se contorce, forma uma pá, se vira e se estica sobre sua cabeça. Que tipos de lutas elas viram? Sua pelagem é grossa e densa. Que tipos de tempestades ela aguentou?

Eu me sento ao lado dele. Apoio a mão em sua cabeça. Olho ao redor da tundra. A terra cai, se levanta até o Forte, então se amontoa a uns 160 quilômetros pelos cânions largos de xisto e vales abertos de pinheiros até o mar de Chukchi. Agora sua manada está pastando na colina da qual veio.

Emoções conflitantes de tristeza e euforia emergem dentro de mim. Meu corpo está pesado, mas pulsando com energia. É um sentimento de intimidade intensa e gratidão por esse animal e pelo lugar do qual ele veio. Quase como o amor.

Jim Posewitz, biólogo, eticista e caçador, escreveu em *Beyond Fair Chase: The Ethic and Tradition of Hunting*: "Caçar é uma das últimas maneiras que temos de exercitar nossa paixão de pertencer à terra, de ser parte do mundo natural, de participar no drama ecológico e de cultivar as brasas do que há de selvagem dentro de nós." Eu entendo o sentimento, mas ele também vem com um adendo emocional pesado e penoso. Não sou mais um turista aqui. Sou um participante.

A busca por se conectar holisticamente com a natureza — mente, corpo e espírito — por meio da caça é, provavelmente, a razão da caça em regiões selvagens ter crescido na última década. Isso de acordo com Land Tawney, o presidente da Backcountry Hunters and Anglers, um grupo de conservação que luta para manter o acesso público às terras selvagens dos Estados Unidos. O número de membros pulou de mil em 2014 para mais de 40 mil até o começo de 2020. Eu havia conhecido Tawney em Las Vegas antes de partir para o Ártico. Ele me disse: "A ideia é matar a própria carne, trabalhar duro por isso e saber de onde ela vem. Caçar certamente vai ensiná-lo isso e deixá-lo agradecido por *toda* carne."

Um grasnido me catapulta para o presente. Um corvo está voando em círculos sobre mim, esperando por seu jantar de entranhas de caribu.

Donnie e William estão de volta. "Esse é um lindo macho", diz Donnie. "Espetacular. Absolutamente espetacular."

William se ajoelha atrás do pescoço do caribu, passando as mãos pela galhada. "Essas pontas traseiras são incríveis", ele diz. "Não é comum encontrá-las assim tão longas. Tão único."

"Esse macho não receberia uma pontuação tão alta nos livros de registro de galhadas, mas ele com certeza é bonito", diz Donnie. "E ele tem uma longa história na selva." Ficamos ali em pé, juntos, admirando-o em silêncio.

"Vamos ao trabalho", diz William. Ele puxa uma faca da mochila, a retira da bainha e a amola em uma pedra-sabão guardada no estojo da faca. Donnie pega a própria faca e passa o dedo pela lâmina.

Todos nos ajoelhamos ao redor do caribu. E como um time, o viramos de costas. Eu seguro o animal enquanto William percorre a lâmina pela linha mediana do animal, da pélvis até a mandíbula. Ele acidentalmente perfura o estômago, deixando um corte de meio centímetro que emite um chiado de saída de ar. A faca continua a deslizar firme, alcançando o esterno, o pescoço e a mandíbula.

Enquanto isso, Donnie cortou um círculo ao redor do tornozelo da pata frontal esquerda do caribu, serrando o tendão que se conecta ao casco. Ele gira o casco para fora, continuando em um corte longo pelo interior da perna. Depois retira a pele. Então ele repete o processo na perna traseira.

Nós apoiamos o animal, com cuidado, sobre seu lado esquerdo para o despelarmos pela metade, apoiando a pele sobre a tundra como um tapete. Eu estabilizo o caribu enquanto William abre sua cavidade torácica, revelando suas entranhas. Fígado, rins, intestinos, estômago. "Deixamos isso aberto para que carcajus, corvos e outros animais tenham acesso mais fácil", diz Donnie.

William enfia uma mão na caixa torácica. E depois a outra, segurando a faca. Logo emerge com o coração. Parece com um coração humano, só que maior. Donnie e William o inspecionam.

"Você atirou primeiro no pescoço, na artéria carótida. Mas o seu segundo tiro...", diz Donnie, segurando o órgão como Hamlet enquanto aponta para a parte inferior, "cortou ambos os ventrículos do coração. Isso o matou instantaneamente. Comeremos isso mais tarde".

"É delicioso", diz William.

O vapor sai do músculo exposto do animal. É liso, sem gordura e vermelho. Eu puxo a perna frontal para cima. Isso dá a Donnie espaço para cortar pelo tecido conjuntivo do ombro. A articulação desencaixa e o quarto frontal de quinze quilos se solta. Eu o coloco ao lado do coração, em uma lona que estendemos no solo.

"Aqui, pega isso também", diz William. É um tubo longo de carne vermelha que tem o comprimento do dorso do animal, chamado de *backstrap* em cervídeos e *ribeye* em vacas.

Donnie e eu fazemos a transição para a perna traseira. Eu não tinha certeza se o processo de cortar a carne me deixaria desconfortável, mas estou tranquilo. Meu coração ainda está pesado, mas, enquanto separamos a carne desse caribu, estou começando a enxergar um doador de carne. Portanto, vida. Essa noção me forçou a enxergar algo similar a uma epifania: eu interajo com animais mortos ao comer carne quase todo dia. E nem uma vez derramei uma lágrima ou senti muita emoção quando utilizei sua carne para minhas próprias necessidades. Então imagino: por que não me sinto dessa maneira com todas as outras carnes que como?

O Dr. Charles List, professor de filosofia na Universidade Estadual Plattsburgh de Nova York, disse o seguinte sobre nossa evolução de quando éramos caçadores: "Nossos ancestrais caçavam porque eles absolutamente precisavam. A caça moderna é uma reconstituição daquilo, mas se conecta a algo profundo dentro de nós porque o humano evoluiu em um clima e cultura de caça e coleta. Por causa disso, caçar pode nos transformar e nos mover de maneiras que não esperaríamos."

Eu puxo a perna do animal para o alto enquanto Donnie mais uma vez desliza a lâmina pelo tecido conjuntivo. O quarto traseiro — preenchido com cortes como o contrafilé, chã de dentro, lombo, entre outros — se solta e eu o apoio sobre a lona. William trabalha com a faca do topo do pescoço do caribu até a traqueia. Então puxa um corte de carne com um pouco mais de gordura. Ele me entrega o pedaço para colocar na lona. "Por causa da gordura, o pescoço é ótimo para carne de hambúrguer", ele diz.

Mais carne é entregue a mim por Donnie. "Esse é o contrafilé", ele diz. "Muitas pessoas não sabem que isso está aqui, mas é uma das melhores carnes do caribu."

Com o lado esquerdo cortado, viramos o caribu com cuidado sobre o seu lado direito. Depois continuamos o trabalho. Donnie pausa. "Vocês estão bem?", pergunta.

Digo a ele que não tenho certeza.

"É pesado, toda vez", ele diz. "Se alguma vez não for, então eu paro de caçar."

Thoreau enxergava a caça e suas emoções como indispensáveis. Como uma educação humana necessária. Na obra *Walden*, ele escreveu: "Pescadores, caçadores, cortadores de lenha e outros, passando a vida nos campos e nas florestas, se tornando, de um jeito peculiar, eles próprios uma parte da natureza, costumam estar com um humor mais favorável para observá-la, no intervalo de suas buscas, do que filósofos e até mesmo poetas que a abordam com expectativa."

Ainda assim, Thoreau também estava consciente da grande responsabilidade inserida na caça. Mais uma vez em *Walden* ele escreveu que isso precisa ser feito "a sério". E não deu nenhuma definição do que seria "a sério". Mas Edward Abbey interpretou mais tarde o "a sério" de Thoreau no sentido de "feito com um espírito de respeito, reverência e gratidão".

Enquanto trabalhamos, Donnie começa a me dizer que ele costuma se lembrar de que caribus não envelhecem até morrer, deitando-se para morrer em paz sobre uma cama de musgo macio enquanto está rodeado pela família. Primeiro, caribus não vivem em unidades familiares — eles se movem para dentro e fora de manadas, e caribus provavelmente não sentem luto, de acordo com uma pesquisa em *Current Biology*. Segundo, suas mortes costumam ser violentas. "Há um punhado de modos pelos quais um caribu morre por aqui", diz Donnie.

"O primeiro é por um predador", diz Donnie enquanto passa a lâmina ao redor do tornozelo direito frontal. "Um urso-pardo ou uma matilha de lobos o teria visto mancando daquele jeito e tentado se aproveitar. Ele teria sido comido vivo ao longo de vinte e poucos minutos."

"Então há a fome. Quando caribus ficam velhos como esse cara...", ele diz, "não conseguem mais armazenar bem a gordura. Conforme a neve se acumula sobre tudo, fica mais difícil para ele encontrar comida de qualidade suficiente, ou seus dentes ficam muito gastos para mastigar. Para os caribus, é cada animal por si só, e não há ajuda para um macho machucado ou faminto."

Donnie se move para a perna traseira enquanto eu coloco o quarto frontal na lona. "Eles também podem se afogar ou congelar até a morte. Todo ano, durante a migração, o caribu atravessa um sistema fluvial gigantesco e cheio de gelo. É especialmente perigoso para os animais mais jovens, mais velhos e machucados."

"Por fim, há a competição. Os machos costumam lutar uns com os outros. Às vezes, até a morte", ele diz. "Segure essa perna, ela vai se soltar logo." Ele faz outro corte. O membro final se solta.

"Você viu o seu macho espetar aquele outro quando estavam vindo pela colina? Ele está tentando manter a dominação. Mas, em algum momento, um macho mais jovem e mais forte vai querer pegar esse lugar dele. Eles costumam ficar profundamente perfurados e sangrar até a morte ou ficam tão machucados que morrem lentamente."

Nós paramos e observamos William trabalhar com o resto do pescoço e da cabeça. "Então, quando você leva isso tudo em consideração", diz Donnie. "Eu, pessoalmente, preferiria levar uma bala 30-06 no coração e morrer em segundos. Estou antropomorfizando aqui, mas acho que podemos concordar que a bala leva menos tempo de sofrimento comparada às outras opções. Os filmes da Disney fizeram as pessoas acreditarem que a natureza é um lugar harmônico. Não é. A natureza pode ser brutal." Filósofos chamam esse pensamento falho, mas comum, da falácia do "apelo à natureza". É a crença, o argumento ou a tática retórica que propõe que qualquer coisa "natural" é boa, harmoniosa e moralmente correta.

O presidente Teddy Roosevelt explicou da seguinte maneira: "Morte por violência, morte pelo frio, morte pela fome — esses são os finais normais das criaturas belas e majestosas da mata selvagem. Os sentimentalistas que tagarelam sobre a vida pacífica da natureza não percebem sua total impiedade; a vida é difícil e cruel para todas as criaturas menores, e para o homem também, naquilo que os sentimentalistas chamam de 'estado da natureza'." O estado no qual os humanos viveram por todo o tempo, menos um fragmento recente.

Depois de duas horas, tudo o que resta do caribu é a carne na lona, sua cabeça com a galhada apoiada sobre a pele, sua espinha dorsal coberta por gordura e carne, com os intestinos sobre a tundra.

ALGUNS DIAS APÓS ME ENCONTRAR COM O LAMA NO BUTÃO, EU FIQUEI FRENTE A FRENTE COM seus ensinamentos. Passei a manhã caminhando oito quilômetros íngremes até Paro Taksang, o Ninho do Tigre, um monastério budista sagrado do século XV construído no estilo tradicional butanês *dzong*. O monastério está a 3.121 metros acima do nível do mar e se agarra ao penhasco como um réptil em uma parede vertical. É a localização na qual, no século VIII, Padmasambhava, um homem considerado o "Segundo Buda", meditou em uma caverna cheia de tigres durante três anos, três meses, três semanas, três dias e três horas.

Eu fui até lá para ver a famosa arte do monastério, que, em sua maioria, representa a morte. Há várias imagens e estátuas de, por exemplo, Mahakala, um deus protetor cuja coroa é rodeada por crânios e a faixa da cintura é ornamentada com cabeças decepadas. Seu nome em sânscrito se traduz em "além do tempo" ou simplesmente "morte".

Enquanto eu saía do monastério e voltava a calçar meus sapatos, Dorji se aproximou de mim às pressas. "Alguém está doente", ele disse, em inglês imperfeito. Ele apontou para a trilha. Uma série de degraus íngremes lapidadas em um penhasco que levavam a uma pequena cabana de meditação ao lado de uma cachoeira. No topo dos degraus, havia uma aglomeração de pessoas. Estavam todas vestindo ghos butaneses tradicionais ou mantos de monge. Dorji correu em direção ao grupo. Eu o segui. Enquanto eu subia rapidamente os degraus estreitos, podia ver pés pendurados na beirada dos degraus.

Um monge — cabeça raspada, óculos finos e manto bordô — estava caído e inconsciente. Eu me lembrei do treinamento básico de emergência que fiz e conferi sua coluna em busca de sinais de fratura. Nada. Um entendimento geral emergiu no grupo. O homem precisava ser movido para solo plano, para que pudesse ser resgatado pelo ar.

As escadas eram muito íngremes e estreitas para que um grupo o carregasse. Então apoiamos o monge com cuidado na pessoa com as costas mais largas, que o carregou para baixo ao longo dos degraus. Com a ajuda do grupo, ele apoiou o monge sobre uma extensão plana de grama ao lado da trilha do penhasco.

Os olhos do monge estavam virados para trás, como se estivesse vasculhando o cérebro acima deles. "Vou fazer RCP", disse devagar ao grupo. Eles me entenderam parcialmente. Enquanto eu me ajoelhava na frente dele, duas mulheres minúsculas, mãe e filha, ambas médicas em Hong Kong, apareceram de repente ao meu lado. Elas estavam caminhando para o monastério quando chegaram e encontraram essa cena.

Elas pressionaram os dedos no pescoço do homem para conferir os sinais vitais e concordaram que a RCP era necessária. Elas duas eram certamente mais bem treinadas, mas eu era a única pessoa com treinamento que também era grande o suficiente para executar a RCP de modo ideal em um monge de noventa quilos.

Eu abri o manto dele, revelando uma camiseta dourada. Afundei os joelhos na terra. Pus uma mão sobre a outra. Posicionei a parte inferior da mão direita sobre o esterno do monge e, então, comecei a martelar seu peito, cem batidas por minuto, enquanto a médica mais nova de Hong Kong iniciou um temporizador.

Eu não sabia quais eram as implicações culturais de fazer respiração boca a boca em um monge. Então a médica mais nova rapidamente deu instruções a uma monja mulher sobre como fazer. A monja soprou nele repetidamente, empurrando o ar para seus pulmões. Então, eu voltei com as compressões em seu peito.

"O tempo é 10 minutos e 26 segundos", disse a médica filha. Uma multidão havia se formado ao nosso redor. Um motorista que estava no telefone se juntou ao grupo. "O helicóptero não pode vir", ele nos disse. Não havia onde pousar. Os penhascos eram próximos demais para o transporte aéreo.

A médica checou os sinais vitais do monge. Ela balançou a cabeça. Eu continuei a pressionar. Pressionar o mais forte que eu podia, pensando que, se eu pressionasse com força o suficiente, isso poderia reiniciar seu coração. Atingimos a marca dos quinze minutos. Seu rosto estava distante. "Vinte minutos, onze segundos", disse a médica. "Você pode parar." Ele havia partido.

Aqui estava um homem que, apenas minutos antes, havia caminhado oito quilômetros íngremes, brincando, rindo e conversando com os amigos ao longo do trajeto. A morte pode chegar a qualquer hora.

PARTE CINCO

CARREGUE A CARGA.

MAIS DE 45KG

A CARNE ESTÁ seca, com um tom vermelho Merlot, descansando em fileiras. Há dois quartos traseiros de 22kg. Dois quartos frontais de 15kg. E cerca de 31kg de backstrap, lombo, carne de pescoço, costelas, entre outros. A pelagem do caribu está estendida com os pelos para baixo sobre a tundra.

Donnie, William e eu inspecionamos a extensão. "O caçador deve carregar a carga mais pesada", diz Donnie. "E ele sempre carrega a cabeça."

Então parece que a parte mais pesada da barganha ficará comigo. Donnie pega um quarto traseiro, um quarto frontal, uma parte das costelas e os joga em sua bolsa. William vai pegar um quarto frontal, a seção das costelas e o backstrap, o lombo e a carne do pescoço — uma grande bola de carne.

Eu levo um quarto traseiro para dentro da minha mochila. O lado de baixo da pele é liso, branco e grudento como borracha enquanto o enrolo para caber na bolsa.

É incrivelmente pesado para um amontoado de pelos, cerca de 18kg, graças a toda a água retida na pele.

A cabeça do caribu pesa cerca de 9kg. Está posicionada com o pescoço para baixo dentro da minha bolsa, como se o caribu estivesse olhando a partir das minhas costas. Eu abaixo a tampa da bolsa sobre a testa do animal. William se aproxima para me ajudar a prender as alças que vão segurar a carga.

Todas as nossas bolsas pesam entre 40 e 50kg. Tentar erguer esse peso todo sozinho é um modo eficiente de lesionar as costas ou um ombro. Então eu e William, como um time, pegamos a bolsa de Donnie. Cada um segurando uma alça aberta para que ele possa se enfiar nelas e segurar firme a carga sobre seus ombros.

Eu e Donnie fazemos o mesmo por William. Então é a minha vez.

Quando os dois soltam o peso, sou puxado um passo para trás. De modo subconsciente, os reflexos tomam conta. Eu travo o corpo inteiro para me impedir de cair de bunda na tundra.

Em seguida estou olhando para o que sobrou do caribu: uma espinha dorsal com pedaços de carne, entranhas e cascos. Donnie pergunta: "Você acha que vai caçar de novo?"

"Não sei", digo.

Ele me observa como se estivesse esperando algum tipo de elaboração, mas não tenho o desejo, nem sequer a energia, de responder todo contemplativo. O peso da mochila é cortante em meus ombros. Puxa meu quadril, dificultando até mesmo a respiração. E ainda nem começamos a caminhar os oito quilômetros de volta ao acampamento.

Como um tipo de penitência cármica por matar, a caminhada é inteiramente morro acima. Enfrentaremos mais ou menos 1,6 quilômetro a um passo ligeiro. O caminho se tornará íngreme em uma subida de vinte graus por cerca de 2,4 quilômetros. Então a terra ficará com uma inclinação de dez graus por mais 2,4 quilômetros até chegarmos ao cume acima do acampamento, onde andaremos o 1,6 quilômetro final.

Então começamos a marchar, deixando os restos do caribu como um bufê para corvos, ursos-pardos, lobos e, ao longo do tempo, o líquen e o musgo.

Em quinze minutos, Donnie está à frente. William está nove metros atrás dele. E eu estou nove metros mais atrás. O sol está deslizando pelo horizonte, alongando minha sombra na tundra. Com a galhada de 1,2 metro do caribu exposta para fora da mochila, minha silhueta parece algum tipo mítica de homem-fera do Ártico.

O peso é mais fácil de aguentar com o cinto da mochila apertado na cintura, mas apenas por alguns minutos. Os músculos da parte inferior do meu corpo logo estão ardendo como se estivessem sendo arrancados dos ossos com um maçarico. Eu abro o cinto. O sangue flui até minhas pernas para aliviar a tensão ácida. Isso joga o peso inteiramente sobre meus ombros. Em alguns minutos, as alças dos ombros parecem estar cortando lentamente meu torso, me fatiando em terços. Então volto a afivelar o cinto.

Também estou segurando o rifle ao meu lado. Aguentar 4,5kg não parece muito. Até ser. E esse peso passa a ser muito quando meus antebraços parecem em chamas. Eu troco de mãos com frequência. O tempo todo meus pulmões parecem estar apoiados sobre bicos de Bunsen.

Essa troca pesada entre uma mão e outra continua a cada transição, ficando sempre mais difícil.

O peso também amplifica a questão sobre onde pisar. Tussok, colchão, lama ou xisto? Os 45kg a mais podem piorar um passo em falso e transformar uma lesão em uma fratura. Ainda assim, há uma vantagem nesse quebra-cabeça mental. Um estudo financiado pelo Ministério de Defesa do Reino Unido descobriu que as pessoas que se envolvem em uma tarefa que exige muito da mente enquanto se exercitam aumentam seu tempo até a exaustão em relativamente 300%, em comparação a um grupo que divagou enquanto fazia o mesmo programa de exercícios de doze semanas.

Colocamos um pé na frente do outro em um ritmo de cerca de 1,6 a 3,2km por hora. Isso é tudo que conseguimos fazer fisicamente. A combinação de peso, solo ondulante e com declives se reúne em uma blitzkrieg no sistema.

Nuvens densas estão se movimentando a partir do leste.

"Parece neve", grita William.

"A boa notícia é que normalmente não é tão frio quando neva", Donnie grita de volta.

A notícia ruim: neve. Neve escorregadia, fria e molhada.

Eu me dou conta de uma coisa duas horas após o início da caminhada, durante a seção íngreme da colina. Nunca trabalhei tão duro fisicamente por tanto tempo. Já me esforcei de modo intenso, mas rápido, como quando queimei sessenta calorias em sessenta segundos em uma bicicleta de exercício vertical e vomitei depois. Já fiz esforços que eram mais fáceis, mas muito mais longos, como um evento de resistência sem assistência de 24 horas. Esse ato é um casamento entre eles. Muito intenso e muito longo ao mesmo tempo.

Meu batimento cardíaco é o mesmo de que se eu estivesse tentando correr minha maratona mais veloz. E sinto os músculos das minhas pernas e torso como se estivesse fazendo algum exercício masoquista na parte inferior do corpo, como o treinamento de volume alemão — dez séries de dez agachamentos pesados —, só que parece não existir limites nas repetições e nas séries aqui fora.

Talvez o pior seja que o empenho todo é caracterizado por um porém assombroso e levemente aterrorizante. Não há saída. Diferentemente de uma maratona ou série de exercícios na academia, eu não posso apenas decidir que já fiz o suficiente e sair do curso. Para depois ir a uma loja de conveniências comprar uma barra de Snickers e um refrigerante. Ou escolher pegar leve comigo mesmo, escolhendo pesos mais leves. Eu mal posso desacelerar o passo porque já estou caminhando a um ritmo de zumbi. O ato está absolutamente me afundando. E a carne pesa o que pesa.

Eu paro de vez em quando, mas retirar a mochila significa que terei que me esforçar para erguê-la sozinho de volta. O melhor jeito de "descansar" é apoiar as mãos sobre as coxas e me curvar para a frente, de modo que meu torso fique em paralelo com o solo. A posição muda a pressão do peso por um momento, deixando que o ácido láctico seja eliminado. Então volto à caminhada.

Andamos em silêncio. Não porque não queremos conversar, mas porque estamos todos respirando pesado demais. Enterrados em nossas respectivas cavernas de dor, tentando silenciar nossos cérebros, que estão gritando para pararmos, desacelerarmos, nos sentarmos ou desistirmos.

Bem, pelo menos o meu está. William parece um pouco melhor do que eu. Donnie, lá na frente, está caminhando confiante, com o olhar erguido e admirando a paisagem. O cara não impressionaria ninguém em uma academia séria, mas coloque-o aqui fora. É uma mula de carga humana de elite.

Penso no que Marcus Elliott disse sobre explorar as fronteiras de nossas zonas de conforto. "No *misogi*, você alcançará esse limite em que estará convencido de que não sobrou mais nada", ele disse. "Mas você continuará seguindo em frente assim mesmo. Então, olhará para trás e estará muito além do que você tinha certeza que era o seu limite. Você não se esquecerá disso." O cérebro humano pode odiar o fracasso, mas odeia se exercitar do mesmo modo.

MAIS DE 45KG • 221

Os humanos desenvolveram, ao longo dos milênios, uma rede complexa de desconfortos físicos e "governadores" psicológicos para nos dissuadir do esforço. Porque o esforço requer energia ou calorias que eram preciosas no passado. É por isso que parece que temos um arraigado chamado à preguiça.

Quando uma pessoa faz trabalho físico, seus músculos demandam mais oxigênio e o corpo precisa trabalhar para entregá-lo. Isso causa uma aceleração dos batimentos cardíacos e uma respiração mais pesada, levando à sensação de queimação nos pulmões. Quando erguemos e carregamos coisas, o lactato, um subproduto da queimação de energia, se acumula em nossos músculos. Isso faz com que eles pareçam estar gradualmente se recobrindo de chamas. Se uma das primeiras humanas tivesse sentido um prazer orgásmico em, digamos, carregar rochas pesadas colina acima, ela teria queimado todo o armazenamento de energia e morrido.

Fisiólogos do exercício acreditavam, até o fim do século XX, que a exaustão física era simplesmente uma questão de oferta e demanda, mas a teoria parecia não se encaixar na realidade. Ninguém nunca havia provado que os músculos estavam recebendo pouco oxigênio ou combustível. Além disso, estudos mostravam que quando as pessoas atingiam o limite durante exercícios prolongados, elas estavam recrutando apenas uma fração de suas fibras musculares.

Em algum momento, no meio dos anos 1990, uma nova ideia por fim ocorreu a Timothy Noakes, médico, doutor e diretor da Unidade de Pesquisa em Medicina do Esporte e Ciência do Exercício na Universidade da Cidade do Cabo. Ele pensou que, por ativarmos o músculo por intermédio do cérebro, nosso cérebro também deve ser responsável por determinar por quanto tempo, com qual esforço e velocidade nos esforçamos. Ele chamou a ideia de "teoria do governador central" e começou a pesquisar. Ao longo de três décadas, ele mostrou que a fadiga induzida por exercício é predominantemente uma *emoção* de proteção. É um estado psicológico que tem pouco a ver com os limites físicos da pessoa.

Um estudo sobre a teoria analisou a atividade cerebral por ressonância magnética de ciclistas enquanto pedalavam até a exaustão. "Vimos que o lobo límbico — o centro emocional do cérebro — se acendeu conforme a intensidade aumentava e os ciclistas ficavam mais exaustos", o pesquisador-chefe, Dr.

Edward Fontes, me contou. "Quanto mais o lobo límbico se tornou ativo, mais emoção era ligada à exaustão e mais eles desaceleravam."

O cérebro usa a "sensação desagradável [mas ilusória] da fadiga" para puxar o freio do corpo muito antes de uma pessoa chegar perto da exaustão física verdadeira, descobriu Noakes. Isso explica as observações de Elliott sobre limites.

Para afastar minha mente do desconforto, estabeleci um ritmo de respiração. Dou um passo quando inspiro. Então dois passos quando expiro. Um passo inspirando, dois passos expirando. Repetidas vezes, focando apenas a respiração.

Há uma ciência por trás disso. Pesquisadores brasileiros descobriram que as pessoas que são capazes de se desconectar das emoções durante o exercício — por exemplo, não pensar ou não colocar uma valência negativa em seus pulmões e pernas ardendo — quase sempre tem um desempenho melhor. E eu vou aceitar qualquer coisa que puder agora.

Em algum momento, o xisto aparece sob meus pés. Chegamos ao topo de uma planície. A inclinação mais leve é um alívio relativo. Eu paro. Depois aprumo a coluna, inspirando profundamente o ar gelado do Ártico.

EU TENHO ME EXERCITADO CERCA DE CINCO HORAS POR SEMANA HÁ QUASE DUAS DÉCADAS, MAS nunca coloquei meu corpo em nada como essa expedição. A viagem expôs uma falha não só em minha própria fisicalidade, mas também em como o mundo moderno aborda a boa forma física. Comparado aos humanos do passado recente, eu seria o último escolhido na aula de ginástica.

Antes de descobrirmos a criação de animais e a colheita, éramos "essencialmente atletas profissionais cujo sustento exigia que fôssemos fisicamente ativos", disseram antropólogos de Harvard. Nossos ancestrais não "faziam exercício" porque quase todas as suas horas despertos eram gastas fazendo coisas que hoje classificaríamos como exercícios.

Os primeiros humanos andaram e correram longas distâncias pela terra indomada. Estudos mostram que não era incomum para esses caçadores correr e andar mais de quarenta quilômetros em um dia. Nós chamamos isso de maratona. Eles chamavam de "buscar o jantar".

Normalmente, eles estavam carregando itens enquanto cobriam essa distância árdua. Boa parte desses itens eram coisas que pesavam entre dois a nove quilos, como ferramentas, armas, jarros de água, comida, bebês etc. Mas, às vezes, a carga era como a que estou carregando no Alasca. Por exemplo, um quarto traseiro de uma zebra — um animal que ainda hoje é perseguido por caçadores-coletores africanos — costuma pesar cerca de 36 quilos. E os caçadores não carregavam isso com uma mochila ergonômica. Eles jogavam o membro sobre o ombro, ao estilo de Fred Flintstone, arrastando até a casa.

Para encontrar alimentos como tubérculos, os primeiros humanos tinham que cavar alguns metros no solo. Esse ato levaria pelo menos trinta minutos de trabalho extenuante e também poderia queimar entre duzentas a trezentas calorias. Eles escalavam árvores e penhascos em busca de mel. Atiravam projéteis com força e velocidade. Lutavam com inimigos e feras até a morte.

Até mesmo não fazer nada demandava esforço. Nossos ancestrais costumavam descansar na posição agachada, que exigia que eles ativassem de leve quase todos os músculos no corpo ou cairiam. Ou se sentavam ou dormiam no solo, o que, dada a natureza árdua, os forçava a se mexer frequentemente quando as posições se tornavam desconfortáveis demais. Esse movimento de inquietação constante para encontrar conforto enquanto descansavam podia queimar até quatrocentas calorias ao longo de um dia comparado a ficar sentado e imóvel, de acordo com uma pesquisa da Clínica Mayo.

David Raichlen é um antropólogo na Universidade do Sul da Califórnia. Imagine uma versão de pele mais escura, com a feição mais cinzelada do Matt Damon, como quando ele estava em forma para fazer o papel do Jason Bourne. Raichlen passou muito tempo nas matas africanas estudando os caçadores-coletores hadza para entender o exercício de nossos ancestrais. E como isso impactou sua saúde e fisiologia.

"Usamos diferentes modos de medir sua atividade física", ele disse. "Usamos acelerômetros [contadores de passos] em suas coxas e pulsos, usamos dados de batimentos cardíacos, usamos GPS."

Raichlen, junto com colegas em uma série de estudos, fez com que os membros do grupo étnico usassem relógios rastreadores de atividade com GPS. Então testou seus metabolismos. Ele queria saber o quanto as pessoas se moviam e quantas calorias queimavam por dia. Ele também reuniu a mesma informação de norte-americanos comuns.

224 • A CRISE DO CONFORTO

A equipe rapidamente observou uma diferença óbvia entre esses dois grupos: os norte-americanos eram muito maiores. Os homens no grupo hadza pesavam cerca de 50 quilos e as mulheres pesavam 43 quilos, em média. Enquanto isso, os homens e as mulheres norte-americanos chegavam a 81 quilos e 74 quilos, respectivamente.

Os dados de satélite mostraram que os homens hadza cobriam cerca de 14,4 quilômetros por dia. Às vezes, durante uma caçada, esse número podia pular muito além de 32 quilômetros. Todo o trabalho físico — andar, carregar, cavar, escalar — fazia com que os homens queimassem uma média de 2.649 calorias por dia.

Enquanto isso, o homem norte-americano queimava cerca de 3.053 calorias. E assim pode parecer que os norte-americanos têm uma vantagem. Porém, os números são relativos.

Os dados mostraram que os homens hadza queimavam todo dia 24 calorias a cada 450 gramas de seu peso corporal. Os homens norte-americanos, com suas vidas muito mais sedentárias, queimavam apenas dezessete. A mesma descoberta foi mostrada para as mulheres. Mulheres hadza queimavam vinte calorias a cada 450 gramas de seu peso corporal, enquanto mulheres norte-americanas queimavam cerca de 14. Considerando as calorias gastas por quilo, os hadza queimavam mais de 40% de calorias a mais por dia do que os ocidentais.

O governo dos EUA recomenda que os norte-americanos façam, toda semana, durante 150 minutos, o que eles chamam de "atividade física moderada a vigorosa" — MVPA, na sigla em inglês. Menos de metade nos norte-americanos consegue fazer esses vinte minutos de exercício diário. Coisas como passar o aspirador de pó e aparar a grama contam como MVPA.

"Mas se você olhar para o MVPA total dos hadza, eles estão se exercitando mais de duzentos minutos *por dia*", disse Raichlen. Outras pessoas que vivem como nossos ancestrais são igualmente ativas. Tanto o povo tsimane, na floresta tropical boliviana, e os ache, no Paraguai, por exemplo, andam mais de dezesseis quilômetros por dia. E eles também estão fazendo as mesmas tarefas físicas de resistência e de força necessárias para não morrer.

Apenas 20% dos norte-americanos atendem às diretrizes nacionais para o exercício semanal de resistência e força. E 27% de nós não faz nenhum tipo de atividade física. Literalmente nada — a vida passa como uma alternância prolongada da cama à cadeira do escritório ao sofá e de volta à cama.

Isso, junto com nossos desejos por comida ultraprocessada, é o motivo da pesquisa do CDC mostrar que nós, humanos modernos, somos mais gordos e menos musculosos do que éramos uma década atrás, período em que éramos mais gordos e menos musculosos do que a década anterior, e assim por diante. Cientistas dizem que nossa preguiça inacreditável — que um dia foi extremamente rara — está nos levando a níveis perigosamente baixos de músculos. Essa condição é chamada de sarcopenia, que é a perda de massa e função muscular. Agora está se espalhando em populações mais jovens pela primeira vez em qualquer espécie de toda a história. Os humanos estão lentamente se tornando tão únicos por causa de nossa gordura e falta de forma física quanto somos pela inteligência.

Os números sugerem que nossos ancestrais, em apenas três quartos de um dia, faziam mais atividades do que a maioria de nós faz em uma ou duas semanas. E eles basicamente mantinham esse nível de atividade até morrer.

"Em povos caçadores-coletores, até mesmo os adultos mais velhos estão fazendo níveis inacreditavelmente altos de atividade física", disse Raichlen. Um de seus colegas escreveu que "avós de oitenta anos ainda são fortes e vigorosos".

"Na verdade, eles não têm outra opção a não ser continuarem ativos", disse Raichlen. Se essas pessoas não conseguissem manter a atividade e contribuírem para a alocação de recursos, elas simplesmente não sobrevivem. Hoje em dia, estar radicalmente fora de forma, não importa a idade da pessoa, raramente resulta em morte rápida, mas costuma resultar em condições crônicas, como doenças do coração e diabetes, que causam uma morte lenta.

Mesmo os atletas modernos não são impressionantes quando comparados a um ancestral comum. Os braços da mulher pré-histórica média, por exemplo, eram 16% mais fortes do que as remadoras olímpicas atuais, de acordo com cientistas da Universidade de Cambridge. Outra pesquisa mostra que o homem pré-histórico médio tinha uma "habilidade de apenas seguir em frente" igual à resistência dos atletas universitários de elite de cross country atuais. E o homem pré-histórico não tinha patrocínio da Nike, planos de alimentação de alto desempenho, suplementos e programas de treinamento científico. Porém, ele tinha a fome.

É por isso que alguns autores e pensadores têm discutido que os caçadores-coletores antigos e modernos são como um tipo de monstro super-humano atlético. Mas isso não é verdade, de acordo com cientistas de Harvard. Os pesquisadores chamam essa visão problemática de "falácia do selvagem atlético". Nossos ancestrais e povos modernos eram e são como todo outro *Homo sapien*. A verdade é que todo corpo humano é capaz de realizar feitos físicos incríveis quando forçado a tal.

Como nos tornamos os humanos com a pior forma física de todos os tempos? "As tecnologias costumam reduzir nossos níveis de atividade física", disse Raichlen. Essa verdade se estende até mesmo aos hadza. Eles fornecem o melhor modelo de atividade para os primeiros humanos, mas provavelmente são *menos* ativos do que os caçadores-coletores do passado.

"Os hadza usam armas com projéteis para caçar. Os primeiros caçadores-coletores africanos não tinham armas com projéteis", disse Raichlen. Em vez de atirar uma flecha a distância, os primeiros humanos provavelmente faziam caçadas de persistência, correndo atrás das presas ao ponto da exaustão ao longo de muitos quilômetros.

Os sãs de Calaári, na verdade, usaram a técnica até uma década atrás, quando a África do Sul proibiu a caça em geral, de acordo com Louis Liebenberg, um biólogo evolucionista de Harvard. Liebenberg descobriu que caças de persistência em Calaári exigiam que os sãs corressem em média, 1,6 quilômetro em nove minutos e quarenta segundos ao longo de um terreno arenoso e acidentado com mais de 32 quilômetros, sob temperatura de 41°C.

A primeira grande mudança na fisicalidade humana começou com o advento da agricultura, cerca de 13 mil anos atrás. Estudos mostram que agricultores pré-históricos, por exemplo, estavam em uma forma física melhor do que seus ancestrais em alguns modos, mas não em outros. Eles tinham a parte superior do corpo mais forte, por causa da moagem de grãos e da lavra do solo, mas a parte inferior era relativamente fraca porque andavam menos por longas distâncias em busca de comida. No entanto, os dados mostram que os primeiros agricultores eram pelo menos tão ativos quanto os primeiros caçadores-coletores. A maior parte da humanidade fez uma transição rápida para a agricultura. Logo, pelo menos 80% das pessoas civilizadas eram agricultoras até a próxima grande mudança.

A segunda grande mudança na forma física humana começou em cerca de 1850. O ano que marcou o início da Revolução Industrial. Hoje, apenas 13,7% dos empregos exigem o mesmo tipo de trabalho pesado dos nossos dias passados de agricultura. Aproximadamente três quartos dos empregos de hoje são sedentários, pois estamos passando mais tempo sentados a cada ano. Ao longo da última década, o norte-americano médio adicionou mais uma hora sentado todo dia. Atualmente, os adultos sentam por seis horas e meia, enquanto as crianças sentam por mais de oito (a retirada do intervalo entre aulas também não ajudou). E não nos sentamos como nossos antepassados, nos agachando e nos forçando ao movimento. Nós derretemos sobre cadeiras acolchoadas que não exigem nenhuma ativação muscular.

Quando fizemos a transição completa para o trabalho sem esforço, fizemos com aqueles padrões programados que favorecem a preguiça e nos fazem menos propensos a recuperar nossa movimentação perdida. Um número que mostra o quanto humanos são predispostos a cair no conforto por padrão é: dois. Essa é a porcentagem de pessoas que escolhem a escada quando também têm a opção da escada rolante.

Conforme os efeitos de nossa inatividade começaram a acumular — John Kennedy nos chamou de "norte-americanos moles" em 1960 —, fizemos uma tentativa de adicionar o movimento perdido de volta aos nossos dias, mas fizemos um trabalho de merda na parte da engenharia.

Esqueça os cintos vibratórios ridículos, moletons e faixas abdominais de oito minutos. Clubes de saúde se tornaram uma necessidade da sociedade a partir dos anos 1960 e 1970. Eles nos deram as máquinas de peso e cardio, aulas de zumba etc. O exercício não era mais um fato da vida: ele virou uma aula de trinta minutos ou uma sessão de uma hora que fazíamos algumas vezes na semana. Um tempo separadamente distinto de tentar recuperar o movimento perdido.

O exercício nunca é exatamente confortável. Mas a academia média tenta deixá-lo assim. Um treino típico para a maioria das pessoas hoje em dia é divagar assistindo TV enquanto corre em uma correia motorizada em uma sala com temperatura controlada. Outra máquina popular faz os usuários realizarem movimentos elípticos repetitivos com braços e pernas — movimentos que nunca ocorreram até o advento dessa máquina.

Ou nos sentamos em um assento acolchoado, descansando as articulações sobre outra almofada, e movemos alças ergonômicas conectadas a pilhas de pesos ao longo de um caminho fixo de movimento. Outra situação que é fisicamente mais fácil do que qualquer coisa que enfrentamos na natureza e que negligencia importantes músculos estabilizadores.

Na sala de peso livre, levantamos pesos perfeitamente equilibrados de nossa escolha por um número predeterminado de vezes. Porém, a pesquisa mostra que os objetos de formatos estranhos que nossos antepassados levantavam trabalhavam muitos músculos a mais comparado com os pesos equilibrados que levantamos na academia. E levantávamos aqueles pesos até o trabalho estar completo.

Muitas pessoas se esforçam para ganhar níveis gigantescos de músculo apenas para tê-los. Acumular músculo ao longo da linha do tempo de nossa espécie seria não apenas impossível, graças à alocação de recursos, mas também uma deficiência perigosa — caçar e fugir de predadores exige velocidade e resistência fantásticas. Nossos modos de vida nos fizeram fortes, mas não nos muito musculosos. É por isso que pessoas de tamanho médio que são extremamente fortes ouvem que têm "força de rapaz da fazenda". "Força de academia", por outro lado, é uma crítica de pessoas que parecem ter boa forma, mas sofrem com o trabalho físico de verdade.

Quando levamos nossos exercícios físicos para dentro de casa, também perdemos um estímulo cerebral muito importante, de acordo com uma pesquisa conduzida por Raichlen e publicada na *Trends in Neuroscience*.

"A caça e o forrageamento não são apenas exercícios físicos, mas cognitivos", disse Raichlen. Quando caminhávamos, corríamos, carregávamos, cavávamos ou escalávamos, também estávamos exigindo do controle motor do cérebro, da memória, da navegação espacial e da função executiva, ele disse. Raichlen descreve os humanos antepassados como "'atletas de resistência' cognitivamente engajados". Ao longo do tempo, o exercício da mente e do corpo criou uma relação simbiótica na qual a combinação de trabalho físico e mental melhorou as respostas neurais e a saúde do cérebro.

Quando falei com Liebenberg, perguntei a ele o que as pessoas costumam entender errado sobre caçadores-coletores. Eu esperava que ele falasse da dieta, porque a popular dieta paleo é criticada regularmente por antropólogos com doutorado, mas ele me surpreendeu. "Todo mundo pensa que a caça de persistência é um ato puramente físico", comentou. "Nós subestimamos o lado intelectual." Conforme os sãs correm, eles também precisam considerar o comportamento e a biologia do animal, os padrões do terreno, o rastreamento, o ritmo e muito mais.

"Boa parte dos exercícios que fazemos hoje em dia acontecem em ambientes internos, em uma academia", disse Raichlen. "Há muito trabalho a ser feito para ver o quanto é cognitivamente desafiador sentar em uma bicicleta de exercício por meia hora."

Qualquer tipo de atividade, em ambientes internos ou não, é ótimo. "O cardio da academia certamente está estressando seu sistema cardiovascular e isso tem benefícios cerebrais, mas reflete como nossa fisiologia é melhor adaptada ao exercício?", disse Raichlen. "Se você colocar as pessoas em ambiente externo, tipo, se você sair para andar de bicicleta ou correr uma trilha, onde você terá que se orientar no espaço, fazer decisões sobre quando parar, qual ritmo tomar, onde virar, todas essas coisas adicionam um desafio cognitivo a essa atividade." E isso, Raichlen acredita, poderia melhorar e proteger o cérebro humano — aguçando-o, deixando-o mais veloz e mais resistente a doenças.

No artigo que Raichlen escreveu, "quando confrontado com a inatividade crônica ao longo da vida, como é comum nas sociedades industrializadas modernas... nossa falta de exercício em geral ou exigências cognitivas durante o exercício pode levar a reduções de capacidade ou à manutenção subótima de capacidades no cérebro, similar àquelas vistas em outros sistemas de órgãos... Nossos cérebros reduzem de modo adaptativo a capacidade como parte de uma estratégia de armazenamento de energia, levando à atrofia cerebral ligada à idade".

Quando nos exercitamos em ambientes externos, costuma ser correndo com sapatos amortecedores por uma estrada perfeitamente pavimentada. Esse ato queima mais calorias do que correr em uma máquina equivalente na academia, mas não tantas quanto queimaria ao correr direto na terra. Biomecânicos na Universidade de Michigan descobriram que o desafio superior de caminhar ou correr em solo selvagem e desigual força a pessoa a queimar uma média de 28% a mais de energia por passo comparado ao solo pavimentado.

230 • A CRISE DO CONFORTO

Sempre que nos sentimos cansados ou entediados, sentamos e descansamos. Ou bebemos uma água gelada e filtrada. Ou mudamos a música em nosso smartphone. Quando nosso tempo, distância, repetição ou série predeterminada acaba, podemos sentar em uma sauna.

A resposta não é voltar aos dias em que passávamos trabalhando em busca de comida em vez de salário. Nosso mundo confortável é ótimo, mas nossa inclinação ao conforto criou um mundo que raramente nos apresenta desafios físicos. Por isso, pagamos com nossa saúde e com nosso vigor.

ACONDICIONAR O CARIBU PARECE ESTRANHAMENTE PRIMEVO. É UM CASAMENTO ÚNICO DE FORÇA e resistência, que é estranho a quem vem do mundo moderno da indústria fitness. Hoje em dia, os humanos raramente fazem um dos atos mais importantes de nossos antepassados: carregar coisas pesadas ao longo de terra árdua. Mas pesquisas emergentes estão mostrando que esse é um ato que nos fez humanos.

"Estamos chegando lá, rapazes", diz William.

Do topo da planície podemos ver quilômetros em todas as direções. A tempestade está se aproximando a partir do leste. A cordilheira Brooks é composta de pirâmides brancas psicodélicas no nordeste. Um corvo voa sobre nossas cabeças. Donnie para dezoito metros adiante. Eu e William o alcançamos.

Ele aponta para o sudoeste, onde a planície se curva ao erguer para um butte. Na base, há dois carneiros-de-Dall, uma jovem ovelha e um carneiro. Ambos estão paralisados, nos encarando. Os chifres do macho devem ter trinta centímetros de comprimento e estão começando a se curvar. Estrias no músculo magro sob a pele branca se destacam na luz. "Esses dois provavelmente nunca viram humanos antes", diz Donnie.

"Bem, para ser honesto, eu nunca vi um carneiro-de-Dall antes", digo.

Nossos dois grupos se encaram por mais um minuto. Então a dor prolongada nos meus ombros e pernas me traz de volta à tarefa do momento.

Temos mais 1,6 quilômetro para cobrir. Apenas mais 1.600 metros.

≤ 22 QUILOS

NOSSOS ANTEPASSADOS COMEÇARAM a andar sobre os dois pés, como fazemos, há cerca de 4,4 milhões de anos. Há, mais ou menos, uma dúzia de teorias do porquê. Mas pesquisadores concordam que as vantagens evolutivas resultantes da habilidade de carregar objetos — comida ou outras coisas — exerceram um papel principal.

Animais de quatro patas não podem ser bons carregadores. (A não ser que, como animais de carga, um humano amarre o peso sobre eles.) Eles precisam carregar ou arrastar itens com a boca, o que eles não conseguem fazer por longas distâncias.

Primatas são únicos porque podemos carregar coisas em nossas mãos enquanto andamos pelo solo com nossos pés. Mas macacos, gorilas etc. geralmente são muito ruins nisso. Eles tendem a carregar por distâncias curtas porque, para eles, o ato é muito ineficiente. Custa a um chimpanzé 75% mais energia para andar a mesma distância do que custa a um humano. E é por isso que esses animais costumam andar pelo solo sobre as quatro patas para se locomover por meio de "nodopedalia", como chamam os antropólogos.

Quando macacos andam sobre duas patas é com uma maneira de andar vacilante, com os joelhos e o quadril dobrados. O tronco balança de um lado a outro com cada passo. Adicione peso a essa caminhada torta e ela se torna ainda mais ineficiente. Humanos, por outro lado, podem carregar até 15% do peso corporal — aproximadamente 13,6kg para um homem médio — e ainda usamos menos energia do que outros primatas, mesmo quando eles não estão carregando nada.

Chimpanzés também têm dificuldade para segurar e carregar de lado as cargas que pesam apenas alguns quilos. Porém humanos podem facilmente segurar cargas pesadas e andar. A pesquisa mostra que é difícil, mas totalmente possível, para um homem médio carregar de lado 34 quilos.

Depois de visitar Rachel Hopman em Boston, fui até Harvard. Eu me encontrei com Dan Lieberman, um dos principais antropólogos do mundo e professor na universidade. Lieberman estuda a evolução do corpo humano e por que somos construídos do jeito que somos, especialmente em relação ao movimento e à fisicalidade.

Seu escritório era estilo Ivy League, beirando o clichê. Espaçoso, com muito carvalho, vários brasões acadêmicos, prateleiras transbordando de livros, sofás de couro luxuosos e cadeiras que rodeavam uma mesa de café alinhada com periódicos científicos. Era no último andar do Museu Peabody de Arqueologia e Etnologia de Harvard (lê-se: um lugar onde Indiana Jones guardaria suas descobertas).

Desde a origem da disciplina, antropólogos sempre acreditaram que a corrida exerceu um papel mínimo em como os humanos evoluíram. Eles a consideravam algo como uma distração inútil.

A ideia fazia sentido. Custa aos humanos o dobro de energia para correr comparado aos outros mamíferos. E nossas duas pernas, com postura ereta, nos torna muito lentos. O tempo mais rápido que um humano já levou para cobrir cem metros, por exemplo, é de 9,58 segundos, o que exigiu uma velocidade média de cerca de 37km/h, e o corredor podia sustentar isso apenas por mais alguns metros.

Em comparação, um antilocapra pode atingir 88,5km/h. Um urso-pardo alcança 56km/h. Até mesmo o poodle que a Paris Hilton carrega na bolsa pode correr a 48km/h. E esses animais podem correr a essas velocidades durante minutos. Também somos péssimos em pular, levantar e escalar. Nós, mamíferos de duas pernas, somos, como Lieberman disse, "atleticamente patéticos".

Mas, em 2004, ele publicou um estudo que sacudiu as fundações da antropologia e das comunidades de exercício físico. Lieberman descobriu que, não, não podemos ser velozes. Mas podemos ir longe — especialmente em climas quentes. Os mais resistentes dentre nós podem sustentar velocidades que chegam a 20km/h por distâncias de mais de 40km. Pense em maratonistas profissionais. Mas até mesmo corredores de hobby de fim de semana terminam maratonas em três a quatro horas, chegando a uma média de 14,4km/h a 10,4km/h. Em um dia quente, um humano relativamente em boa forma vencerá de quase qualquer outro mamífero em uma corrida de distância — leões, tigres, ursos, cachorros etc.*

Como Lieberman explicou em seu artigo na *Nature*, apelidado de "Nascido para correr",† humanos podem fazer isso graças a um punhado de adaptações que desenvolvemos ao longo de milhões de anos. Ficamos em pé sobre duas pernas. E temos arcos flexíveis em nossos pés, longos tendões nas pernas, grandes músculos nas nádegas, glândulas de suor por todo o corpo, nenhum pelo, narizes complicados que umidificam o ar antes de ele chegar aos pulmões — a lista continua. Tudo isso nos ajuda a correr longas distâncias e permanecer frescos. Outros mamíferos galopam rapidamente por alguns minutos, então precisam parar e arquejar para liberar o calor e esfriar.

A resistência foi nossa principal característica. Conforme evoluímos, nós a usamos em nosso favor nos dias quentes com a caça de persistência: devagar, mas com segurança, rastreando e correndo atrás de presas por quilômetros até o animal cair de exaustão devido ao calor. Com isso, atacávamos com uma lança ou porrete. Com isso, tínhamos o jantar.

O artigo de Lieberman também sugeriu que a mecânica da corrida humana se transformou fundamentalmente com a introdução de tênis de corrida confortáveis e acolchoados nos anos 1970. Esses tênis costumam levar a pessoa a atingir o chão primeiro com o calcanhar. Os primeiros humanos, correndo descalços, provavelmente tocavam o chão primeiro com o meio ou a parte frontal do pé. Esse padrão original de pisada, de acordo com Lieberman e o trabalho de outros antropólogos, pode ser mais eficiente e reduzir lesões

---

* Essa regra não se sustenta em clima frio. No clima frio, cães de trenó são, de longe, os melhores atletas de resistência. Eles podem correr 161km por dia, por dias seguidos, correndo 1,6 quilômetro em menos de quatro minutos na maioria das vezes. Caribus também não são ruins. No entanto, coloque qualquer um desses animais perto do Equador e eles estão ferrados.

† Uma década mais tarde, o jornalista Chris McDougall pegaria o apelido emprestado para o título de seu livro best-seller sobre correr descalço.

comuns de corrida. Lieberman é o homem que plantou a semente a partir da qual cresceu o movimento da "corrida descalça". (Mas ele logo observa que não é um "defensor" da corrida descalça, apenas um cara que a estuda.)

Eu conhecia o trabalho sobre corrida de Lieberman. Mas, enquanto treinava para carregar cargas pesadas pelo Alasca, eu o havia contatado para perguntar se ele conhecia alguma pesquisa sobre a capacidade dos primeiros humanos para o transporte de cargas. Ele estava, de fato, investigando esse assunto em seu laboratório, então me convidou para encontrá-lo. E lá estava eu, em seu escritório, conversando sobre força e qual o papel que ela teve para os primeiros humanos.

"A força é interessante...", disse Lieberman, "porque há muitas ideias por aí sobre como a força é importante. Acho que isso costuma ser motivado pelo que as pessoas gostam. Há muitas pessoas que amam estar na academia e levantar pesos e não gostam de atividade aeróbica. Elas costumam exagerar sobre como o treino de resistência é melhor em relação ao treino aeróbico. E o contrário também é verdadeiro: pessoas que fazem treino aeróbico e não gostam de estar na academia costumam ignorar a importância da força, certo? É como um teste de Rorschach. Obviamente, tanto a força quanto a resistência são importantes." Nós fazemos e defendemos o exercício com o qual estamos mais confortáveis.

"Mas" ele pausou. "Acho que o equilíbrio de evidência é que humanos passaram por uma seleção intensa de resistência e atividade aeróbica, e que a força não é tão importante nos humanos quanto em algumas outras espécies." Chimpanzés machos, por exemplo, são muito menores e ainda assim duas vezes mais fortes do que o humano mais malhado. Atleticamente patético, de fato.

"Parece que nossos ancestrais tinham força o suficiente apenas para as tarefas do dia a dia", disse Lieberman. "Há dados publicados que sugerem que caçadores-coletores são moderadamente fortes, mas não são como os ratos de academia atuais de jeito nenhum. Tipo, onde eles encontrariam um supino?"

Nossos feitos mais radicais de força eram se esforçar para carregar cargas por longas distâncias sobre terreno acidentado. Humanos são, de fato, "extremos" na habilidade de mover itens do ponto A até o ponto B, escreveram pesquisadores em um estudo no periódico *PLOS One*.

E, ao longo do tempo, parece que a seleção natural escolheu humanos que eram os melhores e mais eficientes carregadores, descobriu um estudo no *Journal of Anatomy*. Carregar, sugere o estudo, é uma força motora por trás do porquê de termos nos tornados predadores de elite.

Quanto mais nós perseguíamos as presas, as carregávamos por longas distâncias de volta para casa, então comíamos, éramos mais moldados em quem somos hoje. A maioria das adaptações que nos ajuda a correr longe no calor também nos ajudou a carregar por longas distâncias. Nossas pernas, por exemplo, se tornaram comparativamente mais longas, enquanto nossos torsos encurtaram e ficaram mais fortes, melhor para se locomover enquanto carrega uma carga. E o motivo pelo qual podemos "travar" os ossos da mão nos ossos do pulso e gerar forças anormalmente intensas com nosso dedo do meio é para que possamos agarrar coisas pesadas e erguê-las.

Os primeiros humanos podem não ter sido ótimos no supino, mas os pesos animais que eles carregaram podiam ser radicalmente pesados. Um estudo no *Evolutionary Anthropology* descobriu que os animais que caçávamos variavam entre 10 a 2.495 quilos. O animal médio pesava de 99 a 349 quilos. Isso significa que os cortes de quartos traseiros, quartos frontais, backstraps, lombos, carne de pescoço e costelas não eram exatamente leves, especialmente considerando que nós os transportávamos por quilômetros sem mochilas.

Evidências arqueológicas também mostram que humanos transportavam pedras pesadas para fazer ferramentas há 2,6 milhões de anos. Um sítio arqueológico em Israel revelou que nossos ancestrais carregavam pedras de quarenta quilos por curtas distâncias. Mas outros sítios mostram que eles carregavam rochedos mais leves por quase dezesseis quilômetros. Os primeiros humanos tinham uma "disposição para carregar pedras por horas", escreveram os cientistas.

Essas pessoas carregavam seus pertences também quando se mudavam de acampamento. (Talvez para acampar perto do corpo daquele animal de 2.495 quilos.) Uma análise de 36 diferentes povos de caçadores-coletores mostrou que muitos mudavam de acampamento por algumas centenas de quilômetros todo ano. O povo innu do Nordeste do Canadá essencialmente vivia como movedores profissionais. Eles cobriam uma média de 3.540 quilômetros por ano com suas mudanças frequentes.

Carregar, como eu estava aprendendo no Alasca, é desconfortável. É um ato que mata a divisão entre a força e o cardio. Prende a pessoa em um ciclo de retroalimentação exaustivo. Caminhar faz a carga parecer mais pesada. O peso faz a caminhada parecer uma destruidora de pulmões.

Mas isso nos moldou. E, de fato, carregar provavelmente era mais comum do que correr. Correr era reservado mais para as caçadas. Mas, para coletar, nós perambulávamos para longe do acampamento. E então carregávamos de volta o que encontrávamos. A maioria dessas cargas era pequena, provavelmente de 4,5 a 9 quilos, mas cientistas na Espanha dizem que coletores às vezes carregam pesos iguais à metade do seu peso corporal total.

Então parece que humanos foram, talvez, ainda mais "nascidos para carregar". E como a irmã corrida, nossa necessidade de carregar se tornou irrelevante com o advento da tecnologia. Nós temos carrinhos de compras, malas com rodas, carrinhos de bebê, veículos, plataformas sob rodas, semicaminhões, empilhadeiras etc.

Diferentemente de correr, a maioria de nós nunca reprogramou o carregamento de coisas de volta à nossa rotina. Mas há um povo moderno que não esqueceu. Eles abraçaram o ato. Suas vidas, na verdade, dependem da habilidade de transportar cargas. E isso os ajudou a se tornarem, talvez, o grupo de humanos em melhor forma que já andou sobre a terra.

ERAM 7H45 DE UMA MANHÃ MORNA DE INVERNO EM ATLANTIC BEACH, FLÓRIDA. EU ESTAVA EM PÉ no jardim da frente de Jason McCarthy.

A casa dele, branca e resplandecente, com dois andares e janelas verde-azuladas, está a uma quadra de distância do oceano Atlântico. O ar salgado estava soprando pela rua escondida enquanto McCarthy se abaixava, pegava seu filho de três anos, Ryan, e o amarrava em um carrinho. Então McCarthy colocou uma mochila preta CORDURA desmazelada, que abrigava seu notebook, um sanduíche de geleia com pasta de amendoim e uma placa de aço de 20,4 quilos. O peso estava ali por nenhum outro motivo — apenas para ser pesado.

Então ele pegou uma placa idêntica de mesmo peso e a deslizou para dentro de uma mochila preta idêntica. "Esta é sua", ele disse. "Vamos."

Eu me esforcei para colocar a mochila nas costas. Depois tive que flexionar as pernas e o estômago para resistir ao puxão desconfortável do peso. Então começamos a andar a rua alinhada por palmeiras. Nosso ritmo parecia confortável apesar da mochila pesada, até que McCarthy olhou para seu relógio de pulso. "Ah", ele disse. "Precisamos nos apressar um pouco. Tenho uma reunião às nove." Nossa missão: viajar oito quilômetros até a sede, passando pela pré-escola de Ryan.

McCarthy estendeu os braços para criar distância entre seu corpo e o carrinho. Então começou algo mais rápido do que uma caminhada e mais lento do que uma corrida. Um pé sempre em contato com o chão. "Chamamos isso de ruck shuffle", comentou. Imagine uma mistura um pouco curvada entre corrida e caminhada acelerada.

"Ruck", em inglês, é tanto um substantivo quanto um verbo. É uma coisa e uma ação. É um termo militar para a mochila pesada que carrega todos os itens precisos para um soldado lutar uma guerra. E "to ruck" ou "rucking" é o ato de marchar com esse ruck para a guerra. Ou como um tipo de treinamento para soldados ou civis ficarem em ótima forma física.

"Raramente você corre em uma guerra, e nunca sem um peso. Nunca", disse McCarthy. "Mas você está *sempre* em rucking."

As pernas de McCarthy se desdobravam uma após a outra. O movimento acentuava seu corpo: 1,93 metro de altura e 86 quilos. Tudo isso de comprimento. Sem gordura. Com uma camada de massa magra cobrindo-o da cabeça aos pés. Imagine o Ichabod Crane da Disney se Ichabod Crane fosse um Boina Verde. O que McCarthy é, por sinal.

Ele serviu de 2003 a 2008. Nesse tempo foi enviado para o Iraque e a África. O exército não foi seu plano original.

Depois de concluir a graduação, McCarthy sonhava em ser um agente ao estilo de James Bond para a CIA. Mas, um ano após o início do processo de recrutamento, um agente tinha más notícias. "Não treinamos agentes para operações especiais", disse o agente. "Apenas recrutamos esses caras das unidades militares das Forças Especiais, nas quais eles já foram treinados."

Obrigado pelo aviso com atraso de um ano, disse McCarthy. Então ele se alistou com a esperança de chegar às Forças Especiais. "Quando cheguei às Forças Armadas, não sabia o que era rucking. Na escola de infantaria, me en-

tregaram um ruck pesado, e o conselho era basicamente 'não fique para trás'",
disse McCarthy. Depois veio a Escola Aerotransportada. Então a preparação,
avaliação e seleção para as Forças Especiais. Isso o levou ao curso de qualifi-
cação, um currículo de 53 semanas de aprendizado e sofrimento.

"Ouvir gritos raivosos enquanto faz exercícios em grupo é o que as pessoas
veem em documentários sobre a seleção e a avaliação das Forças Especiais.
Mas isso é, tipo, quatro horas ao longo de três semanas. Na verdade é muito
mais quieto do que isso. As missões eram 'aqui está um mapa, uma bússola e
seu ruck. Chegue a esse destino'. O ruck precisava pesar 20,4kg seco. A regra
era 'não se atrase, não chegue com pouco peso nem chegue por último'."

McCarthy precisava cobrir rapidamente de 16 a 32 quilômetros ao longo
das florestas de pinheiro da Carolina do Norte. Sozinho, no escuro, com apenas seus pensamentos e o ruck. "Então eu me movia em ruck shuffle. Mais
rápido do que estamos fazendo agora", ele disse.

E o que estávamos fazendo havia, em apenas dez minutos, feito com que o
suor se espalhasse por nossos rostos e pingasse do queixo. McCarthy e eu não
estávamos tagarelando, mas parecia que ainda assim chegaríamos atrasados.
Então, ele apertou o passo.

"Esquerda", ele disse, virando o carrinho na rua Ocean. Uma rua de praia
cheia de restaurantes de frutos do mar e bares com temática náutica.

No final de seu treinamento veio Robin Sage, o teste decisivo para os que
queriam virar um Boina Verde. Soldados são alocados em equipes pequenas
e jogados pelo ar no meio da floresta à noite para o último teste da habilidade
em conduzir uma campanha de guerra não convencional. As Forças Armadas
criam um exercício ao vivo sobre guerrilha em um território do tamanho de
um estado, no qual outros soldados exercem o papel do inimigo e disparam
festim. "O ruck de todo mundo pesava 56,6 quilos e ainda tinha o equipamento", contou. "Então precisávamos fazer uma infiltração de dezoito horas. Você
não consegue pensar. Você mal consegue se mexer."

McCarthy disse: "Comecei a sentir que o ruck era uma extensão do meu
corpo. Meus ossos estavam mais densos. Eu estava mais esbelto e mais forte. Minha resistência havia disparado." O exército enviou os novos Boinas
Verdes para o Iraque. E o ruck nunca os deixou.

Antropólogos como Lieberman estão entendendo que carregar provavelmente foi fundamental para a evolução humana. Mas os historiadores sabem há muito tempo que humanos carregam durante atos humanos vitais, como caçar, explorar e lutar.

Sabemos que os primeiros caçadores carregavam itens como lanças, clavas e, com sorte, carne. Expedições exploratórias, começando com os fenícios em 1550 a.C., carregavam recursos de sobrevivência para o desconhecido. Se fossem bem-sucedidos, eles transportariam de volta especiarias, metais, informações, entre outros.

"E nas Forças Armadas você está sempre carregando peso. Não importa a situação. Sempre", disse McCarthy. "Rucking é a habilidade fundacional de se um soldado das Forças Especiais. Qualquer soldado, na verdade."

Arte pré-histórica representa guerreiros entrando em batalhas tribais com escudos e lanças grosseiros. Juntos, esses itens podiam pesar entre 4,5 e 9 quilos. Milhares de anos atrás, hoplitas gregos, legionários romanos e soldados de infantaria bizantinos marcharam com cerca de 13,6 quilos de equipamentos. Lutadores em todos os regimentos ao redor do mundo até meados dos anos 1800, de fato, carregavam entre 9 e 16 quilos.

Então soldados britânicos na Guerra da Crimeia começaram a carregar uma média de 29,4 quilos. As cargas pesavam cada vez mais na Primeira e na Segunda Guerra Mundial, na Guerra da Coreia e na do Vietnã. Quando os Estados Unidos se envolveram nas guerras do Iraque e do Afeganistão, o soldado típico estava marchando com cerca de 45 quilos.

Após a Guerra da Crimeia, cientistas britânicos investigaram os impactos da carga de um soldado em sua habilidade de lutar na guerra. Qualquer soldado de infantaria, eles descobriram, podia se locomover com rapidez e segurança marchando com 22,6 quilos. Cerca de 150 anos depois, nos anos 2000, três estudos diferentes do Exército, da Marinha e da Aeronáutica dos EUA confirmaram a descoberta. A carga de 22,6 quilos é a mais pesada que permite aos soldados lutar com todas as forças, se tornar fisicamente à prova de balas e forjar força e resistência de elite. É por isso que as Forças Armadas e a indústria estão buscando atualmente modos de diminuir o peso da carga de um soldado, repensando as sessões de treinamento que envolvem rucks de 45 quilos.

"Ao longo do tempo, sempre existiu uma classe de guerreiros que está no topo da habilidade física", disse McCarthy. "Gregos, legiões romanas etc., todos treinavam de modo similar: coloque uma bolsa pesada nas costas e vá para o mato. As Forças Especiais dos EUA treinam desse jeito. E a distância física entre a classe de guerreiros e o cidadão médio costumava ser pequena, mas agora a lacuna é maior do que jamais foi na história da humanidade."

"No topo da fisicalidade nos EUA, nós temos os soldados com a melhor forma física que já existiram. Do outro lado do espectro, temos os cidadãos com a pior forma física", ele disse. "E isso nos prejudica e prejudica os Estados Unidos."

Rucking é essencial para o poder militar. Então o governo dos EUA despejou milhões de dólares no estudo do ato. McCarthy leu toda essa pesquisa, se tornando um tipo de cientista leigo obcecado com rucking. Ele viajou pelo país para falar com fisiólogos, médicos e representantes do governo para entender o que rucking faz com o corpo humano.

"Rucking é força e cardio em uma coisa só", disse McCarthy. "É cardio para a pessoa que odeia correr, e trabalho de força para a pessoa que odeia levantar peso."

"Então qual tipo de corpo esse exercício constrói?", perguntei.

"Chamamos de supermédio", ele disse. "Pense só nos caras das Forças Especiais. Não podemos ser muito magros, mas também não podemos ser muito musculosos. Rucking corrige de acordo com o tipo corporal. Tem muita gordura ou músculo? Vai deixá-lo mais esbelto. É muito magro? Você ficará forte e ganhará músculo." Essa declaração foi confirmada recentemente em um estudo conduzido por uma equipe de pesquisadores na Suécia. E dados do Comando de Operações Especiais dos EUA mostra que o operador médio pesa 79 quilos.

Um ruck casual queima entre duas a três vezes as calorias de caminhar, de acordo com cientistas na Universidade da Carolina do Sul.

"Mas, com base em como eu fico faminto depois de um longo e pesado ruck, acho que queima mais do que muitos dos estudos dizem", disse McCarthy. "Depois de longos rucks no treinamento, eu me sentava com uma jarra de pasta de amendoim e comia um terço. Então jogava M&Ms e granola na jarra, misturava e acabava com tudo. Ainda assim eu perdia peso."

Um número mais preciso pode estar nos dados desconfidencializados apresentados em uma conferência de fisiologia militar. É mostrado que a queima de calorias do rucking, de modo não surpreendente, aumenta ou cai graças a uma série de fatores: velocidade, carga e o tipo de inclinação do terreno. As estimativas sugerem que o que McCarthy fez no treinamento de Boina Verde nas matas da Carolina do Norte queimou entre 1.500 e 2.250 calorias por hora. Também sugere que carregar 45 quilos de caribu pelos trechos mais íngremes da tundra queima entre 1.850 e 2.150 calorias por hora.

Rucking sobrecarrega o chassi tático do corpo. Isso de acordo com Rob Shaul, dono do Instituto Mountain Tactical, um centro de pesquisa e treinamento que desenvolve planos de forma física para atletas da montanha e operadores militares. O chassi tático é tudo entre os ombros e os joelhos: tendão da coxa, músculos da coxa, quadril, músculos do abdômen, costas etc. Um rucking trabalha esse chassi como um sistema integrado. Um chassi tático forte e resiliente é de grande importância para a boa forma física em geral e resistência a lesões, particularmente na caça e todos os esportes montanhosos e combate.

"Oi, Janine!", McCarthy gritou ao chegarmos a uma encruzilhada.

"Oi, Jason!", gritou uma guarda de trânsito de meia-idade, erguendo um sinal de "pare" enquanto caminhava para o tráfego que se aproximava.

Continuamos nosso ruck shuffle pela autoestrada, passando uma fila de engarrafamento. Os motoristas pareciam estar algo entre curiosos e preocupados sobre sermos uma guerrilha do exército invadindo a cidade. Chegamos à escola montessoriana de Ryan depois de caminhar acelerado por mais alguns metros. McCarthy confiscou o contrabando pré-escola de Ryan — um saco de trail mix cheia de amendoins que ele estava comendo — e então o entregou.

Depois de mais quinze minutos de caminhada, McCarthy e eu chegamos ao nosso destino: a sede da GORUCK.

A empresa reside no prédio George R. Lucier Jr., uma estrutura de tijolos de 1968 que está a duas quadras do oceano. Entrei no escritório principal, uma sala espaçosa com paredes de tijolos. As paredes eram pontilhadas por fotografias militares emolduradas e pôsteres de filmes. Uma bandeira norte-americana de 1,8 por 3 metros estava pendurada na parede de trás.

242 • A CRISE DO CONFORTO

Havia quatro conjuntos de mesas. Atrás de cada computador, estava sentado um trabalhador aparentemente comum, ou um soldado cheio de tatuagens das Forças Especiais. Todos tinham uma boa forma. Estilo supermédio.

McCarthy fundou a GORUCK depois de sair das Forças Armadas. "Os caras das Forças Especiais ficam com os melhores equipamentos", ele me disse, pegando seu ruck. "Normalmente você não consegue fazer ruck com mais de 15,8 quilos em uma mochila comum. Eu queria criar um ruck que tinha especificações militares, mas teria uma boa aparência na cidade de Nova York. Algo que você poderia levar para o trabalho, então jogar algum peso dentro e fazer um ruck depois do trabalho."

E foi isso que ele fez. Levou cerca de três anos para desenvolver a primeira mochila GORUCK. Era preta, feita nos Estados Unidos, com uma capacidade de 26 litros. E aguentava mais peso do que uma pessoa conseguiria carregar nela.

Seus primeiros clientes eram caras militares, que haviam usado rucks em campanhas em Quircuque e Faluja. A novidade se espalhou e pedidos de soldados norte-americanos de elite chegavam constantemente. Mas McCarthy teve dificuldades em chegar ao norte-americano médio. "Eu achava que o mundo faria uma fila para comprar meus rucks", ele disse. "Mas não ensinam ruck nas aulas de educação física."

Então ele desenvolveu uma ideia não convencional para espalhar a palavra sobre sua nova empresa. Seu conhecimento sobre negócios era pequeno, ele disse, "mas sabia como fazer coisas militares".

Ele chamou de Desafio GORUCK. Com nada menos do que 15,8 quilos na mochila, as pessoas fariam ruck por 12 horas ao longo de 24 a 32 quilômetros. Pelo caminho, eles completariam desafios em grupos alocados por McCarthy. Esses desafios poderiam incluir o carregamento em grupo de uma tora de 136 quilos por 1,6 quilômetro ou fazer um exercício de ruck no surf na praia. Um quarto de milhão de pessoas passaram por eventos GORUCK. Cada um foi liderado por um dos 250 soldados condecorados das Forças Especiais: SEALs, Boinas Verdes, Rangers, Força Delta, MARSOC etc.

Também há centenas de "clubes de ruck" pelo mundo. Esses convertidos ao rucking perderam milhares de quilos, se tornaram fisicamente mais fortes e construíram comunidades ativas. Eles também fizeram um pouco de "surf no limite", como Elliott chama — a GORUCK oferece eventos que vão de 6 a 48 horas.

"Descobri que desafios e fazer coisas difíceis são parte do DNA norte-a-mericano. É como disse Kennedy: 'Escolhemos ir à Lua... e fazer as outras coisas não porque é fácil, mas porque é difícil'", disse McCarthy. "Mas agora nos tornamos vítimas do sucesso de nossa espécie. Há uma rejeição a coisas fisicamente difíceis nos dias de hoje, em grande parte porque tudo se tornou tão fácil que qualquer dificuldade é algo distante demais."

"Pergunte a qualquer cara das Forças Especiais: fazer coisas difíceis é um enorme truque para a vida. Faça coisas difíceis e o resto da vida se torna mais fácil e você a aproveita muito mais", disse McCarthy. "Não fazer coisas fisica-mente difíceis nos deixa desregulados. Os dados que envolvem suar, estar em ambientes externos e ser parte de uma comunidade são esmagadores na nos-sa sociedade. Não estou falando nada novo. Estou apenas lembrando como somos programados. O que há de novo hoje em dia é que coisas fisicamente difíceis são uma novidade. Né, Mocha?"

"Com certeza", foi a resposta de um cara de quarenta e poucos anos, tatuado e com a aparência envelhecida. Ele é chamado de Mocha pelo seu consumo diário de um mochaccino com oito shots de espresso. Mais tarde eu ficaria sabendo que outro apelido seu era "O Homem de 1 Milhão de Dólares". Isso pela soma total de todo o equipamento que o governo dos EUA teve que instalar em seu corpo depois dos seus trinta anos de carreira liderando operações especiais.

Essa ideia foi repetida para mim recentemente por um dos meus melhores amigos, William Allen, um ex-major na Marinha dos EUA e cofundador da Harpoon Ventures, uma empresa de capital de risco focada em defesa e que está crescendo rapidamente. "Se você consegue se colocar conscientemente sob desconforto físico e entender o propósito maior disso, o porquê, os calos mentais que vêm junto com isso criam o que é chamado de Poço da Fortitude", ele disse. "Meu parceiro de negócios, que por acaso era um SEAL da Marinha dos EUA, e eu fomos bem-sucedidos em construir um fundo legítimo de capi-tal de risco do zero. Não porque éramos especiais, superespertos ou tínhamos acesso ao dinheiro da família, mas porque sabíamos nosso propósito maior e fomos capazes de beber do Poço da Fortitude que construímos em missões desafiadoras nas Forças Armadas para amortecer o estresse, trabalhar mais duro e simplesmente resistir."

NÃO SÃO SÓ SOLDADOS DE ELITE QUE COMPRAM ESSA IDEIA. MCCARTHY ATRAIU ATÉ MESMO alguns nomes pesados do mundo da saúde para sua obsessão com o rucking.

Mais tarde naquela noite, nos encontramos sentados à mesa de jantar, comendo a comida tailandesa que pedimos por delivery, com Peter e Amy Pollak. Ambos são cardiologistas na Clínica Mayo.

Amy é uma cardiologista preventiva que se especializa na saúde do coração de mulheres. Ela tem longos cabelos ruivos, fala suave e sorri constantemente. Ela é o tipo de médica animada e charmosa que acalma o nervosismo de alguém enfrentando as piores circunstâncias físicas. Amy faz testes médicos complicados para avaliar o risco de doenças de coração em um paciente. Então trabalha com o paciente para evitar a cirurgia ao fazê-los cumprir com todas as coisas saudáveis que eles evitaram por anos — fazer exercício físico, se alimentar melhor, diminuir o estresse etc.

"E se eles não ouvem o que eu digo, são enviados ao Peter", disse Amy. Peter é cirurgião cardiologista que corta o risco de morte das pessoas com um bisturi, stent ou outros métodos invasivos. Do pescoço para cima, ele parece um típico médico de quarenta e poucos anos. Tem cabelos grisalhos escassos, óculos e talvez aparente ser um pouco bobo. Do pescoço para baixo, ele tem o corpo sólido como os companheiros de McCarthy nas Forças Especiais.

O primeiro médico a prescrever exercício para a saúde, cerca de 600 a.C., foi Susruta, um médico no norte da Índia. Ele percebeu que seus pacientes pouco ativos pareciam ser mais suscetíveis a doenças. Mas "doenças voam para longe da presença de uma pessoa habituada ao exercício físico regular", ele disse.

Os primeiros médicos e filósofos gregos acreditavam que o exercício poderia aquecer, afinar e eliminar os "humores" não saudáveis do corpo. O médico dos gladiadores romanos, Galeno, acreditava que qualquer coisa que exigisse "movimento vigoroso" e "respiração pesada" iria "afinar" o corpo, endurecer e fortalecer os músculos, aumentar a carne (massa muscular) e elevar o volume de sangue ao mesmo tempo que se atingia uma "boa condição". Isso, ele pensou, preveniria e curaria doenças.

Logo antes da Revolução Industrial, o primeiro epidemiologista do mundo, um médico italiano chamado Bernardini Ramazzini, viu uma conexão entre trabalhos e doença. Ele percebeu que as pessoas com papéis ativos, como mensageiros que corriam para suas entregas, experimentavam menos doenças do que as pessoas com trabalhos sedentários, como alfaiates e sapateiros.

Enquanto a Revolução Industrial estava alterando o estilo de vida americano, o Gabinete do Cirurgião-geral dos EUA publicou, em 1915, um relatório que destacava as incidências crescentes de doenças que eram raras, especialmente doenças do coração. (As principais doenças responsáveis pelos óbitos eram, tradicionalmente, a pneumonia, a tuberculose e a diarreia. A medicina moderna estava tornando esses problemas irrelevantes.)

O relatório observou que doenças do coração pareciam prevalentes entre pessoas com empregos sedentários. Cinco anos depois, outro relatório mostrou uma correlação entre as exigências físicas do emprego de uma pessoa e a idade com a qual ela morreria. Trabalhos que exigiam mais esforço, ao que parecia, levavam a uma vida mais longa. Mas essas eram apenas observações interessantes. O equivalente científico de "ei, isso é legal".

Mas depois da Segunda Guerra Mundial, um epidemiologista com sede em Londres chamado Jerry Morris estava no ônibus e enxergou uma oportunidade para o rigor científico. Motoristas dos ônibus de dois andares de Londres passavam cerca de 90% do expediente de trabalho sentados. Enquanto isso, os cobradores do ônibus passam o dia subindo as escadas do veículo. Morris começou a estudar sistematicamente esses homens e suas taxas de ataques do coração.

Seu trabalho descobriu que os cobradores sofriam 61% a menos de ataques do coração.

Cientistas e médicos ainda estão aprendendo o quanto exercícios são poderosos. O NIH recentemente despejou US$170 milhões em um projeto de pesquisa chamado MoTrPAC (Consórcio de Transdutores Moleculares de Atividade Física, de acordo com a abreviação em inglês). "Acho que vamos descobrir um conjunto novo de coisas sobre exercícios", um líder de equipe no projeto MoTrPAC me contou.

"A maioria dos meus pacientes só precisa ser mais ativa", disse Amy. "É claro e simples." Na maioria das vezes, são pessoas que não estão exatamente em uma ótima condição física. E a adição do exercício pode, quase literalmente, fazer milagres.

A editora-chefe do *British Medical Journal*, Dra. Fiona Godlee, recentemente publicou uma carta intitulada "A Cura Milagrosa". "Como curas milagrosas são difíceis de encontrar...", ela escreveu, "quaisquer declarações de que um tratamento é 100% seguro e eficaz precisa sempre ser visto com um ceticismo intenso. Há talvez uma exceção: atividade física."

"Pessoas que são ativas têm taxas menores de doenças cardiovasculares, câncer e depressão", escreveu Godlee. E "a ciência se fortalece dia após dia".

Amy colocou uma colherada de curry verde em seu prato. Depois começou a falar sobre os valores relativos de tipos diferentes de exercício. "Caminhar é ótimo. Todos os meus pacientes podem caminhar", ela disse. "Então, se a pessoa caminhar com uma mochila e um pouco de peso, isso mudará o desafio e sua taxa cardíaca."

Os Pollaks são convertidos ao rucking porque ele pega um exercício acessível como caminhar e permite que a pessoa aumente o esforço no coração aos poucos. Isso, em contrapartida, aumenta a preparação para o cardio. E quanto melhor a boa forma de cardio de uma pessoa, de acordo com pilhas de literatura médica, mais longe a pessoa está de quase todos os jeitos populares que os humanos morrem hoje em dia.

A doença do coração é o Jeffrey Dahmer dos males modernos. Ela mata mais de 25% de nós; isso é uma pessoa nos Estados Unidos morrendo a cada 37 segundos. Expandir a boa forma só um pouco — o equivalente de uma pessoa melhorar sua velocidade máxima de corrida de 8km/h para 10km/h — reduz o risco de doenças do coração por 30%, de acordo com a Associação Norte-americana do Coração.

Em seguida está o câncer. Ele mata 22,8% de nós. As pessoas com a melhor forma física enfrentam um risco 45% menor de morrer da doença, de acordo com um estudo nos *Annals of Oncology*.

Então temos os acidentes. Eles levam 6,8% de nós. Se uma pessoa se envolve em um acidente de carro sério, estar em boa forma derruba as chances de morrer em 80%, de acordo com um estudo no *Emergency Medical Journal*. Se os médicos tiverem que operar — seja uma emergência ou cirurgia planejada —, pessoas em melhor forma sempre enfrentam menos complicações cirúrgicas e se recuperam mais rápido do que pessoas fora de forma, dizem cientistas do Brasil.

Doenças do pulmão acometem 5,3% de nós. Pessoas em melhor forma têm pulmões com um risco 2,8 vezes menor de desenvolver doenças, dizem cientistas da Universidade Northwestern. A recente pandemia de Covid-19 atacou os pulmões, podendo causar pneumonia e, com isso, a morte. Um estudo nos *Annals of Epidemiology* descobriu que pessoas em melhor forma enfrentam um risco menor de desenvolver pneumonia quando comparadas às fora de forma. E o CDC descobriu que pessoas infectadas com Covid-19 que também sofriam com doenças de estilo de vida evitáveis e movidas por falta de exercício físico tinham seis vezes mais chances de serem hospitalizadas.

Continue descendo pela lista da morte: derrame, diabetes, Alzheimer e assim por diante. A boa forma física afasta a maioria dos males. Estar fora de forma é o novo hábito de fumar. Só que pior. A pesquisa sugere que fumar retira dez anos da vida de uma pessoa, enquanto os efeitos combinados de estar fora de forma podem retirar até 23 anos.

Pesquisas do Instituto Nacional do Câncer dos Estados Unidos e da universidade Johns Hopkins sugerem que, quanto mais a pessoa mergulha no desconforto induzido pelo exercício, mais resistente à morte ela se torna. Um estudo gigantesco descobriu que, para cada pequena melhora na forma física, o risco de uma pessoa desmaiar cai 15%.

Não existe, na verdade, algo como "exercício demais". Os cientistas da Johns Hopkins descobriram que as pessoas que se exercitam mais do que três a cinco vezes a quantidade recomendada pelo governo eram radicalmente menos propensas a morrer. Isso é entre 450 e 750 minutos. Ou 7 a 12 horas por semana.

Muitas pessoas pensam que exercício demais pode causar ataques do coração, mas também não há risco extra em se exercitar até mesmo dez vezes mais do que a quantidade recomendada pelo governo, o equivalente a 25 horas por semana. Os hadza se exercitam mais ou menos nessa quantidade, mostrando "nenhuma evidência de fatores de risco para doenças cardiovasculares", escreveu Raichlen em um estudo.

Por quase todo o tempo, a vida costumava nos dar uma dose diária dessa medicina semanal de 450 minutos. Até fazermos nossa transição em massa para ambientes construídos, na frente de telas e atrás de mesas, cortando nosso abastecimento. Enquanto isso, um crescimento de evidências de exercício faz com que mais médicos acreditem que se aproximar de nossas tendências de atividades ancestrais não é apenas uma barreira contra a doença, mas também uma cura para ela.

"Você já ouviu falar no estudo CLEVER?", perguntou Peter Pollak. Aparentemente, é uma pesquisa adorada por nerds cardiologistas. (CLEVER, em inglês, é uma abreviação que significa Claudicação: Exercício vs. Revascularização Endoluminal.)

Foi estudado o efeito de dois tratamentos para a claudicação da artéria, um problema comum e crescente entre pessoas inativas cujas artérias da perna ficam entupidas com placas de gordura. A condição causa dor, aumenta o risco de derrame e de ataque cardíaco e pode levar a pessoa a parar de andar. Nesse ponto, a qualidade de vida da pessoa despenca enquanto o risco de morte decola, de acordo com cientistas na Noruega.

No estudo, um grupo teve um stent cirúrgico inserido na artéria entupida. O outro grupo caminhou por uma hora, três vezes por semana. Os médicos acompanharam os pacientes depois de seis e dezoito meses.

A cirurgia é conveniente. Apareça. Seja anestesiado. Acorde curado.

Mas Peter prefere não cortar uma pessoa a não ser que seja absolutamente necessário. Porque a cirurgia também vem com riscos de complicações que podem piorar as coisas e normalmente não resolve a questão subjacente que causa o problema. Se o exercício pudesse fazer o mesmo que uma cirurgia, seria muito mais seguro e barato.

"Os dois grupos mostraram basicamente nenhuma diferença", disse Peter. Ambos tiveram reduções iguais na dor. Ambos podiam andar com mais facilidade e mais frequência.

"Eles não mediram isso...", disse Peter, "mas, o grupo do exercício provavelmente se saiu melhor porque o exercício fornece benefícios que vão além da condição das artérias". O exercício ajudou as outras artérias, combateu o câncer, os fez mais robustos e um pouco mais atraentes quando nus etc.

Movimentar-se também é melhor do que alguns medicamentos, de acordo com uma pesquisa publicada no *New England Journal of Medicine*. Os cientistas reuniram um grupo de pessoas que estavam prestes a desenvolver diabetes do tipo dois. Um grupo recebeu metformina, a droga mais usada para prevenir, atrasar e tratar a diabetes. Outro grupo se exercitou apenas quinze minutos por dia.

"Eu fui consultora para a intervenção de atividade física do estudo. Eu me lembro de ficar muito desapontada", disse a Dra. Wendy Kohrt, pesquisadora com a NIH que esteve envolvida no estudo. "Eu achava que o nível de exercício estava muito baixo."

Os cientistas acompanharam depois de três anos. "A intervenção de exercício não foi apenas eficaz, foi mais eficaz", disse Kohrt. Os que tomaram medicamentos reduziram sua incidência de diabetes por 31%. Nada mal, exceto quando comparados ao grupo do exercício. Eles diminuíram a incidência de diabetes por 58%. O exercício foi quase duas vezes mais eficaz. "Então acho que esse foi o estudo que mostrou o potencial benefício terapêutico de fazer as coisas que não envolvem tomar remédios", disse ela.

Exercício não é medicamento para todas as doenças, claro, mas costuma ser mais eficiente no tratamento de derrames e no alívio da depressão. Exercício e antidepressivos levam a mudanças similares no cérebro. Ambos fazem o hipocampo crescer, uma seção do cérebro que costuma ser encolhida em pessoas deprimidas. É por isso que a Associação Psicológica Norte-americana sugere atualmente que psiquiatras prescrevam exercícios.

"No círculo dos veteranos, há tanta conversa sobre saúde mental, mas nenhuma conversa sobre saúde física", disse McCarthy. "Coisas boas podem acontecer se os veteranos se tornarem fisicamente saudáveis. Quero dizer, foi isso que funcionou para mim."

"Também gosto do fato de que o rucking exige um elemento de força", disse Peter. Ele aponta que o rucking envolve mais músculos do que uma caminhada ou corrida. "Músculos são sedentos. Mais músculo exige mais sangue, o que significa que seu coração precisa trabalhar mais."

A pesquisa sobre força é como a pesquisa sobre cardio. Quanto mais forte uma pessoa é, menos chance ela tem de morrer. Alguns cientistas acreditam que músculos fortes são mais importantes do que pulmões fortes.

"Músculos causam, controlam e regulam a habilidade de se mover. Se você perder qualidade de músculo e não conseguir se mexer, todo o resto falha rapidamente." Isso de acordo com o Dr. Andy Galpin, que coordena o Laboratório de Bioquímica e Fisiologia de Exercício Molecular na Universidade Estadual da Califórnia em Fullerton e conduz pesquisas para a NASA.

Uma pesquisa sueca descobriu que os mais fortes em um grupo enorme de homens de todas as idades tinham menos chances de morrer ao longo de duas décadas. O efeito permaneceu mesmo quando os pesquisadores removeram quaisquer benefícios cardiovasculares do treinamento de força. Outra pesquisa mostra que músculos saudáveis controlam níveis de açúcar no sangue e atenuam a inflamação. Essa condição é um tipo de matador sutil, implícita em praticamente todas as doenças que acabam com as pessoas modernas.

Outro conjunto de dados de quase 2 milhões de pessoas saudáveis mostrou que aquelas com a ação de agarrar mais forte e a perna mais forte tinham 31% e 14% de chance a menos de morrer ao longo de duas décadas.

Quase todos os pesquisadores concordam que força e cardio não podem ser uma proposição no estilo e/ou. "Exercício de persistência não constrói músculo e provavelmente nem mesmo faz a manutenção de músculo", disse Kohrt. Ela serviu no comitê de conselho federal que escreveu o relatório no qual as diretrizes de atividade física são baseadas. "É por isso que recomendamos, em adição a 150 minutos por semana de exercício de persistência, que as pessoas também façam exercício de resistência para construir e manter massa muscular."

"O rucking é especialmente ótimo para as mulheres por esse motivo", disse Emily McCarthy, esposa de Jason, que também estava no jantar na casa dos Pollaks. Ela é uma ex-agente da CIA que atualmente cogerencia a GORUCK. "Você pode construir força sem precisar levantar peso na academia."

"E também não vai aumentar o risco de lesões do paciente como aconteceria na corrida", adicionou Amy. Carregar parece pegar a pessoa média e deixá-la mais endurecida, com coração e músculos mais fortes e articulações mais resilientes.

≤ 22 QUILOS • 251

McCarthy viajou recentemente para a Universidade de Waterloo, onde conheceu o Dr. Stuart McGill, uma das grandes autoridades em forma física e saúde das costas. "Não é coincidência as forças militares do mundo escolherem o rucking como ferramenta para criar aquela fusão física e mental de fortalecimento", McGill contou a McCarthy. "Você pode forçar alguém e dar a essa pessoa um pouco de exposição ao fortalecimento de verdade sem um risco alto de lesão."

Uma análise descobriu que "27% a 70% de corredores de distância competitivos e recreativos sofrem uma lesão de uso excessivo de corrida durante um período de um ano". Nossa inatividade parece bagunçar nossos padrões de movimento e causar desequilíbrios musculares. Isso costuma levar a lesões quando as pessoas começam a bater com os pés no pavimento.

Cientistas na Universidade de Pittsburgh, por exemplo, investigaram quais atividades costumam lesionar mais os soldados das Forças Especiais. Correr estava no topo da lista. Causava seis vezes mais lesões do que rucking.

Consideremos os joelhos. Um estudo no periódico *Medicine and Science in Sports and Exercise* descobriu que correr atinge os joelhos com forças oito vezes maiores do que o peso corporal por cada passo largo. O mesmo número para andar é cerca de 2,7. Então, na prática, isso significa que com cada passo largo de uma corrida, uma pessoa de oitenta quilos joga nos joelhos uma carga de cerca de 635 quilos. Para andar, o número é cerca de 213 quilos.

E apesar das promessas iniciais da corrida descalça e minimalista, o método não parece ser menos prejudicial para a maioria do que correr em tênis tradicionais, de acordo com uma revisão de toda a pesquisa publicada no periódico científico *Sports Health*.[*] "Há um motivo pelo qual eles chama de 'joelho de corredor'", disse McCarthy.

Ele consultou cientistas da Universidade de Virginia para aprender o equivalente de carga nos joelhos ao praticar rucking. Se aquela mesma pessoa veste uma mochila de 13,6 quilos, as forças sobre o joelho pulam para cerca de 251 quilos a cada passo.

---

[*] Isso provavelmente é explicado por uma variedade de fatores. Os ocidentais costumam fazer a transição para a corrida descalça/minimalista rápido demais. Eles também praticam o método em estradas pavimentadas e são, em geral, pessoas mais pesadas. Geralmente, pessoas em países em desenvolvimento que correm descalças por dezenas de quilômetros com aparentemente poucas lesões (como os tarahumara em *Born to Run*) (1) estão correndo desse modo desde a infância; (2) correm sobre terra mais fofa; (3) têm um peso corporal menor.

Esse número não é insignificante, mas é aproximadamente um terço do número para a corrida. E fornece benefícios cardiovasculares equivalentes, de acordo com pesquisadores na Universidade da Carolina do Sul.

A taxa de lesões para caminhar é aproximadamente 1%. O número sobe conforme a pessoa carrega peso, mas o risco é comparativamente insignificante para pesos abaixo de 22,6 quilos, de acordo com estudos das forças militares dos EUA e do Reino Unido. (Mas pessoas que pesam menos de 68 quilos podem querer usar cargas menores.)

"O peso na mochila também é um grande equalizador, o que também torna a atividade mais social", disse McCarthy. "Eu faço ruck com minha mãe o tempo todo. Ela leva 4,5 quilos. Eu levo 22,6 quilos. Vamos na mesma velocidade, mas tem o mesmo efeito. Atividade física em ambientes externos com pessoas — isso é fundacional. É isso que o *Homo sapiens* evoluiu para fazer, e isso nos deixa felizes."

Humanos evoluíram fazendo trabalho físico com amigos e a sociabilidade está profundamente entrelaçada com o esforço. Ser social enquanto caçávamos e coletávamos melhorou nosso sucesso e sobrevivência, de acordo com pesquisa na *Nature*. Até mesmo hoje em dia as pessoas são mais propensas a continuar com exercícios físicos mais sociais, diz um estudo no *Frontiers in Psychology*.

Os Pollaks e McCarthys fazem ruck juntos com frequência. Eles carregam mochilas, juntam as crianças, botam coleira nos cachorros, andam e conversam. Também há grupos de ruck toda quarta-feira na sede da GORUCK. Às vezes, mais de cinquenta pessoas da região de Jacksonville aparecem.

"É tão fácil integrar rucking no que você já está fazendo", disse Emily. Faça ruck na ida ao trabalho, ao jantar ou ao café. Ou vá até o mercado com uma mochila leve e volte com ela cheia de comida para casa. "Nós nos acostumamos a ver o exercício como uma aula de trinta minutos que fazemos na academia ou em uma máquina, sozinhos na frente de uma tela", disse McCarthy.

Raichlen concordou com essa ideia. Quando nos falamos, ele me mostrou uma foto viral que mostrava um grupo de pessoas subindo a escada rolante em vez das escadas para chegar a uma academia de Los Angeles. "A foto é um microcosmo de como pensamos sobre exercício", Raichlen me contou. "É esse turno de meia hora e então nos sentamos pelo resto do dia."

"Quando as pessoas dizem algo como 'Deve ser bom ter esses genes', minha resposta é 'Mostre-me seu celular'", disse McCarthy. "Eles provavelmente dão, tipo, 4 mil passos no dia. As pessoas só precisam ser mais ativas em geral. Eu não me importo se é fazendo rucking ou não. Só penso que rucking é acessível para todo mundo e oferece muitos benefícios."

"Mas você vende rucks", eu digo. "As pessoas já ficaram céticas sobre suas intenções?"

"Claro, vendemos rucks", respondeu McCarthy. "Mas isso são os Estados Unidos, nós acreditamos no papel de empresas para impulsionar mudanças sociais. Queremos que as pessoas saiam e sejam ativas juntas. Fazer mais disso é como definimos o sucesso. Não é pela quantidade de rucks que estão no armário de ninguém, mas quantas pessoas estão lá fora usando eles."

Ele continuou. "Olha, não estamos inventando nada novo por aqui. O ser humano tem carregado coisas desde que nos mantivemos eretos e libertamos nossas mãos. Estamos apenas promovendo algo que é simples e tem funcionado para nossa espécie desde o início."

Pensei em algo que Galpin me disse: "Se eu disser: 'ei, vamos sair para uma caminhada de duas horas. Ou vamos fazer levantamento terra. Ou praticar um pouco de agarrões ou kickboxing hoje' e isso o deixar com ansiedade, temos um grande problema. Não estou dizendo que essas coisas não deveriam ser desafiadoras, mas você deveria ser capaz de fazer praticamente qualquer atividade física bem." Em nossa busca por uma vida melhor, permitimos que o conforto calcificasse nossos movimentos e forças naturais. Sem o desconforto consciente e o exercício com propósito — um empurrão poderoso contra o conforto persistente —, continuaremos apenas a ficar mais fracos e doentes.

80 POR CENTO

DONNIE ALCANÇA A tenda primeiro. Ele larga a mochila, que cai com um ruído. William chega, largando a própria mochila enquanto Donnie toma um gole longo de sua garrafa de água de alumínio.

Alcanço os dois. Retiro uma das alças da mochila do ombro. Então deslizo o peso com cuidado pela minha lateral. William dá um passo adiante para ajudar a arrumar a minha mochila. A parte de trás para baixo, com a galhada em direção ao céu.

Então perambulo em um transe. E encontro um trecho de musgo macio para cair.

Está começando a nevar.

Esqueça o barato do corredor. Isso é o barato do carregador. Endorfinas estão correndo pelas minhas veias. A ausência do peso faz eu me sentir como se estivesse levitando sobre a tundra. Minha energia se foi há muito tempo. As pernas parecem completamente destruídas. E os ombros, com o torso, estão dormentes na maior parte. Então eu me derreto até o musgo e marino nessas substâncias químicas agradáveis enquanto os cristais de gelo tocam meu rosto.

Mas apenas por um momento.

"Bife de carne, rapazes?", diz William. Eu ergo a cabeça. Ele está vasculhando a grande bolsa de carne. Sua mão nua emerge segurando um cilindro de 45 centímetros de carne escura.

Estou de pé. As mais de dez horas de trabalho físico — cinco delas diferentes de qualquer coisa que já fiz na vida — desligaram minha habilidade de processar quaisquer pensamentos ou conceitos de ordem superior. Mas meu cérebro de zumbi instintivamente responde à ideia de carne e substituir todas as calorias gastas.

Acendo o fogão na tenda enquanto William trabalha com a faca na backstrap do caribu. Ele corta bifes de 2,5 centímetros de espessura. Então também corta mais vezes para formar medalhões do tamanho de uma bocada.

"Olha o que eu tenho", Donnie cantarola. Ele está segurando uma cebola. "Esse tempero de carne eu trouxe de casa." Um contrabando delicioso que ele carregou por muitos quilômetros apenas para esse momento.

Williams vê isso. Então faz um som que se parece com uma criança quando seus pais anunciam que a família vai sair para comer sorvete. É um ruído *uuuu-eeeee* que se encaixa em algum lugar entre um bebê e um porco.

Donnie pega uma faca. Começa a cortar a cebola ao meio, descascando as folhas. A cebola chia na panela enquanto William continua a cortar a carne.

Os pedaços vermelho-rubi de carne caem na panela crepitando. William joga o tempero por cima. O som e o cheiro do jantar preenche a tenda. Do lado de fora, a neve está engrossando e umidificando o ar. Nossas expirações são nuvens densas.

"Bem", diz Donnie enquanto olha para mim. "É o seu macho. A primeira mordida é sua."

William espeta a faca na panela. Então joga um medalhão para mim. Chamusca meus dedos enquanto o puxo da faca. Dou uma mordida.

É macio como *prime rib*. Só que mais rico e magro. Perfeitamente temperado. É melhor do que qualquer carne que já provei.

Claro, em um teste cego contra o melhor prato da melhor steakhouse de Nova York, essa carne provavelmente não venceria. Mas o prazer da comida depende do contexto. Pesquisas mostram que o mesmo prato pode ter um gosto melhor ou pior, dependendo de uma variedade de fatores, por exemplo, onde a pessoa está comendo, quem está comendo com ela, o quanto ela está com fome e, aparentemente, o quanto trabalhou pelo alimento.

Cada um de nós come um jantar Mountain Dinner, compartilhando cerca de 1,3 quilo de carne. O fogão é por fim apagado. A tenda fica ainda mais fria. Todos nos enterramos em nossos sacos de dormir.

Donnie menciona que o cheiro da carne "quase que certamente" atrairá ursos-pardos essa noite. Conto-lhe a história que meu professor de geometria do ensino médio contou à turma sobre o urso-pardo arrancando a cabeça do jovem marinheiro com uma patada.

"Provavelmente é mentira", ele diz. Então ficamos todos em silêncio.

Estou completamente exausto. Áreas que nunca foram testadas nas minhas costas, bunda, ombros, laterais, torso etc. parecem ter despertado após um longo sono de uma década. Mas também não estou quebrado. Nada está doendo. É uma sensação satisfatória de exaustão.

O Ártico me forçou ao que pode ser chamado de movimentação e posicionamento fundamentais do corpo. Eu carrego peso para todo lado. Quando me sento, é de bunda em uma superfície dura, agachando ou agitando-me sobre o solo pedregoso e congelado, com as pedras pressionando meus músculos. Enquanto observo pelo telescópio, não consigo sentar em uma posição nem mesmo por quinze minutos, muito menos oito horas. Estou constantemente mudando conforme a terra dura começa a me machucar.

Quando perseguimos animais, é com um andar contorcido e vacilante ao longo de centenas de metros. Ou nos deitamos de barriga para baixo na terra e nos arrastamos. Até mesmo o sono acontece em ângulos esquisitos. E minha esteira fina me força a virar e revirar à noite.

Esses movimentos e posições são inflexíveis aqui fora. E a maioria foi retirada da vida moderna.

"Tantas pessoas que se exercitam estão atrás de cardio infinito ou capacidade de força", Kelly Starrett, doutor em fisioterapia que faz consultas para vários times esportivos profissionais, me disse. "As pessoas precisam também de capacidade de movimento. Muitas pessoas passam o mês inteiro sem fazer as articulações passarem por toda a variedade de movimentos. As pessoas estão involuindo."

Pense em um dia do norte-americano médio que trabalha em um escritório. Ele acorda sobre um colchão alto e um travesseiro. Então desliza as pernas para o chão. Ele se mexe um pouco em casa, depois vai até o assento do carro para dirigir até o trabalho. Assim que chega, senta em uma cadeira de escritório, que tem uma série de mostradores e interruptores, todos projetados para oferecer uma ergonomia que induz ao prazer. Após ficar sentado no trabalho, o homem está de volta ao assento do carro. Quando chega em casa, ele senta à mesa para jantar. Então no sofá para assistir TV. Por fim, volta à posição horizontal para dormir. Isso se repete até a aposentadoria.

Katy Bowman, uma biomecânica, me disse que muitos corpos atualmente sofrem de "doenças do cativeiro". Ela comparou humanos modernos a orcas no cativeiro. "Orcas no cativeiro costumam ter nadadeiras que se dobram", ela disse. "No mundo natural isso não é um problema. A nadadeira tem carga suficiente ao nadar por centenas de quilômetros todo dia para se manter firme."

A carga ideal de um corpo humano era a nossa dose diária de carregar, correr, agachar, cavar e assim por diante. Em vez de nadadeiras moles, nosso resultado é uma amplitude de movimento pobre, dor e doenças crônicas.

E o movimento de uma pessoa só é tão ruim quanto ela o fez ser, disse Bowman. Crianças têm o controle completo de suas articulações e podem facilmente se agachar, dar investidas, erguer coisas acima da cabeça, entre outras coisas. Mas o movimento é uma questão de usar ou perder. Essas crianças, por fim, sentam-se nas carteiras das escolas. Então se unem aos norte-americanos médios atrás de uma mesa de trabalho. Mas, como dizem os pesquisadores da Clínica Mayo, "o humano simplesmente não foi projetado para ficar sentado o dia todo".

No entanto, por meio do movimento, nós florescemos. A pesquisa sugere que se movimentar com movimentos naturais completos pode ativar células dormentes que lutam contra o envelhecimento. Por outro lado, a falta de movimentos completos pode causar má adaptação das células, tornando as pessoas mais propensas ao envelhecimento ruim, de acordo com um estudo na *Medicine & Science in Sports & Exercise*.

Redescobrir o movimento perdido, como um número crescente de pesquisas mostra, pode consertar uma das doenças mais insidiosas do cativeiro: a dor nas costas (para citar apenas um exemplo).

Cerca de 80% dos norte-americanos sofrerão de dor nas costas em algum momento da vida. Um quarto das pessoas diz que sofreu com essa dor nos últimos meses. É o lugar mais comum em que as pessoas sentem dor e o motivo mais frequente para as pessoas irem ao médico ou tirarem um dia de folga do trabalho. A dor nas costas custa US$100 bilhões à economia norte-americana todo ano.

Às vezes, a dor nas costas vem de algo que o médico pode ver com uma varredura, uma imagem, e fazer o diagnóstico. Como um disco, tumor, osteoporose ou fratura. Mas 85% das ocorrências são classificadas como "não específicas", o que é uma dor que não pode ser vista e aparece do éter. Cientistas em Harvard estimam que 97% das dores nas costas não específicas são causadas pelo modo como vivemos atualmente. Pelo cativeiro em nosso ambiente moderno.

Quando me encontrei com o antropólogo Daniel Lieberman, ele explicou que boa parte dessa peculiar dor nas costas existe em uma curva com formato de U.

Imagine um gráfico que mostra a dor no eixo y e o nível de atividade no eixo x. Os dados estarão no formato de um U. Isso significa que os grupos com mais dor são os grupos com menos e mais atividade. As pessoas com a menor quantidade de dor estão no fundo do U, contendo um nível médio de atividade. Isso quer dizer, disse Lieberman, que os estudos mostram que pessoas que executam o que pensamos como "trabalho de partir as costas" sentem aproximadamente a mesma quantidade de dor comparado aos funcionários de escritório. Por exemplo, 38% dos agricultores no Norte da China sentiram dor nas costas ao longo de alguns meses. Enquanto o número era de 33% a 46% entre chineses que trabalhavam em escritório. Nesse tempo, pesquisas da Austrália descobriram que pessoas que fazem uma ampla variedade de exercícios físicos são menos propensas a sentir dor nas costas.

Isso parece sugerir que atividade demais é ruim, mas outros dados revelam a verdade. A dor nas costas de "exercício demais" parece ser devida à realização de uma atividade física em detrimento de todas as outras. "Provavelmente de tipos muito estranhos e bizarros de movimento que as pessoas não faziam no passado", disse Lieberman. "Ninguém precisava levantar caixas da Amazon Prime o dia todo." Atividade de menos também é um problema similar, exceto que é causado pela *falta* estranha e bizarra de movimentos. Uma vida de ficar sentado, em pé e deitado.

260 • A CRISE DO CONFORTO

"Costumávamos ser generalistas de movimento muito ativos", disse Bowman. Mas, hoje em dia, terceirizamos boa parte de nossos movimentos para máquinas, cadeiras, camas macias e assim por diante. Quando nosso trabalho exige movimento, costuma ser específico, repetitivo e destrutivo. "Quase não há mais 'generalistas do movimento' restantes que estejam alcançando suas necessidades diárias de movimento", disse Bowman.

Mesmo nossos antigos momentos inativos não eram totalmente inativos. A pesquisa mostra que povos caçadores-coletores na verdade descansam tanto quanto nós. Ainda assim, eles parecem não sofrer de dor crônica nas costas.

Lieberman me explicou que, se eu quiser entender esse fenômeno, devo pensar sobre a diferença entre sentar em uma poltrona La-Z-Boy reclinável, um banco e ficar em posição de agachamento. "Cadeiras com encostos exigem ainda menos atividade física do que, digamos, sentar em um banco ou agachar, então são ainda mais confortáveis", ele disse.

Quando nos sentamos em nossas cadeiras confortáveis, não nos sentamos realmente, mas nos dissolvemos no estofado. Cada um de nossos músculos relaxa como se tivéssemos caído em morte cerebral. "Mas nossos corpos não são bem adaptados para cadeiras", disse Lieberman.

David Raichlen conduziu um estudo no qual ele testou como as posições de descanso de caçadores-coletores influenciam em sua atividade muscular. Eles costumam se agachar ou sentar no solo. "Agachar ou sentar sem apoio para as costas, de modo nada surpreendente, aumentou significativamente a ativação dos músculos da lombar", disse Raichlen. Descansar agachado ou ajoelhar envolve levemente todos os músculos na parte inferior do corpo e torso. Sentar em um banco exige menos trabalho, mas uma pessoa ainda precisa ativar os músculos do core e das costas para se manter ereto.

A conclusão: "A fisiologia humana provavelmente evoluiu em um contexto que incluía uma inatividade substancial, mas atividade muscular aumentada durante os momentos de sedentarismo, sugerindo uma incompatibilidade de inatividade com as posturas mais comuns de sentar na cadeira encontradas em populações urbanas contemporâneas", Raichlen escreveu no estudo. Essa teoria é chamada de hipótese da incompatibilidade de inatividade.

Nossas cadeiras, sofás e camas confortáveis atuais, com apoios extremos, fazem o trabalho que nossos músculos deveriam fazer. E, os músculos, nós os usamos ou nós os perdemos. Apenas dez dias sem usar um músculo o faz enfraquecer ou diminuir significativamente.

Então, quando pessoas enfraquecidas por cadeiras se curvam para erguer alguma coisa ou mudar para uma nova posição, o corpo é frágil e sucumbe. E esse é provavelmente um motivo importante pelo qual a dor nas costas é tão comum nas sociedades mais confortáveis. E essencialmente inexistente entre generalistas de movimento. Populações na Ásia e no Oriente Médio que descansam e executam muitas atividades na posição agachada, por exemplo, enfrentam pouco ou nenhum problema nos quadris e na lombar.

Quando nossa dor moderna emerge, não ouvimos o que ela está tentando nos dizer. A dor era, e ainda é, uma vantagem evolutiva. É o modo do nosso cérebro nos dizer que estamos fazendo algo potencialmente perigoso. Um aviso de danos e ameaça. Um uso do desconforto para sugerir uma mudança que vai melhorar nossa saúde e segurança. Ainda assim, nós emudecemos a dor com pílulas, cirurgias ou descansos. Esses tratamentos são fáceis, mas a evidência mostra que não costumam ser a solução. "Descanso, opioides, injeções na coluna e cirurgia... não vão reduzir a deficiência relacionada às costas ou suas consequências em longo prazo", escreveu uma equipe global de doze médicos e cientistas que estudaram todas as evidências sobre tratamentos de dor nas costas.

A dor nas costas é um dos principais motivos para a prescrição de opioides. Ainda assim, os cientistas descobriram que as pílulas calam a dor apenas temporariamente e não funcionam em longo prazo. Para um maior alívio, as pessoas precisam continuar tomando mais pílulas mais fortes. Isso leva ao vício em 20% dos pacientes. Tratar a dor nas costas com analgésicos poderosos foi, de fato, um impulso chave para a epidemia de opioides, de acordo com a pesquisa.

Então há a cirurgia. Esqueça o custo. Pesquisadores na Escola de Medicina da Universidade de Cincinnati rastrearam aproximadamente 1.500 trabalhadores que tinham dor nas costas debilitante e que os impedia de trabalhar. Metade dos trabalhadores fez cirurgia; a outra metade não. Depois de dois anos, 75% dos que fizeram cirurgia ainda estavam sofrendo uma dor excruciante e eram incapazes de voltar ao trabalho, mas 67% dos que não fizeram a cirurgia estavam trabalhando de novo. Dentre as pessoas que passaram pelo bisturi, 36% teve complicações, 27% precisou de outra cirurgia e o grupo inteiro teve taxas mais altas de uso de opioides.

"Mas as pessoas hoje em dia se tornam escravas dos computadores e pensam 'ah, eu só preciso me exercitar. Vou só fazer academia por uns 45 minutos'", disse o Dr. McGill, especialista em forma física e saúde das costas. "Isso é um problema em termos de intensidade e carga de trabalho — as pessoas atravessam um ponto de virada biológico." Seu trabalho mostra que as pessoas que sentam o dia todo e então vão à academia têm taxas maiores de disfunção nas costas quando comparadas às pessoas que ficam jogadas no sofá. "Injusto, eu sei", ele disse.

"Uma receita muito mais saudável seria fazer exercícios mais leves ao longo do dia", disse McGill. Fazer o corpo passar por todos os movimentos que pode fazer: agachar, estocar, prancha, dobrar, pendurar, torcer, carregar, torcer e assim por diante. O estudo de Raichlen sustenta a saúde que há em descansar agachado ou em posição ajoelhada em vez de relaxar em uma cadeira.

Ou adicionar o carregamento em nossas rotinas diárias. Foi descoberto que o rucking não só não tinha associações com dor nas costas como até ajudava a preveni-la. O peso puxa a pessoa para fora de sua posição encurvada que é tão comum entre quem trabalha atrás de uma mesa. E isso envolve todos os músculos do core e músculos dos glúteos. Core e glúteos fortes, que ficam especialmente enfraquecidos por causa de muito tempo sentado, são duas das melhores defesas contra a dor nas costas, de acordo com a Clínica Cleveland e Bowman.

McGill disse que carregar algo força a pessoa se manter ereta. E trava todos os músculos que protegem a espinha. McGill, por exemplo, usou o exercício de carregar a maleta — carregar um peso de um lado enquanto anda e mantém o torso vertical — para reabilitar a coluna disfuncional de um levantador de peso campeão.

"É um exercício maravilhoso", disse. E pode ser praticado a qualquer hora.

A TENDA ESTÁ CLARA QUANDO ACORDO. DONNIE SE MEXE ENQUANTO ME OUVE ABRIR O ZÍPER DO meu saco de dormir.

"Que horas são?", pergunta.

"Nove da manhã."

Havíamos dormido por quase doze horas. William ainda está apagado. Passamos o café em silêncio e o levamos para fora. O vapor da minha caneca embaça meus olhos quando bebo, observando o cenário. A neve cobre o solo e as montanhas ao nosso redor. A lua crescente ainda aparece no horizonte. O único ruído é o murmúrio fraco de um riacho distante.

Recontamos tudo que aconteceu ontem. O momento em que o macho surgiu no topo da colina; quando nós dois percebemos que ele mancava; e como seu corpo envelhecido e galhada elaborada mostravam a vida cheia de histórias que ele havia vivido por aqui.

"Eu adoraria saber como ele ficou mancando daquele jeito", diz Donnie. "Chutaria que foi lutando, mas nunca se sabe. E aquela cena onde você atirou nele, com o Forte atrás de nós, foi espetacular, apenas espetacular."

Eu digo a ele que ainda não consigo superar como o carregamento foi trabalhoso.

"Você aprende muito sobre si mesmo e como seu corpo é feito aqui fora", ele diz. "William e eu estávamos falando sobre como você se saiu melhor do que havíamos imaginado."

Eu não sei se isso é um elogio das minhas habilidades ou uma zoação não intencional, então apenas bebo meu café.

Donnie percebe isso. "Ah... não. É só que... ninguém entende como isso tudo é desafiador. Amigos meus, que são guias de caça, me contam o tempo inteiro sobre clientes que treinaram o ano inteiro na academia para uma caçada e então saem na natureza selvagem e desistem no primeiro ou segundo dia. Ou oferecem uma gorjeta enorme para o guia carregar a carne toda. Essa experiência não pode ser replicada na academia."

William emerge da tenda. Seu longo cabelo é um ninho de rato. Ele está vestindo ceroulas e botas desamarradas.

"Porra, precisamos de mais água", diz.

O trabalho continua. Eu pego uma jarra. Então começo a caminhar os oitocentos metros até um riacho parcialmente congelado.

81,2 ANOS

NÓS CAMINHAMOS E caçamos arduamente pelo Alasca por mais duas semanas, experimentando muitos desafios do tipo *misogi* que eu nunca poderia ter vivenciado em um mundo domesticado. Caminhamos por colinas cada vez mais longas e íngremes. Enfrentamos o tempo cada vez pior. Observamos ursos-pardos enquanto eles se arrastavam pesadamente pelo vale — um deles entrou em nosso acampamento uma noite e devorou o couro do caribu, que havíamos deixado exposto para secar. Teve até mesmo uma raposa que estabeleceu uma residência semipermanente em nosso acampamento. Ela circulava a tenda, ficava nos encarando e roubava os restos de caribu que jogávamos nos arbustos próximos. Então ficava andando por perto, esperando por mais. Donnie também foi bem-sucedido na caça de um velho caribu. Sua galhada era alta e larga, como traves de um gol, e seu corpo havia apanhado como o diabo.

Então, certo dia de manhã cedo, Brian enviou uma mensagem a Donnie em seu dispositivo GPS de emergência. Uma tempestade pesada estava se aproximando. Grandes nevascas e ventos selvagens, o tipo de tempestade que poderia impedir um avião de pousar por um longo período. Nós não queríamos esticar essa viagem ao Alasca por mais de cinco semanas.

"Parece que vamos fazer as malas e sair daqui amanhã cedo, rapazes", disse Donnie.

Naquele dia, nós observamos uma migração completa de caribus. Imagine milhares de animais convergindo de uma vez, como formigas enxameando uma colina. "Já estive no Alasca durante meses por vez há quase trinta anos seguidos", disse Donnie. "E nunca vi nada como isso. Reverência é a única palavra que tenho para isso."

Saí da tenda aquela noite para sentir o frio e o silêncio uma última vez. O sol já tinha quase se posto, escurecendo os esqueletos dos salgueiros enquanto iluminava as folhas. As nuvens eram longas e cinzentas. E se moviam para o sul, assim como os caribus.

Brian e Mike aterrissaram ao lado de um ponto pedregoso da ilha em formato de lasca na manhã seguinte. Havíamos passado uma semana ali, entre ataques de ursos-pardos e carcaças dos salmões-cão que os ursos haviam destroçado. Meu retorno ao mundo domesticado havia começado.

DE VOLTA AO CONTÊINER CONEX DA RAM AVIATION, EU ME EMPANTURREI DE COMIDA FRESCA. COMI quatro maçãs e um saco inteiro de cenouras. Meus companheiros de assento no voo de volta, de Kotzebue a Anchorage — outros dois caçadores que haviam passado tempo fora durante quatro noites —, responderam com um misto de espanto e ceticismo quando contei a eles o tempo que passei no Ártico. "UM MÊS???", um deles disse. Assenti. Ele apenas me olhou com uma expressão esquisita. Então eu perguntei: "Você vai comer esses amendoins?"

Entrei no hotel em Anchorage parecendo um membro do elenco de algum filme pós-apocalíptico. O rosto queimado pelo clima, com uma barba enorme. O corpo cheio de calos, hematomas e cortes, mais forte e 4,5 quilos mais magro. Minha mochila e calça estavam manchadas de vermelho em alguns pontos com sangue de caribu. Eu estava completamente imundo. Fedia como um lote de ração misturado com salmão.

Eu havia passado o último mês sentado na terra, dormindo na terra e cagando na terra. Havia enterrado as mãos nas entranhas de animais mortos e carregado seus órgãos com as mãos nuas pelo terreno. Eu havia me mijado todo quando o vento errático jogou a urina de volta para minhas ceroulas. Até mesmo sucumbi, em meio a ataques de tédio, a dissecar bosta de urso. E então comi o café da manhã, o almoço e o jantar com aquelas mãos.

Não havia pia, chuveiro, barra de sabonete ou dispensador Purell em quilômetros. Logo, eu lavava as mãos com neve ou água do rio. Aquela mesma água não purificada me hidratava. Eu estava imundo de dentro para fora.

Então, meu primeiro ato após entrar no quarto de hotel foi ligar o chuveiro no máximo. Depois, tirar a roupa e eliminar a camada de nojeira que cobria minha pele entupida em cada poro e fenda. Enquanto eu me ensaboava repetidas vezes, olhava para a pilha de roupas retorcidas no chão do banheiro, pensando que deveria queimá-las pelo bem da humanidade.

Mas um novo conjunto de pesquisas está mostrando que eu posso ter feito mais mal do que bem ao higienizar todas as bactérias naturais do meu corpo.

Stephanie Schnorr é uma antropóloga na Universidade de Nevada, em Las Vegas. Eu a conheci pela primeira vez antes de viajar ao Alasca. Ela estuda as fezes de povos esquecidos para entender melhor o microbioma humano.

Não é o tipo mais sexy de pesquisa, mas ela é uma especialista mundial nos dois quilos de germes, bactérias, fungos, protozoários e vírus que vivem sobre você e dentro de você e também no que eles fazem por nossa saúde. É uma área que decolou há apenas duas décadas, mas pesquisadores como Schnorr determinaram, desde então, que seu microbioma é quase um órgão separado que o mantém vivo e bem da cabeça aos pés.

Schnorr tem um escritório em um instituto de pesquisa evolutiva na Áustria e outro na UNLV. Mas o centro de sua pesquisa é no Rifte Africano Oriental, nas margens do salgado lago Eyasi no Noroeste da Tanzânia.

"Você já foi ao oeste do Texas?", ela me perguntou enquanto nos sentávamos frente a frente em um café higiênico de Las Vegas. "Onde os hadza vivem se parece muito com o oeste do Texas. Seco. Muitas rochas e árvores raquíticas."

Schnorr viveu com o povo hadza em 2013. Ela observava enquanto os membros saíam em busca de plantas selvagens, insetos e tubérculos que "pareciam um bastão coberto por casca de árvore". Ou enquanto eles caçavam por babuínos, pássaros, antílopes e gnus. "Eles esperam em um esconderijo perto de um poço de água à noite", disse Schnorr. "Então atacam de tocaia e atiram flechas envenenadas. O veneno costuma ser um alcatrão que eles fazem da planta rosa-do-deserto."

Eles carregam toda aquela comida de volta para o acampamento e comem sentados na terra. Às vezes, a comida é cozinhada. Outras vezes, é comida crua. Eles estão sempre do lado de fora. Os hadza também se banham e lavam as mãos, raramente, em poças turvas e, às vezes, cheias de esterco. Eles defecam do lado de fora. Provavelmente também já se urinaram.

Esse estilo de vida pode parecer um caminho rápido para a infecção mortal, mas os hadza parecem impenetráveis a algumas das doenças que derrubam muitos de nós, ocidentais. Parece que eles não contraem Crohn, colite, DII ou até câncer do cólon. As primeiras três doenças têm aumentado rapidamente no mundo desenvolvido e estão se espalhando para países em desenvolvimento conforme eles se ocidentalizam.

Médicos estão especialmente preocupados com o crescimento do câncer de cólon. Já é o terceiro tipo mais comum de câncer e está se tornando cada vez mais um câncer de pessoas jovens e aparentemente saudáveis. Uma pessoa nascida em 1990, por exemplo, tem o dobro de risco de câncer de cólon e quatro vezes o risco de câncer no reto comparado a alguém nascido em 1950. Cientistas na Universidade do Texas, no Centro de Câncer Anderson MD, em Austin, projetam que o câncer de cólon vai crescer 90% entre pessoas com 20 a 34 anos ao longo da próxima década. O risco de uma pessoa jovem ainda é baixo, mas pessoas mais jovens são mais propensas a morrer da doença, porque costuma estar muito avançada quando o médico a detecta.

Pode existir uma resposta. Estudos sobre uma teoria emergente chamada de hipótese da higiene tem conectado fortemente o crescimento dessas e de outras doenças a nossas vidas super-higienizadas. Até o humor, o metabolismo e a imunidade são afetados.

O Ocidente começou a guerra contra os germes nos anos 1800. Foi nessa época que percebemos que alguns germes são a fonte de doenças infecciosas. Essa batalha salvou muitas vidas e se fortaleceu desde então, mas também teve algumas consequências não intencionais.

"Temos essa ideia de que germes causam doenças, mas demos esse termo geral de 'germes' para todos os micro-organismos e pensamos que, portanto, devemos matar todos eles", disse Schnorr. "Aumentamos drasticamente os modos com que higienizamos nossa vida. Nós esterilizamos as superfícies nas quais tocamos. Esterilizamos toda a nossa comida ao lavá-la excessivamente e então cozinhá-la. Esterilizamos a nós mesmos, porque tomamos banho o tempo todo. Usamos antibióticos, então esterilizamos o interior do nosso corpo. Evitamos nos sujar em ambientes externos. Isso significa que, atualmente, temos muito menos exposição a *todos* os micro-organismos."

Só que nem todos os germes ou micro-organismos são ruins. A esmagadora maioria é benigna. E muitos são benéficos. Na verdade, Christina Warriner, antropóloga de Harvard, destaca que há mais bactérias nos intestinos do que estrelas na galáxia. E cientistas estimam que menos de cem dessas espécies poderiam prejudicar a saúde.

Conforme evoluímos, desenvolvemos uma aliança mutuamente benéfica com muitos desses organismos microscópicos vivos. Demos a eles um lar. Então eles construíram nosso sistema imunológico e tolerante ao estresse, nos ajudando a evitar doenças e nos tornando mais robustos e resilientes. Essa não é uma ideia revolucionária. É exatamente como as vacinas funcionam. Nossos corpos constroem a imunidade ao receber uma imitação do patógeno.

Nossa exposição constante e de baixo nível a uma ampla variedade de micro-organismos no mundo natural nos tornou fortes. Mas, desde então, eliminamos esses organismos e nos retiramos dos ambientes onde os encontrávamos. Sem essa exposição, nosso corpo pode ser mais suscetível a doenças, parece ter mais dificuldade em lutar contra micro-organismos que antes eram fracos, e até confunde os benignos pelos malignos, disse Schnorr.

Com isso em mente, ela se encontrou na África Oriental. Schnorr queria saber como que os micro-organismos vivendo dentro dos intestinos dos "não higiênicos" hadza pareciam se comparados aos dos "higiênicos" ocidentais. Isso pode nos dizer algo sobre o que toda essa higienização está fazendo conosco.

O melhor jeito de analisar as bactérias intestinais é analisar amostras de fezes. O que significa que Schnorr precisava que membros do povo hadza defecassem em recipientes descartáveis que ela comprou no Whole Foods e os retornassem.

"Fiz minha proposta e eles ficaram todos impassíveis", ela disse. "Então um dos homens mais velhos diz: 'Normalmente damos ao solo. Mas vamos dar a ela.'"

Os resultados das amostras foram um "verdadeiro choque", disse Schnorr. Os intestinos dos hadza abrigavam uma bactéria que os cientistas consideravam "ruim" e "disruptora". Mas, de modo paradoxal, os hadza são, de muitos jeitos, muito mais saudáveis do que os ocidentais "limpos".

"O microbioma dos hadza mostra uma conexão direta com seu ambiente, e eles se beneficiam dessa conexão", disse Schnorr. "Eles são muito mais robustos, ficam doentes com menos frequência e basicamente não pegam doenças não transmissíveis."

Os resultados do estudo sacudiram a comunidade de microbiologia, fazendo o campo repensar o que considerava bactérias "boas" e "ruins".

Ela disse que nossas vidas higienizadas, por outro lado, influenciam nossas taxas gigantescas de doenças crônicas. "Esterilizamos tudo. E aqui estamos: mais doentes, frágeis e esgotados", disse. "Reduzimos a eficácia do nosso sistema imunológico em determinar o que é prejudicial de verdade para nós e o que não é", disse. Isso pode fazer com que nossos sistemas fiquem "confusos".

Sistemas confusos fazem coisas estranhas. Por exemplo, eles podem montar defesas maciças contra alimentos que deveriam ser seguros para nós — como amendoins. Alergias alimentícias afetam de maneira desproporcional as pessoas nas nações mais higiênicas. Dez por cento de crianças de um ano atualmente sofrem algum grau de alergia a amendoins. E hospitalizações por causa de amendoim dobraram ao longo da última década.

Ela comparou nossos microbiomas higiênicos a vestir uma "armadura mais frágil". "Então nossa saúde é perturbada mais facilmente, e ficamos em um estado fisiológico que é mais propenso a induzir doenças e causar danos. É pequeno, sutil e crônico, nos empurrando na direção da doença", ela disse.

Enquanto isso, pessoas que não viveram vidas higienizadas são mais resistentes. "Talvez aquela pessoa possa aguentar alguns golpes a mais em sua saúde e não ser tão suscetível a doenças", disse Schnorr. "Ou talvez ela seja mais responsiva a terapias e se recupere mais rápido se ficar doente."

Nossa falta de exposição parece nos colocar em um estado de inflamação crônica, de acordo com cientistas na Universidade College London. "Nos EUA e outros países de renda alta", escreveram os pesquisadores, "costuma existir uma inflamação constante e de baixo nível que tende a ser estável em indivíduos na ausência de qualquer estímulo inflamatório clinicamente aparente."

Então adicionamos uma vida inteira de estresse e privação do sono agravados por uma dieta pobre e baixa atividade física, e isso parece atrair doenças crônicas com rapidez", disse Schnorr. Cientistas na Universidade Northwestern escreveram: "Todas as principais doenças, incluindo doenças cardiovasculares, diabetes, transtornos neurodegenerativos, artrite e cânceres envolvem inflamação crônica."

"Quero dizer, não é como se estivéssemos todos andando por aí à beira da morte", disse Schnorr. "Há *muitas* pessoas saudáveis nas sociedades industriais ocidentais. Mas acho que, em média, somos mais suscetíveis a doenças crônicas." Micro-organismos também não são o único ingrediente na saúde dos hadza, mas certamente são um fator. A falta de exposição já foi até mesmo ligada a uma piora na saúde mental, porque algumas bactérias podem produzir substâncias que alteram os neurônios.

Infelizmente, não existe nenhuma pílula que pode alterar nosso microbioma intestinal para ficar parecido com o dos hadza. "Porque eles ingerem micro-organismos da comida que tiram da terra, assim como do ar e da paisagem", disse Schnorr. "É realmente necessária uma exposição contínua a micro-organismos externos." Cientistas de microbioma da Universidade de Chicago declararam, de fato, que a "terra é boa". Quanto mais tempo a pessoa passa em ambientes externos se sujando na terra, melhor.

A dieta também é de grande importância, de acordo com aqueles cientistas sediados em Londres. Ela "precisa ser diversa e conter fibras e polifenóis encontrados em produtos de plantas. Uma dieta deficiente em fibra pode levar a extinções progressivas de grupos importantes de organismos microbianos", eles escreveram.

As prateleiras dos mercados modernos são cheias de milhares e milhares de coisas para comer, mas a pesquisa mostra que a maioria dos norte-americanos consome uma variedade limitada de alimentos. Nossos alimentos mais comumente consumidos, por exemplo, são feitos em boa parte de farinha refinada, que tem a fibra retirada da composição. Um estudo dos hadza, por exemplo, descobriu que eles comem mais de seiscentos alimentos. Setenta por cento deles são plantas cheias de fibras e não processadas.

"Eu como muitas plantas orgânicas", disse Schnorr. "Como muitas delas cruas." Cozinhar não só mata os micro-organismos como também diminui um pouco a quantidade de fibra, o que não quer dizer que uma pessoa deveria comer todos os vegetais crus — os nutrientes em alguns vegetais como tomates, cenouras e repolho são mais bem absorvidos por nossos corpos depois do cozimento —, mas podemos nos beneficiar ao não cozinhar *todos* os vegetais.

"Também é bom evitar tomar antibióticos, a não ser que sejam absolutamente necessários", disse Schnorr. Antibióticos podem salvar vidas, mas, ao matar a infecção, eles também aniquilam nosso microbioma intestinal. O CDC relata que pelo menos 47 milhões de prescrições de antibióticos nos Estados Unidos são desnecessárias. E isso, dizem os cientistas, "coloca os pacientes em risco desnecessário para reações alérgicas ou às vezes uma diarreia mortal, *Clostridium difficile*".

O CDC também está cada vez mais preocupado que o excesso de prescrições esteja permitindo que germes perigosos evoluam as defesas contra antibióticos. Por causa disso, podemos "perder a ferramenta mais poderosa que temos para combater infecções com risco de vida", declarou o diretor do CDC. "Perder esses antibióticos enfraqueceria nossa capacidade de tratar pacientes com infecções mortais e câncer, fazer transplantes de órgãos e salvar vítimas de queimaduras e traumas."

Na ausência de uma epidemia como a da Covid-19, na qual até mesmo Schnorr não teve escolha senão ser beligerante com a higienização, ela não costuma desinfetar a casa ou as mãos. "Eu abomino desinfetantes", ela disse. "E, confie em mim, você sobreviverá se não tomar banho. Na verdade, pode ser benéfico." A Escola de Medicina de Harvard declarou que um banho diário com sabonete antibacteriano "prejudica o equilíbrio de micro-organismos na pele e encoraja o surgimento de organismos menos amigáveis e mais resistentes aos antibióticos". E também destacou: "Banhos frequentes ao longo de uma vida podem reduzir a capacidade do sistema imunológico de fazer o seu trabalho".

OS HADZA NÃO SÃO O ÚNICO POVO NOS MOSTRANDO COMO PODE SER O FUTURO DA CIÊNCIA DO desconforto. Há muito tempo, pesquisadores estudam grupos ao redor do mundo por suas características de serem "difíceis de matar". As *ama*, ou mulheres do mar, do Japão e da Coreia, entraram no radar do Departamento de Defesa dos EUA nos anos 1960, enquanto eram estabelecidos os Navy SEALs do país. As mulheres são um exemplo particularmente interessante do que acontece aos humanos que ficam expostos repetidamente em ambientes desconfortáveis.

Meu banho — trinta minutos e queimando de quente — fornecia outra coisa que eu não havia experimentado no último mês: calor. O conforto climático constante é outra coisa que precisamos repensar.

Aproximadamente dois ou três anos atrás, mulheres nas minúsculas vilas de pesca do Japão e da Coreia começaram a mergulhar nas águas geladas do Mar do Japão e do oceano Pacífico, sem roupa de mergulho e sem aparatos de respiração. As mulheres se despiam até ficarem de tanga, roupa de baixo própria para mergulho ou nenhuma peça de roupa. Elas remavam ou nadavam até uma localização onde o assoalho rochoso do oceano estava entre 3 e 27,4 metros de profundidade. Então mergulhavam, vasculhando as profundidades límpidas e geladas do oceano.

Depois de um ou três minutos, a mão da mulher emergia das águas e agarrava a lateral do barco. Então outra mão emergia, despejando no barco um balde de tesouros marítimos comestíveis como abalones, ouriços-do-mar, mexilhões ou algas marinhas. No verão, as *ama* trabalhavam de seis a dez horas diárias na água gelada, fazendo mais de 150 mergulhos por dia. Do fim do outono até o começo da primavera, a temperatura da água caía para apenas 10°C. E a temperatura do ar podia ser apenas alguns graus acima de congelante. Mas as *ama* mergulhavam mesmo assim, desafiando limites constantemente para descobrir o limite da exposição.

Pesquisas do Departamento de Defesa sobre as *ama* mostrou que elas tinham uma incidência menor de quatorze das dezesseis doenças estudadas pelos cientistas. Comparadas aos companheiros de vila, as mulheres tinham menos probabilidade de pegar um resfriado, contrair doenças do coração, artrite, doenças do fígado ou rins e assim por diante. As doenças que elas tinham eram riscos do trabalho — como perda de audição devido à pressão do oceano em seus tímpanos. Outros pesquisadores descobriram que as *ama* também tinham um volume grande nos pulmões, músculos mais fortes e resistência melhor. Não é surpreendente para nadadoras que seguram a respiração.

Descobertas sobre as *ama* forçaram os pesquisadores a reconsiderar as regras da fisiologia. Humanos caem em hipotermia quando a temperatura central do corpo despenca para 35°C ou menos, mas a temperatura central de inverno das ama tinha uma média que desafiava a fisiologia: 34,7°C.

Os cientistas também se perguntaram como todo aquele tempo no frio impactava o metabolismo das *ama*. Afinal, um corpo frio deflagra uma rede complexa de fornos internos queimadores de caloria para garantir que os órgãos não se tornem perigosamente resfriados. Então eles escolheram aleatoriamente vinte *ama* e vinte moradores da vila e os convidaram para um laboratório improvisado para testar as taxas metabólicas. Os dados mostraram que as *ama* queimaram mil calorias a mais por dia.

Em grande parte, graças à pesquisa sobre as *ama*, os cientistas hoje em dia sabem o que está guiando a queima de mil calorias: tecido adiposo marrom.

Gordura marrom é um tecido metabolicamente ativo. No frio, a gordura marrom age como um forno que queima a gordura branca (o tipo que tentamos perder quando fazemos dietas e exercícios) para gerar calor. Fazer a gordura marrom trabalhar elimina mais calorias do que fazer os músculos e o cérebro trabalharem. E é por isso que uma equipe de cientistas na Holanda pensa que ficar confortável com o frio pode ser uma tática eficiente de controle de peso.

A notícia ruim, dizem os cientistas, é que nossos confortos deixaram a gordura marrom irrelevante.

"No último século, ocorreram várias mudanças drásticas nas circunstâncias da vida diária na civilização ocidental que afetaram a saúde. Por exemplo, somos muito melhores em controlar nossa temperatura ambiente", escreveram os cientistas. "Nós temos pouca exposição a temperaturas ambiente variadas porque resfriamos e aquecemos nossas moradias para o conforto máximo, enquanto minimizamos o gasto de energia do corpo necessário para controlar a temperatura corporal."

Os cientistas chamam essa queima de energia de "termogênese sem tremores". A pesquisa mostra que ela pode elevar o metabolismo de uma porcentagem pequena até 30%. É por isso que os cientistas escrevem: "De forma similar à prática de exercícios, defendemos o treinamento de temperatura... Apenas a exposição mais frequente ao frio não salvará o mundo, mas é um fator sério a se considerar."

O custo de alavancar o poder da gordura marrom é, claro, desbravar o frio. A vantagem é que não precisamos mergulhar em um oceano frígido por horas para enxergar um benefício substancial.

A pesquisa mostra que qualquer um pode se aclimatar ao frio. Eu percebi isso com William e Donnie. Pessoas que passam muito tempo em temperaturas mais frias, dizem os cientistas, são menos impactadas por extremos de temperatura. Precisamos de uma ou duas semanas de exposição para alcançar o ponto no qual nos sentimos confortáveis no frio e começamos a otimizar nossas fornalhas de frio.

No inverno, os cientistas recomendam que pessoas diminuam o termostato de três a quatro graus toda semana. Isso diminui lentamente nossa zona de conforto, permitindo que nos adaptemos sem sofrimento desnecessário. Então podemos parar quando estivermos vivendo em 17,7°C. Outro estudo conduzido pelo NIH descobriu que pessoas que dormiram em quartos com a temperatura nessa faixa tiveram um aumento de 10% na atividade metabólica. Elas também viram melhoras em marcadores de saúde, como o nível de açúcar no sangue. Uma pessoa pode fazer o estilo *ama* completo, se quiser, ao tomar banhos com gelo. Algumas fazem isso (e, é claro, postam dramaticamente no Instagram). Mas parece um excesso, à luz da pesquisa.

Cedars-Sinai, Johns Hopkins e outras instituições líderes na área de pesquisa médica estão até mesmo descobrindo que o frio extremo pode ajudar a prevenir dano cerebral grave e morte após eventos médicos perigosos. Médicos fazem a temperatura corporal de um paciente com parada cardíaca diminuir para algo entre 31°C e 33,8°C por aproximadamente 24 horas. Isso deflagra uma cascata de eventos que protegem um cérebro comprometido, como a diminuição da demanda por oxigênio e por energia, prevenção à morte de neurônios e diminuição da inflamação e de radicais livres danosos.

OS XERPAS DO NEPAL SÃO OUTRO GRUPO QUE ESTÁ FORÇANDO OS CIENTISTAS A REPENSAREM OS limites do corpo humano. E como ele responde a ambientes extremos.

O Dr. Andrew Murray passou milhares de horas caminhando pelas montanhas mais altas do mundo. A vista é bonita, mas, como fisiólogo, ele disse que sempre foi mais fascinado pelas pessoas carregando coisas. "Você está arfando e bufando pelo caminho que parece uma inclinação leve, mas é atrasado pelo oxigênio baixo", ele me disse. "Então um carregador passa veloz por você. Talvez ele seja muito mais velho que você e está carregando as próprias bolsas e as bolsas de outras pessoas, andando como se fosse um passeio no parque."

Os xerpas, um grupo étnico do Leste do Nepal, são famosos por essa boa forma em altas altitudes. Apesar do esporte dos ocidentais serem pioneiros do montanhismo, os xerpas detêm o recorde mundial pela maior quantidade de subidas ao Everest, assim como a maior quantidade de chegadas ao topo sem oxigênio suplementar. Eles também têm o recorde da maioria de corridas ao topo. Pemba Dorje Sherpa subiu do Acampamento Base Sul do Everest até o topo com oxigênio suplementar em 8h10, enquanto Kazi Sherpa completou o feito sem oxigênio suplementar em 20h24.

Murray conduziu recentemente um estudo para ver se a boa forma dos xerpas era devida apenas aos anos de montanhismo ou se talvez a terra extrema da qual vieram poderia ter dado a eles algum tipo de vantagem. Os dados existentes mostraram um paradoxo.

Conforme a pessoa média ganha altitude, o corpo responde produzindo mais hemácias que carregam oxigênio. Ainda assim, curiosamente, estudos prévios descobriram que os xerpas aumentam a produção de hemácias quando estão escalando, mas nem próximo da taxa dos que vivem em terra baixa. Isso significa que os xerpas na verdade registram *menos* oxigênio no sangue do que nós durante a escalada.

Para solucionar o mistério, Murray fez biópsias do músculo da coxa de um grupo de xerpas e ocidentais em baixas altitudes. Os grupos — que tinham mesma idade, sexo e nível geral de boa forma — então caminharam de Katmandu até o Acampamento de Base do Everest. Assim que chegaram ao acampamento de 5.364 metros de altitude, os cientistas fizeram as mesmas medições biológicas.

As biópsias mostraram que, na altitude, as mitocôndrias dos xerpas — minúsculas produtoras de energia dentro das células humanas que alimentam nossos corpos — produziram mais ATP, ou energia, usando menos oxigênio. Eles também descobriram que os xerpas usaram a gordura como combustível de modo mais eficiente.

"É interessante porque os xerpas são, na verdade, normais ao nível do mar", disse Murray. "Você não os vê vencendo maratonas. Sua adaptação não é do tipo que fornece uma superperformance ao nível do mar, mas faz isso em altitudes com escassez de oxigênio."

Em outras palavras, ocidentais têm o motor de uma SUV sedenta por gasolina, enquanto os xerpas são mais como um híbrido sensível que beberica o combustível. Quando o combustível é abundante — em baixa altitude —, ambos os motores realizam o trabalho. Mas, quando você escala até um ambiente de alta altitude e escassez de combustível, o motor mais eficiente é ideal. Ele ajuda os xerpas a escalar mais longe, mais rápido e com menos esforço.

Ainda mais surpreendente: a equipe de cientistas tomou de novo as medições de ambos os grupos depois de eles passarem dois meses no Acampamento de Base do Everest e os resultados mostraram que os níveis de energia nos músculos dos moradores de terra baixa havia caído. Mas, como uma flor exposta ao sol, os níveis de energia no músculo dos xerpas havia florescido, subindo de modo constante apesar de ter menos oxigênio.

Murray publicou seus resultados na *Proceedings of the National Academy of Sciences*. Disse que os xerpas nepalenses evoluíram para funcionar como super-humanos em grandes altitudes.

As descobertas de Murray são um primeiro passo importante no desenvolvimento de tratamentos para pacientes em unidades de terapia intensiva sofrendo de hipóxia, ou falta de oxigênio. Hipóxia é mortal e acontece com pessoas saudáveis em altitudes altas, e também em pacientes em estado crítico. Atualmente, médicos adicionam oxigênio ao sangue desses pacientes, mas isso engrossa o sangue e pode causar complicações como veias sanguíneas entupidas.

A pesquisa de Murray está no início, mas o objetivo final é desenvolver um método que permita aos pacientes se tornarem mais como os xerpas e usarem o pouco oxigênio que têm de modo mais eficiente. Isso levaria a melhores resultados de saúde em pessoas doentes — e, talvez, melhor desempenho em atletas.

Podemos experimentar benefícios similares ao viver e treinar em grandes altitudes, de acordo com um artigo no periódico científico *Sports Medicine*. Treinadores de resiliência têm procurado, desde os anos 1960, por uma vantagem competitiva ao fazer seus atletas "treinarem alto, correrem baixo", o que aumenta a quantidade de hemácias que carregam o oxigênio.

Mas a equipe de pesquisa do *Sports Medicine* descobriu que treinamento em grandes altitudes faz muito mais do que isso. Também leva a mudanças na mitocôndria, que torna nossos músculos mais eficientes, e melhora como amortecemos o ácido induzido por exercício, permitindo que nos esforcemos mais por mais tempo. A questão é que uma pessoa não pode só passar uma semana nas montanhas e esperar sair de lá como um xerpa. Turnos prolongados e repetidos em grandes altitudes — talvez *misogis* de montanha — levam a mudanças mais profundas.

UM DOS PROJETOS DE PESQUISA ATUAIS MAIS PROMISSORES SOBRE O FUTURO DA CIÊNCIA DO desconforto está acontecendo na Islândia. Pouco tempo depois que eu voltei do Alasca, viajei até lá para me encontrar com um homem que estava estudando uma das populações mais difíceis de matar da Terra. Ele é, de fato, um deles.

Eu havia ouvido rumores sobre o Dr. Kari Stefansson: em seus setenta e poucos anos, com o corpo de um atleta da NFL, 1,98 metro de altura e 100 quilos de puro músculo. Cem por cento islandês, com os cabelos brancos, olhos azuis e tudo que você esperaria. Também é uma pessoa brilhante.

Stefansson dirigiu o departamento de neurologia de Harvard por um tempo, até que foi embora para fundar a deCODE, uma empresa de pesquisa genética com 190 cientistas, sediada em um megalaboratório moderno em Reiquiavique. O lugar abriga mais informação do que todo o sistema bancário do país.

Stefansson e sua equipe sequenciaram o genótipo de 60% dos islandeses vivos. Seus estudos científicos foram citados cerca de 200 mil vezes. Esse trabalho fez de Stefansson um dos homens mais ricos da Islândia e uma celebridade nacional.

Stefansson é um grande explorador do genoma humano que está em busca de informações que poderiam levar a tratamentos para muitas das doenças que nos matam. Por acaso, a Islândia é o local perfeito para seu trabalho.

A Islândia se parece muito com o Hotel California, no sentido de que, assim que as pessoas entram, nunca mais saem. Um punhado de pessoas chegaram à Islândia há cerca de 1.100 anos e povoaram a ilha. Poucos saíram dela desde então. A maioria dos islandeses vem de uma única árvore genealógica. É tão comum para islandeses terem primos desconhecidos que o governo criou um aplicativo de encontros com genealogia, para que as pessoas possam evitar namoros com familiares.

Para um geneticista como Stefansson, a Islândia e seu povo são um manancial científico. Com poucas pessoas migrando para dentro ou fora, há menos variação genética entre os islandeses. Portanto, há menos ruído de fundo confuso nos dados. O lugar oferece um grupo de controle enorme e natural.

Isso significa que Stefansson e sua equipe podem rastrear doenças mais facilmente conforme elas são transferidas através de linhagens familiares. A partir disso, eles podem isolar os genes que podem levar as pessoas a ficarem doentes e morrerem. A pesquisa feita pela deCODE descobriu genes — agentes ruins isolados dentre 3 bilhões — envolvidos em doenças do coração, Alzheimer, esquizofrenia e câncer.

Mas tem um outro lado. A deCODE também descobriu alguns genes que poderiam fazer com que humanos vivam mais e melhor. E é nisso que Stefansson está realmente interessado. Ele descobriu no gene APP uma variante que oferece proteção completa contra o declínio mental relacionado à idade e ao Alzheimer e uma variante no gene ASGR1 que oferece aos seus detentores uma proteção significativa contra doenças do coração. Ele descobriu outras variantes que diminuem bastante o risco de desenvolver diabetes e câncer de próstata.

Stefansson também passou a acreditar que pode existir outro gene se escondendo nos islandeses que os faz mais resistentes do que o resto de nós.

A Organização Mundial da Saúde descobriu recentemente que homens islandeses são os que mais vivem na Terra. Homens da Islândia chegam aproximadamente aos 81,2 anos. Isso são 13,2 anos a mais do que a média global e 5,2 mais do que os homens nos Estados Unidos. Quando uma equipe de quinhentos pesquisadores de mais de trezentas instituições em cinquenta países combinou todos os dados de longevidade, homens islandeses duraram mais do que todos os outros.

A resposta provavelmente não é cultural. O sistema de saúde da Islândia não tem nada de especial; muitas listas não o destacam. A população do país não é exatamente de modelos da passarela; eles se encontram no meio das taxas de obesidade. Na verdade, eles comem bastante, consumindo uma mé-

280 • A CRISE DO CONFORTO

dia 3.260 calorias por dia e comendo menos frutas e vegetais, comparados a outros países da Europa. E não há evidência forte indicando que islandeses sejam mais ativos do que outras nações. Stefansson acredita que a longevidade islandesa possa ter algo a ver com a história de seu povo.

No ano 874, os vikings no Norte da Noruega estavam cansados de um rei briguento do Sul que havia tomado controle do país. Então cerca de 4 mil a 6 mil dos homens do Norte mais enraivecidos e propensos ao risco arrumaram suas coisas, ovelhas, gado e cavalos em escaleres viking e se lançaram ao mar. Eles navegaram primeiro para o arquipélago Shetland e Irlanda. Por lá, eles sequestraram mulheres (afinal, eles eram vikings), o que aumentou seus números para cerca de 8 mil. Os vikings então partiram em direção ao Atlântico Norte em busca de um lar.

Isso não foi nenhum cruzeiro de Carnaval. Escaleres vikings eram estreitos e leves, com cascos rasos. Velozes, mas poderiam virar facilmente no tempo ruim. E as técnicas avançadas de observação de tempestades da época incluíam, em boa parte, rezar e esperar.

Mas na época esses vikings eram os navegadores mais avançados do mundo. Após cinco dias miseráveis no mar, eles encontraram um destino. Era uma extensão de rocha vulcânica do tamanho aproximado de Kentucky, coberta por pedras recortadas, gelo e musgo. Era açoitada constantemente por ventos, chuva, neve e frio. Ficava mergulhada na escuridão durante três quartos do ano. Era desprovida de vida comestível. Agora era um lar. Eles a chamaram de Islândia.

Um grupo de monges celtas havia tentado viver na ilha árdua, mas desapareceram misteriosamente. Nunca foram vistos e nunca se ouviu falar deles desde então.

Ao longo dos cem anos seguintes, outros 20 mil homens noruegueses insatisfeitos e mulheres inglesas sequestradas chegaram. Todos esses colonos logo enfrentaram uma realidade chocante: "A Islândia é um lugar de merda para se viver", como um islandês descreveu para mim.

O máximo que os colonos conseguiam plantar era feno e grama, que eles usavam para alimentar as ovelhas e o gado. Então eles comiam ovelha, gado e laticínios, e quase nada mais. E nunca havia o suficiente dessa comida.

Os invernos duravam nove meses. O país recebia chuva, granizo e neve 213 dias por ano. Ventos regularmente atingiam 64km/h, às vezes chegando aos 160km/h.

Os dias mais longos no auge do inverno ofereciam apenas quatro a cinco horas de uma luz solar escurecida. Como outro islandês me explicou: "No inverno, o sol aparece para dizer 'vai se foder' e então volta a sumir."

E isso era apenas o ruído branco desconfortável e rotineiro da vida na Islândia. Às vezes, o país levava as pessoas além do limite.

"Sabemos que viver nesse país há 1.100 anos nos transformou e temos evidência disso", disse Stefansson enquanto dirigíamos pelas ruas de Reiquiavique em sua SUV Porsche preta. "De muitas maneiras, é inevitável, porque os humanos são, no fim das contas, uma consequência de um monte de macromoléculas de DNA e do ambiente em que vivemos."

É a combinação de DNA e meio ambiente — essa fórmula da vida e de como vivemos — que determina nosso destino. Pense em Julian e Adrian Riester, gêmeos idênticos nascidos em 1919. Eles tinham o mesmo código genético — e o mesmo estilo de vida, ambos se tornando monges católicos. Eles foram para as mesmas escolas, comeram os mesmos alimentos, fizeram as mesmas tarefas etc. Suas fórmulas de vida, e como vivê-las, eram idênticas. Eles morreram da mesma doença com horas de diferença um do outro, no dia 8 de junho de 2011.

O desconforto provavelmente é um ingrediente importante na fórmula islandesa, como Stefansson estava me contando. "Nunca foi fácil morar aqui durante esses 1.100 anos. Havia erupções vulcânicas. Nós moramos em casas sem aquecimento durante mil anos em um país muito, muito frio. Tínhamos que ganhar a vida pescando em um mar agitado. Enfrentamos epidemias infecciosas", disse Stefansson, dirigindo o Porsche por Hallgrímskirkja, uma colossal catedral de pedra que se erguia para o turbulento céu islandês. "Então, o que isso fez conosco?", ele perguntou.

É uma questão que há muito tempo deixa Stefansson intrigado, assim como muitos outros na ilha. "Nossa história é caracterizada por muitos contratempos", o Dr. Ottar Guðmundsson, um historiador islandês, me contou.

"Por causa dessa aspereza, não houve aumento populacional durante muitos séculos", ele disse. Em 1846, por exemplo, a Islândia registrou a maior taxa de mortalidade infantil que já foi registrada: 611 mortes a cada 1.000 nascimentos.

"É quase como se o país tivesse estabelecido um limite sobre quem poderia viver aqui, e isso nos atrasou em muitas áreas", disse Guðmundsson. "Mas talvez tenha nos feito florescer em outras."

O histórico único de Stefansson em medicina genética complexa o levou a tentar descobrir o que faz com que os islandeses sejam tão resistentes.

Ele comparou o DNA de velhos crânios de 1.100 anos dos colonos da Islândia ao DNA de islandeses modernos e também de pessoas vivendo no Norte da Noruega e do Reino Unido. "Descobrimos que o DNA dos colonos da Islândia é mais próximo do DNA de noruegueses e celtas atuais do que do DNA de islandeses atuais", ele disse. A Islândia, em outras palavras, transformou radicalmente seu povo.

Homens da Noruega e da Irlanda vivem aproximadamente 79 anos. Islandeses atualmente estão vivendo de dois a quatro anos a mais do que os homens dos países dos quais vieram os primeiros islandeses.

E isso provavelmente é "uma consequência dessa pequena ilha impiedosa", disse Stefansson. "Essa porra de rocha molhada no Atlântico Norte que tem nos punido implacavelmente pelos últimos 1.100 anos." Ele estacionou em meu hotel. "E essa não é uma declaração superficial e esotérica."

A severa provação islandesa com desconforto e desastres pode ter abatido o rebanho. A seleção natural sugere que as pessoas que não conseguiam se virar provavelmente pereceram. Aquelas com tolerância alta ao desconforto provavelmente prosperaram. Por acaso, a deriva genética (o termo para a aleatoriedade e eventos catastróficos que levam a características específicas se tornarem mais frequentes em uma população) teria alterado a pequena e isolada amostra genética do país de tal modo que alguns genes ideais podem ter recebido a oportunidade de se espalhar mais rapidamente.

O resultado é que islandeses podem ter, enterrado em seu código genético, um gene duro de matar, capaz de explicar sua longevidade. Se Stefansson puder isolar esse gene ou conjunto de genes teóricos, talvez ele e sua equipe possam descobrir um modo de trazê-lo às massas.

QUANDO CHEGUEI EM CASA, EM LAS VEGAS, TIVE QUE IMEDIATAMENTE VOLTAR AO MODO DA VIDA moderna. E começar a lidar com todo o trabalho que havia acumulado ao longo das semanas. Eu tinha aulas para lecionar, uma quantidade horrorosa de e-mails para responder e reuniões demais para lidar.

Mas, cerca de um mês depois, 45 quilos de carne congelada de caribu foi enviada pelo açougueiro de caça no Alasca e chegou à minha porta de entrada. Isso me forneceu meus primeiros momentos de reflexão.

Um chiado audível preencheu a cozinha naquela noite enquanto backstrips macias e de um vermelho-rubi tocavam uma panela preta de ferro fundido quente. O sangue translúcido cintilante (tecnicamente chamado de mioglobina) pingou de um dos bifes, cada gota incendiando quando tocava na panela. Eu observei o gotejamento, lembrando-me do único fio de sangue derramando lentamente do pescoço desse animal enquanto ele estava deitado na tundra ártica.

"Em que você está pensando?", perguntou minha esposa. Ela estava sentada na ilha da cozinha respondendo e-mails em seu notebook.

Eu olhei para ela. "Você acha que eu mudei muito desde que voltei?", perguntei.

"Acho que sim", ela disse. "Desde que voltou, você é quase impossível de perturbar. Agora nada parece preocupá-lo."

Mais tarde naquela noite, pensei no que ela disse. Eu certamente me sentia diferente desde o retorno, mas também sabia que eu estava afetado pelo meu último ano escavando o que perdemos com os confortos modernos.

O mais óbvio: eu meu sentia mais consciente. A um nível superficial, isso aparecia como uma nova gratidão pelos confortos incríveis do nosso mundo moderno. Na minha primeira semana de volta, eu abria um sorriso idiota sempre que abria uma torneira, ou dirigia um carro, ou comia algo que não era lama reconstituída cozinhada e servida em uma embalagem de plástico.

Mas, em um nível mais profundo, eu sentia uma consciência do tempo, como temos pouco dele, e o que isso pode nos dizer sobre como devemos usá-lo. Marcus Elliott me disse que um benefício importante do *misogi* é o que ele chamou de "criar impressões em seu álbum de memórias". "Se você está vendo e fazendo as mesmas coisas repetidamente, seu álbum de memórias parece bem vazio quando você faz um inventário da vida", ele disse. "Então precisamos fazer mais coisas novas para começar a criar mais impressões em nossos álbuns de memórias, para não sentir que os anos estão voando. Quero dizer, você se lembra de todos os detalhes de experiências novas e significativas. Você não tem chance de esquecê-las pelo resto da sua vida."

Nelson Parrish disse o seguinte sobre um nado aberto de 30,5 quilômetros no oceano Pacífico: "Como artista, eu achava que conhecia o azul. Mas aquele *misogi* realmente me fez mergulhar em tantos tons, gradientes, vibrações e transições de azul. A água e o céu. Agora eu *conheço* o azul. A experiência impactou drasticamente a minha arte e eu nunca esquecerei aqueles azuis."

A dificuldade e os novos desafios no Alasca me deixaram com um arquivo gigantesco de novas memórias para reviver e histórias para contar. Experimentei em primeira mão o fenômeno teorizado primeiro por William James e provado por estudos recentes, que mostra que novos eventos desaceleram a percepção do tempo.

Eu me encontrei aplicando essas duas lições à minha vida cotidiana. Eu estava pensando menos e percebendo mais. Busquei mais conexões, silêncio e solidão tanto em casa quanto na natureza. Passei menos tempo na frente de telas e fui um ouvinte mais ativo em conversas com minha esposa e família. Pelo menos duas vezes por semana, eu fazia ruck no deserto e encontrava um tipo de zen sustentado pelos quilômetros de trilhas margeadas por rochas vermelhas e cactos. E minha esposa estava certa: eu podia ver que meus "problemas" modernos não eram problemas de verdade. Então era mais difícil me perturbar. Seguir aquilo que deixa os humanos mais difíceis de matar estava, ao que parecia, facilitando a vida para mim.

Na sobriedade há um fenômeno chamado de "nuvem rosa". Ele descreve os sentimentos intensos de consciência, euforia, conexão, confiança e calma que ocorrem nos primeiros estágios da recuperação, logo depois de a pessoa ter passado pelas fases mais desconfortáveis da abstinência. Percebemos que nos retiramos de uma morte lenta para nos tornarmos ávidos para *viver*.

Mas a nuvem rosa por fim se dissipa, e a vida de verdade se estabelece, levando muitas pessoas a conferir se o alívio maior não estava mesmo na garrafa, no fim das contas. Minha própria nuvem rosa durou cerca de dois anos, até que a normalidade assentou. Eu não saí dos trilhos, mas fiquei meio inquieto e descontente.

Quando voltei do *misogi*, parecia que estava de volta à nuvem rosa. O Alasca me forneceu outra dose pesada de desconforto, e suas lições me transformaram. Mas eu também entendi que isso não seria duradouro, que o conforto persistente ganharia terreno todo dia. Já estou planejando o próximo *misogi*.

Agora estou também terminando este livro no meio de uma pandemia global na qual poucos diriam que se sentem "confortáveis em excesso". Muitas pessoas morreram. Mais pessoas ainda ficaram gravemente doentes. E milhões além disso perderam seus meios de sustento. Mas, assim como a pandemia forçou a própria natureza a experimentar um tipo de retorno ao selvagem, dos canais mais limpos de Veneza aos coiotes perambulando a ponte Golden Gate predominantemente vazia, nós também passamos por isso. Isso foi um lembrete de que ainda estamos todos profundamente conectados ao mundo natural. E nossos avanços tecnológicos não são capazes de consertar tudo imediatamente. Mas foi também uma pausa rara do previsível. Um momento para a reflexão. Para rever as prioridades. E, talvez, para mudanças.

NOTA DO AUTOR

Em parte este livro foi desenvolvido a partir de vários artigos que escrevi para *Men's Health, Outside* e *Vice*. Determinadas seções breves desses trabalhos aparecem quase sem alterações nesta obra.

Em setembro e outubro de 2019, passei cinco semanas no Alasca. Boa parte desse tempo, nas profundezas do interior. Viajamos além do Ártico, mas, em nome da clareza e da narrativa, condensei a linha do tempo neste livro para incluir apenas nosso tempo no Ártico.

Fiz muitas entrevistas e li centenas de estudos acadêmicos, bem como materiais para leigos, no processo de escrever este livro. As editoras mantêm um limite rígido de páginas e, em vez de abrir de mão de fornecer informações e histórias valiosas para ceder espaço a páginas de fontes, escolhi colocar tudo isso online. Para os interessados, incluí as referências de cada fonte deste livro em eastermichael.com/tccsources [conteúdo em inglês].

ÍNDICE

A

abstinência, 11
aceitação, 171
Alasca, 80
    acampamento, 29, 86–87
    alimentação, 31, 138–139
    caçada, 172
    caça predatória, 84
    clima, 85–87
    exercícios para o, 60–61
    legislação, 84
    perigos, 4
    preparação para o, 54, 63–64
    silêncio, 128
álcool, vício, 10
alimentação
    comida processada, 144
    dietas, 140
    e desconforto, 142
    e estresse, 149
    efeito de desinibição, 157
    e quarentena, 152
    fast-food, 144
    fome de recompensa, 150
    prazer, 256

    sobrepeso, 144
ansiedade, 18
    e barulho, 130
atenção plena, 118, 197
autoconsciência, 80

B

banho de floresta, 115
bem-estar, 115
biofilia, hipótese da, 114
    benefícios, 115
    estudos, 116
    Japão, 115
budismo, 192, 196

C

caçada, 25, 75, 181
    caribus, 112–113
    ética na, 29, 112
    no Alasca, 27–28
    subsistência, 112
caçadores-coletores, 15, 260
    densidade populacional, 69
    força física, 234
cenários de desespero, 67

cidades
  e desconforto, 69
  migração para, 67
  morar na, 66
conexão social, 80
conspiracionismo tecnológico, 117
Covid-19, 17, 247
  e solidão, 79
criatividade, 61, 105–107

D

depressão, 18, 67, 121, 125
  medicação, 116
deriva genética, 282
desaceleração do tempo, 63
desconforto, ciência do, 278
dispositivos eletrônicos, 117
distração, 118
doenças do cativeiro, 258
dor física, 261

E

emoções, 10
entretenimento, 99
espiritualidade, 192
estado de fluxo, 38
estado mental, 200
estresse, 17, 130
  efeitos, 102
  estressores, 50, 105
  pós-traumático, 124
  redução dos sintomas, 124
exaustão, 17
exercícios físicos, 59–60, 221
  caminhada, 118, 236
  cardio, 240
  carregar peso, 239

corrida, 233
  e emoções, 222
  e respiração, 222
  e sobrevivência, 225
  fadiga, 221
  na academia, 227
  para a saúde, 244
  rucking, 237–244
expectativa de vida, 17, 190
  nos EUA, 18

F

fadiga, 98, 221
fascinação, 118
felicidade, 189–193
  e crescimento econômico, 189
  e saúde física e mental, 191
  transformações duradouras, 200
felicidade da savana, teoria da, 69, 191
fisiologia, 39, 260
fome, 139, 166
fracasso, 43

G

guerras, 239

H

hadza, povo, 15–16, 223
heroísmo, 44
higiene, hipótese da, 268
humanos ancestrais, 14–16

I

ignorância, 195
impermanência, 203
incompatibilidade de inatividade,
  hipótese da, 260

I

individualidade, 114
intempéries climáticas, 15
isolamento, 67

J

Jonathan Haidt, 171
jornada do herói, 44

L

lazer, 113
liberdade, 192
longevidade, 17
luto tecnológico, 125

M

medicina moderna, 17
meditação, 118, 182
medo
  origens, 43
mídias sociais, 95, 98
minimalismo, 196
misogi, 33, 220
  na natureza, 34
  para atletas, 36–37
  regras, 48
  rotina, 37
moralidade, 22
morte, 32, 186, 192
  e felicidade, 188
  e gratidão, 204
  preparação, 202

N

natureza, 6, 113
  a pirâmide da, 120
  benefícios, 121

desconforto, 125
e distração, 118
e estado mental, 114
efeitos na mente e no corpo, 121
e felicidade, 192
e misogi, 34
e pessoas hospitalizadas, 119
e silêncio, 128
estado da, 211
passar tempo na, 117
rural, 120
selvagem, 263
urbana, 119
nutrição, 145

O

obesidade, 140, 148
obstáculos na vida, 47

P

paisagens sonoras, 129
performance humana, 39
persistência, 233
povos nativos, 45–46
predador-presa, relação, 30
preguiça, 196, 221
produtividade, 63
progresso pessoal, 146

R

raiva, 125
redes sociais, 79
relaxamento, 133
resiliência, 63
resistência, 233
ritos de passagem, 46

S

saúde, 67, 102, 191
seleção natural, 282
silêncio, 129
sobrevivência, 45
    impulso de, 67
sobriedade, 11
solidão, 79
    capacidade de estar só, 78
    e Covid-19, 79
    epidemia de, 77
    e redes sociais, 79
    e saúde, 80
sono, problemas do, 127
sumikiri, estado de, 34

T

tarefas domésticas, 61
tecnologia na área rural, 124
tédio, 12, 92
    benefícios, 105
    definições, 96
    e criatividade, 106
    potencial do, 97

U

urbanização, 115
ursos, ataques de, 56–57

V

viagem rural, 124
vícios, 18, 102
    definição, 104
    e smartphones, 104
vida moderna, 257
vida rotineira, 37
vida selvagem, 29

X

xintoísmo, 33

Z

zonas de conforto, 5, 23, 63

Projetos corporativos e edições personalizadas dentro da sua estratégia de negócio. Já pensou nisso?

Coordenação de Eventos
Viviane Paiva
viviane@altabooks.com.br

Assistente Comercial
Fillipe Amorim
vendas.corporativas@altabooks.com.br

A Alta Books tem criado experiências incríveis no meio corporativo. Com a crescente implementação da educação corporativa nas empresas, o livro entra como uma importante fonte de conhecimento. Com atendimento personalizado, conseguimos identificar as principais necessidades, e criar uma seleção de livros que podem ser utilizados de diversas maneiras, como por exemplo, para fortalecer relacionamento com suas equipes/ seus clientes. Você já utilizou o livro para alguma ação estratégica na sua empresa?

Entre em contato com nosso time para entender melhor as possibilidades de personalização e incentivo ao desenvolvimento pessoal e profissional.

PUBLIQUE
SEU LIVRO

Publique seu livro com a Alta Books. Para mais informações envie um e-mail para: autoria@altabooks.com.br

 /altabooks /alta-books /altabooks /altabooks

CONHEÇA OUTROS LIVROS DA **ALTA BOOKS**

Todas as imagens são meramente ilustrativas.